Das sogenannte Übernatürliche

Mathias Bröckers

Das sogenannte Übernatürliche
Von der Intelligenz der Erde –
Aufbruch zu einem neuen Naturverständnis.

Eichborn.

© Eichborn GmbH & Co. Verlag KG, Frankfurt am Main, Oktober 1998
Umschlaggestaltung: Christina Hucke
Lektorat: Waltraud Berz
Layout: Cosima Schneider
Satz: Fuldaer Verlagsanstalt
Druck und Bindung: Wiener Verlag, Himberg
ISBN 3-8218-1528-0

Verlagsverzeichnis schickt gern:
Eichborn Verlag, Kaiserstr. 66, D-60329 Frankfurt am Main
http://www.eichborn.de

Für Rita

Inhalt

Einleitung 9

Die Intelligenz der Erde 19
Über einen lebenden Planeten
in einem selbstorganisierten Universum

Das Gedächtnis der Natur 51
Über morphische Resonanz, Biophotonen
und die Bewußtseinsfelder des Lebens

Jenseits von H_2O 85
Über Viktor Schauberger und
die Lebensenergie des Wassers

**Der Mond ist nicht da,
wenn niemand hinsieht** 107
Über Wissenschaft und Wirklichkeit
in einem beobachtergeschaffenen Universum

Der Kosmos im Kopf 127
Über das Gehirn und die Stufen des
Bewußtseins

**Wundersam erleuchtete
Amphitheater** 161
Über eine unheimliche Begegnung im Jahre 1768
und Außerirdische von unserem eigenen Planeten

Der Weg nach Eleusis 191
Über die Geburt der Metaphysik
aus dem Geist des Mutterkorns

Kinder der Katastrophe 249
Über Kometen, Kataklysmen und
die Erfindung der Himmelsgötter

Ergebnis und Siegerehrung 283

**Web-Adressen zu den einzelnen
Kapiteln** 297

»Die Natur geht ihren Gang, und dasjenige, was uns als Ausnahme erscheint, ist in der Regel.«

Goethe, »Gespräche mit Eckermann«, 9. Dezember 1824

»Humbug ist Humbug, auch wenn er im Namen der Wissenschaft daherkommt. Die objektiv betrachtete Gesamterfahrung des Menschen zwingt mich unweigerlich über die engen Grenzen der ›Wissenschaft‹ hinaus. Die wirkliche Welt ist sicher von einem anderen Schlag – viel raffinierter gebaut, als die Naturwissenschaft es erlaubt.«

William James, »Die Vielfalt der religiösen Erfahrungen«

»Die ungeheure Unwahrscheinlichkeit, auf der die moderne Naturwissenschaft beruht, ohne daß sie jedoch bereit wäre, sie zur Diskussion zu stellen, ist die Annahme, das Universum sei in einem einzigen Moment dem Nichts entsprungen. Wenn man *das* glauben kann, dann dürfte es kaum etwas geben, was man nicht glauben könnte.«

Terrence McKenna, »Denken am Rande des Undenkbaren«

Einleitung

»Wunder geschehen nicht im Gegensatz zur Natur, sondern im Gegensatz zu dem, was wir von der Natur wissen«, verkündete der Kirchenlehrer Augustinus im 5. Jahrhundert. Seitdem hat sich diese Erkenntnis vielfach bestätigt. Ein Mensch der Frühzeit, der mit den technischen oder medizinischen Errungenschaften unserer Tage konfrontiert worden wäre, hätte wohl kaum eine andere Auffassung von Flugzeugen, Fernsehern oder Röntgengeräten gewinnen können, als daß es sich dabei um übernatürliche Wunder handelt. Doch nicht anders als wir heute das Unwissen und die Naivität vergangener Epochen belächeln, werden die Historiker der Zukunft dereinst auf das 20. Jahrhundert zurückblicken. Daß sich der Wissensschatz der Menschheit in den vergangenen Jahrzehnten vervielfacht hat und moderne Forschungsmethoden sowohl bei der Durchdringung des Allerkleinsten als auch der unendlichen Weiten des Universums große Erkenntnisfortschritte gebracht haben, hat nichts daran geändert, daß bis heute fundamentale Bereiche der Natur im dunkeln liegen.

Den Biologen ist es zwar gelungen, die Gen-Bausteine der Organismen zu identifizieren, doch auf die entscheidende Frage »Was ist Leben?« haben sie noch keine Antwort gefunden; den Physikern gerannen die immer kleineren Materie-Teilchen, deren geheimnisvolles Wechselspiel sie beobachteten, zu einer unfaßbaren »Wahrscheinlichkeitswolke«; und die meisten Kosmologen geben offen zu, daß zu einem Urknall ein Knallgesetz gehört, daß also am Anfang des Universums eigentlich nicht der Urknall gestanden haben kann, sondern die physikalischen Gesetze, nach denen der Knall abläuft. Trotz allen Erkenntniszuwachses scheint ein allwissendes Physiklehrbuch als Anfang aller Dinge von jenem mysteriösen Schöpfergott, dem Augustinus die Sache noch zuschrieb, nicht allzu weit entfernt. Auch wenn Forscher wie der Astrophysiker Stephan Hawking die bevorstehende Entdeckung der alles erklärenden Weltformel so tollkühn annoncieren wie die Adepten früher Zeiten den quasi auf der Hand liegenden Stein der Weisen – von einem durchdringenden Verständnis des Universums, der Materie und des Lebens kann auch mit dem Anbruch des 21. Jahrhunderts keine Rede sein. Und so ereignet sich auch in unseren Tagen noch vieles im Gegensatz zu dem, was wir von der Natur wissen, beziehungsweise im Gegensatz zu dem, was die Wissenschaft als Naturtatsache gelten läßt.

Dieses Buch stellt neue Denkansätze, Hypothesen, Theorien aus verschiedenen Wissenschaftsdisziplinen vor, die das etablierte Naturverständnis überschreiten. Es berichtet über ihre Forschungsergebnisse und Diskussionen – darunter Kosmologie, Biologie, Geologie, Quantenphysik, Evolutionsgeschichte, Katastrophentheorie und Bewußtseinsforschung – die in den vergangenen 25 bis 30 Jahren in ihren Fachbereichen für Aufsehen und Umwälzungen sorgten. Aufregend sind dabei aber nicht allein diese Forschungsergebnisse, es sind vor allem die neuen Verbindungslinien, die sich dadurch ergeben und die eine erweiterte Perspektive unseres Naturverständnisses eröffnen. Ich habe mich in den vergangenen 20 Jahren mit diesen Themen nicht als Fachmann einer dieser Disziplinen beschäftigt, sondern als Wissenschaftsjournalist und neugieriger Beobachter. In Zeiten, in denen Experten der Masse von Fachveröffentlichungen nur in einem Fachbereich kaum hinterherkommen, birgt diese Wahrnehmung von außen durchaus Beobachtungsvorteile – neue Verbindungen, Zusammenhänge, Konsequenzen geraten eher in den Blick.

Was John Brockman als »Dritte Kultur« bezeichnet – daß die neuen Weltbilder weniger von der ersten Kultur der Staatsmänner und Theologen oder der zweiten der Intellektuellen und Künstler, sondern von den Naturwissenschaften vorgegeben werden –, wird in diesen Verbindungslinien deutlich: Wenn wir die Konsequenzen dieser in Detailbereichen gewonnenen Erkenntnisse zusammendenken, zeichnet sich ein Wandel des Weltbilds ab, der sich in der Heftigkeit kaum von jenen Wissenschafts-Revolutionen unterscheidet, die wir heute mit Namen wie Kopernikus, Darwin oder Einstein in Verbindung bringen.

Die neuen Theorien, die in diesem Buch vorgestellt werden, sind nicht esoterisch – sie halten den Anschluß an den allgemeinen wissenschaftlichen Konsens und die bestehende Orthodoxie, auch wenn sie auf eine Erweiterung der bekannten Naturgesetze hinauslaufen. Ebenso sind sie aber auch nicht reduktionistisch, das heißt, es wird im folgenden nicht der Versuch unternommen, scheinbar Übernatürliches auf ein paar simple Fakten zu reduzieren und einfach wegzuerklären. Vielmehr wird ein neuer wissenschaftlicher Untergrund skizziert, auf dem weniger das sogenannte Übernatürliche als übernatürlich erscheint, sondern eher unsere bisherige Wahrnehmung als unternatürlich.

Neue Werkzeuge gebären neue Weltbilder und Sichtweisen. Als Leeuwenhoek, der Erfinder des Mikroskops, behauptete, im Speichel jedes Menschen lebten Bakterien, erklärten seine Zeitgenossen ihn für verrückt; wenig besser erging es später Darwin, als er die Primaten als Vorfahren der Menschen installierte, oder Freud, als er erstmals von einem Bereich des Unbewußten sprach. Zu allen Zeiten hatten Pioniere gegen ein tiefes Bedürfnis der Wissenschaft und des Zeitgeists zu kämpfen: den Glauben, daß bereits alles entdeckt sei. Daß vor der Angst, über gesichertes Terrain hinauszugehen, selbst große, offene Geister nicht gefeit sind, zeigte Albert Einstein, als er sich standhaft weigerte, die quantenmechanischen Schlußfolgerungen seiner Relativitätstheorie zu akzeptieren. Ähnlich wie eine der Speerspitzen der europäischen Aufklärung, die Académie Française, herabstürzende Meteore noch 1790 zu Phantasiegebilden erklärte, weil das Fallen von Steinen vom Himmel »physikalisch unmöglich« sei. Daß Naturforscher für ihre grundstürzenden Entdeckungen leibhaftig verbrannt werden wie Giordano Bruno, mag heute ein eher unwahrscheinlicher Vorgang sein, verketzert und aus den Hallen der wissenschaftlichen Kirche verbannt wie sein Kollege Galilei werden sie bis heute. Das hindert freilich neue Naturtatsachen nicht am Erscheinen, und irgendwann sorgt spätestens die »biologische Lösung«, das Wegsterben einiger Wissenschafts- und Sinngeber-Generationen, dann für allgemeine Akzeptanz. Wie schnell alte »Irrtümer« durch neue »Wahrheiten« ersetzt werden, hängt dabei nicht allein von deren Wahrheitsgehalt ab: Der Mensch ist ein Gewohnheitstier und läßt sich von eingeübten, liebgewordenen Ansichten nur schwer abbringen; die Einsicht, daß sie »nicht das Wahre« sind, hilft allein oft wenig. Richtungswechsel findet deshalb meist abrupt statt, durch den Anstoß äußerer Faktoren. Das gilt für die kleinen Verrichtungen des Alltags wie für die großen der Wissenschaft.

In diesem Buch geht es um einige liebgewordene Gewohnheiten wissenschaftlicher Weltbetrachtung, über die seit geraumer Zeit die Einsicht gewonnen wurde, daß sie »nicht das Wahre« sein können. Und es geht um die Pioniere, die sich mit diesen Einsichten vorwagten und dafür den Bannstrahl der wissenschaftlichen Kirche riskierten. Der Mediziner und Klimaforscher James Lovelock etwa wurde in den 70er Jahren verlacht, als er vorschlug, die gesamte Erde als lebendes System, als Organismus, zu betrachten; das Werk des Biologen Rupert Sheldrake wurde von der Zeitschrift »Nature« als »bester Kandidat für eine Bücherverbrennung« bezeichnet, weil er das ungelöste Rätsel der Formenbildung in der Natur auf Informationsübertragungen durch »morphische Felder« zurückführte; der Forstmeister Viktor Schauberger wurde als ungebildeter Aufschneider abgetan, als er die »implodierende« innere Energie des Wassers entdeckte und begann, sie physikalisch zu nutzen; der Psychoanalytiker und Mythen-Forscher Immanuel Velikovsky wurde als »Scharlatan« denunziert, als er von einschlagenden Himmelskörpern ausgelöste Globalkatastrophen und die Historizität der Sintflut behauptete. Und der Bewußtseinsforscher Timothy Leary wurde als Staatsfeind Nummer eins verfolgt und ins Gefängnis geworfen, weil er an der Harvard-Universität die »eleusischen Mysterien« wiederauferstehen ließ und dazu aufrief, mit Hilfe von Pflanzendrogen die lebende Ganzheit von innerem Weltraum und äußerer Natur zu erkunden. Der Biochemiker Ilya Prigogine erhielt zwar 1977 für seinen experimentellen Nachweis des Selbstorganisationsprinzips – der »dissipativen Strukturen«, die Ordnung in scheinbarem Chaos stiften – einen Nobelpreis, wurde jedoch vom Mainstream der Wissenschaft seitdem mehr oder weniger ignoriert.

Je tiefere Einblicke in die Bausteine und Funktionsweise der Materie neue Werkzeuge und Methoden in diesem Jahrhundert bescherten, je genauer das Wissen um die Details des Mikrokosmos der Quantenwelt wurde, desto heftiger wurden die Forscher in die Makrostrukturen der Ganzheit, die innere Verbundenheit des gesamten Kosmos zurückgeworfen. Von dem Skandal, den Heisenberg 1927 entdeckte – daß die Bausteine der Materie nur als eine Art Wahrscheinlichkeitswolke existieren und erst ihren Platz einnehmen, wenn das Bewußtsein eines Beobachters Maß nimmt –, haben sich die Physiker bis heute nicht erholt. Und die Biologen beginnen gerade, sich nach 150 Jahren neodarwinistischer Verblendung die Augen zu reiben und erstaunt die Kehrseite der Evolutionsmedaille des individuellen »Kampfs ums Dasein« zu entdecken: Kooperation, Koevolution und Symbiose als treibendes, selbstorganisierendes, stets zu höherer Komplexität strebendes Evolutionsgesetz. Die Rolle des Ungleichgewichts, des Chaos, des Kataklysmus beim Hervorbringen neuer Ordnungszustände gerät nach Jahrhunderten des Wegerklärens aus den mechanistischen Uhrmacherwerkstätten wieder in den Blick: nicht als subversives, sondern als kreatives, nicht als destruktives, sondern als dynamisches Prinzip. Ein Prinzip, das nicht in den Teilen angelegt ist, sondern erst in ihrer Wechselwirkung als vernetztes Ganzes entsteht, und das auf der molekularen Ebene, in Zellverbänden, oder bei den Milliarden vernetzter Neuronen des Gehirns ebenso wirksam ist wie in Vogelschwärmen, sozialen Gruppen oder galaktischen Sternenhaufen. Es tritt beim Aufbau von Sonnensystemen ebenso in Aktion wie im System unserer Sinne, den biochemischen, neuroelektrischen Reaktionen des Gehirns. Gemeinsam ist diesen selbstorganisierten Systemen des Makro- wie des Mikrokosmos, daß das Ganze immer mehr weiß als die Summe seiner Teile.

Darwin und seine Nachfolger lehnten eine kataklystische, von Katastrophen und Massenausrottungen unterbrochene Evolutionsgeschichte ab, weil das plötzliche Entstehen neuer Arten ihrer Meinung nach eine magische Hand, eine religiöse Schöpfung oder sonstige übernatürliche Einflüsse implizierte. Tatsächlich ist es kein Schöpfergott, sondern das schöpferische Prinzip der Selbstorganisation, das spontan neue Ordnungszustände hervorbringt. Diese Kraft ganzheitlicher Organisation ist schon bei so banalen Strukturen wie tropfenden Wasserhähnen oder fliegenden Vogelschwärmen zu beobachten: An bestimmten Punkten bilden chaotisch fallende Tropfen ein regelmäßiges Muster, Zugvögel fliegen in ganz charakteristischen Formationen, von denen der einzelne Vogel aber gar kein Bild haben kann. Ob Wasserturbulenz oder Vogelschwarm, das Gedächtnis dieser Formationen ist nicht in den einzelnen Gliedern angelegt – das einzelne Wasser-Molekül weiß nichts von der Welle –, sondern emergiert erst aus der Vernetzung vieler Einzelteile. Das Phänomen der Emergenz, das tatsächlich wie von magischer Hand neue Ordnungszustände hervorbringt, erschien deshalb jahrhundertelang wie etwas Übernatürliches, weil die Wissenschaft sich in einer Art detaillistischem Tunnelblick angewöhnt hatte, nur auf die Rädchen und Einzelteile, nicht aber auf das Ganze zu achten.

Mit der Quantenverbundenheit auf der physikalischen Ebene, der Koevolution und Symbiose im biologischen Bereich und dem universellen dynamischen Prinzip der Selbstorganisation ist eine Dimension in das Zentrum wissenschaftlicher Welterklärung gerückt, gegen die sich der bis heute weitverbreitete Bauklötzchen-Materialismus des 18. Jahrhunderts vehement abgeschottet hatte: Bewußtsein. Der gute alte Dualismus von einer aus atomaren Billardkügelchen wie ein Uhrwerk aufgebauten Materie auf der einen Seite und einer davon separierten Sphäre des Geistes auf der anderen Seite ist damit definitiv erledigt. Wenn auf der Quantenebene alles mit allem verbunden ist, wenn das Geschehen in der Biosphäre auf Symbiose und gegenseitiger Hilfe aufbaut und wenn in offenen selbstorganisierenden Systemen das Ganze stets mehr »weiß« als die Summe seiner Teile, dann ist Bewußtsein – Geist – konstituierend für das gesamte materielle Naturgeschehen.

Die Wende, die diese neue naturwissenschaftliche Sichtweise fordert, ist radikal, und entsprechend skandalös können einem alten Gewohnheiten verhafteten Denken die in diesem Buch vorgestellten Theorien vorkommen. In der Tat hätten sie bis vor kurzem einfach dem Bereich des Humbugs zugeschlagen und ihre Vertreter als esoterische, unwissenschaftliche Wundergläubige abgetan werden können. Doch der Rahmen der neuen postmaterialistischen Wissenschaft liefert den Untergrund, auf dem dieses scheinbar Übernatürliche nicht länger wegerklärt werden muß. Der Geist im Atom, das Gedächtnis der Natur und das Bewußtsein des Planeten sind keine Wunder, sondern Naturtatsachen – und sie eröffnen ein neues, erweitertes Verständnis eines multidimensionalen Universums, in dem Ufos, Außerirdische und Engel ebenso existieren können wie gedankenlesende Gummibäume, träumende Tomaten oder die Fernwirkung von Gebeten. Daß unsere Welt, auch die bretthart, klotzmaterialistische der Schreibtische, Kaffeetassen und Wolkenkratzer, aus einem feinstverwobenen Netz pulsierender Energie besteht, daß sich selbst die Felsmassive des Himalaja (in einem Zeitraum von 50 Milliarden Jahren) verhalten wie eine Flüssigkeit, daß alles fließt und das Universum buchstäblich in jedem Augenblick neu erschaffen wird, daß dieser unglaubliche Netzwerk-Prozeß sich nur manifestiert, wenn er von einem Bewußtsein wahrgenommen wird, daß das menschliche Bewußtsein eine Untereinheit eines alles Organische und Anorganische umfassenden Netzbewußtseins der Biosphäre darstellt, daß innere und äußere Welt über dieses Bewußtseinsfeld verbunden, Kosmos und Einzelseele miteinander vernetzt sind, daß es möglich ist, diese Ganzheit der Natur zu erkennen, und nur die Unkenntnis dieses Zusammenhangs die gewaltsamen und selbstzerstörerischen Einschnitte zuläßt, die von der Menschheit derzeit angerichtet werden – all diese Tatbestände sind nicht länger dem Terrain des Glaubens und der Wunder zuzuordnen, sondern dem des Wissens und der Erfahrungsmöglichkeit.

Zur Disposition steht damit nicht weniger als das Grundlagenverständnis der wichtigsten wissenschaftlichen Disziplinen. Newton und seine Lehre einer ewigen, gleichförmigen Himmelsmechanik, der Darwinismus und seine Vorstellung eines ewigen, gleichförmigen Mechanismus der Evolution, Einstein und sein Gesetz, daß sich Information in diesem Universum niemals schneller bewegen kann als Licht, Freud und seine Vorstellung eines abgeschlossenen Psycho-Systems Mensch – mit dem Ausgang des Jahrhunderts zeichnet sich auch ein Ende dieser großen alten Wahrheiten ab. Da es sich um tief eingeprägte Gewohnheiten, Sichtweisen, Wahrnehmungen handelt, muß der Anstoß zu einem Blickwechsel ein kräftiger sein. Als träge Gewohnheitstiere haben wir uns angewöhnt, erst dann zu reagieren, wenn es wirklich auf dem Pelz brennt – doch ebendies scheint auf globaler Ebene jetzt schmerzhaft fühlbar zu werden.

Als ein riesiger Asteroid vor 65 Millionen Jahren auf der Erde einschlug, wurden durch die globale Klimakatastrophe mit den Sauriern in der Folgezeit auch zwei Drittel aller Lebewesen vernichtet – heute, so haben Naturforscher ausgerechnet, hat die Massenausrottung von Arten wieder dasselbe Tempo erreicht wie nach diesem kosmischen Unfall in der Kreidezeit. Doch diesmal heißt die Katastrophe Mensch. Deshalb sind wir um unserer selbst und unserer Nachkommen willen zum schnellen Lernen gezwungen. Nach dem jahrhundertelangen Irrglauben, daß sich die Menschheit als naturbeherrschende Krone der Schöpfung selbstverständlich auf dem aufsteigenden Ast befindet, setzt sich zunehmend das Wissen durch, daß die Gattung dabei ist, den Ast, auf dem sie sitzt, zu zerstören, sowie die Ahnung, daß diese krankhafte Selbstzerstörung mit einem weitgehenden Mißverständnis der Erde, des Lebens, des Selbst zu tun hat.

»Die Erde mag ohne den Menschen
ein Krüppel sein, der Mensch ohne die Erde
zerfiele in Nichts.«

Gustav Theodor Fechner, »Das Unendliche Leben«

»Auch ein Stein hat Liebe, und seine Liebe sucht
den Boden.«

Meister Eckhart, »Predigten«

1

Die Intelligenz der Erde
Über einen lebenden Planeten in einem selbstorganisierten Universum

Wir *sind* die Erde. Wir sind der Rhythmus von Tag und Nacht, wir sind die Bewegung der Erde um sich selbst und um die Sonne. Wir sind auch das Gewicht der Erde – wäre sie nur etwas schwerer und die Gravitation stärker, hätte alles eine andere Gestalt, auch unsere Körper. Wir sind die Geschwindigkeit der Erde. Mit über 100 000 Kilometern pro Stunde rast sie um die Sonne, mit Überschallgeschwindigkeit dreht sie sich dabei um sich selbst – und die ganze Galaxie bewegt sich mit dem unglaublichen Tempo von 500 Kilometern pro Sekunde durchs Weltall. Ein kosmisches Karussell – und uns flattert dabei nicht einmal ein Haar. Denn wir sitzen nicht auf ihm – wir *sind* dieses Karussell.

Wir sind auch die Geschichte der Erde, die Geschichte der Mineralstoffe, des Wassers und des Sonnenlichts. Und die aus ihnen hervorgehende Geschichte des Lebens. Die Geschichte des Chaos, aus dem die Ursuppe – plötzlich – in eine neue Ordnung sprang. Und den fortpflanzungsfähigen Einzeller gebar. Wir sind die ganze Evolution, von der Bakterie bis zum Blauwal, und die Milliarden Neuronen unseres Gehirns stellen vielleicht nichts anderes dar als eine hoch organisierte, symbiotische Kolonie von Mikroben. Wir sind auch die Pflanzen, ohne die wir gar nicht sein könnten: Sie vollbringen das dauernde Wunder und verwandeln Licht in Leben.

Wir *sind* die Erde – so sehr, daß wir sie erst verlassen mußten, um ein Gespür dafür zu bekommen: Die Erde lebt.

Ende der 60er Jahre wurde der britische Mediziner, Klimaforscher und Erfinder James Lovelock von der Weltraumagentur NASA aufgefordert, Methoden für die Entdeckung von Leben auf dem Mars zu erkunden. Dazu mußte er den Blick zuerst einem Planeten zuwenden, auf dem es zweifelsfrei Leben gab – der Erde. Schon die Gaszusammensetzung der Erdatmosphäre war erstaunlich, etwa die gleichzeitige Anwesenheit von Sauerstoff und Methan, die unter normalen Umständen aufeinander reagieren wie Fuchs und Hase und eigentlich in Kohlendioxid und Wasser zerfallen müßten. Um den ständigen Methangehalt aufrechtzuerhalten, so Lovelocks Berechnungen, müßten jährlich eine Milliarde Tonnen Methan in die Atmosphäre gelangen. Auch Kohlendioxid, so fand er bei der weiteren Untersuchung heraus, ist zehnmal mehr vorhanden, als es nach den chemischen Erwartungswerten der Fall sein dürfte – ähnlich ist es bei Schwefel, Methylchlorid und anderen Atmosphären-Bestandteilen. Trotz dieses Ungleichgewichts aber bleibt die explosive Gasmischung der Atmosphäre stabil. Das konnte kein Zufall sein, genausowenig wie die Salzkonzentration der Ozeane, die konstant bleibt, obwohl den Meeren jedes Jahr Millionen von Tonnen Salz zugeführt werden. Oder die Temperatur der Erde: In den vier Milliarden Jahren, seit organisches Leben auf dem Planeten erschien, ist die Temperatur der Sonne um mehr als 30 Prozent gestiegen. Auf der frühen Erde hätte danach die mittlere Temperatur eigentlich unterhalb des Gefrierpunkts liegen müssen – Fossilien jedoch zeigen, daß dies nicht der Fall war. Für Lovelock ließ das alles nur eine Erklärung zu: Um diese dauerhaften Nichtgleichgewichtszustände aufrechtzuerhalten, muß die Atmosphäre der Erde von Beginn an und ununterbrochen gesteuert worden sein – durch einen bewußten, lebendigen Prozeß.

Die Erdoberfläche besteht zu drei Vierteln aus Wasser. Daß dieser Planet »Erde« und nicht »Ozean« genannt wurde, hat vermutlich nur mit der Unkenntnis seiner Festlandbewohner zu tun: Als die Menschen den Namen »Erde« prägten, wußten sie weder von den gewaltigen Meeren, noch daß es sich dabei, zusammen mit einigen Inseln, im Ganzen um einen Planeten handelt. Und so nannten sie den Garten, der sie hervorgebracht hatte und der sie umgab, einfach »Mutter Erde«.[1]

Einige Jahrhunderte lang hat eine gebildete Minderheit im Abendland geglaubt, unser Planet sei eine tote Steinkugel, die nach mechanischen Gesetzen durchs All wirbelt. Auf ihrer Oberfläche war ein Automatismus in Gang gekommen, der aus einem organischen Schimmel immer komplexere Formen des Lebens entstehen ließ, aus dem sich dann irgendwann erkennende Wesen – die Menschen – entwickelten. Nach dieser bis heute weitverbreiteten Auffassung hätten unsere Vorfahren die Natur nicht so sehen können, wie sie ist – als ein scheinbar unbelebtes, auf kein Ziel gerichtetes physikalisches System –, weil sie ihre Hoffnungen und Ängste auf sie projizierten: Sie statteten die unbelebten Teile des Kosmos mit den Eigenschaften von Lebewesen aus, beseelten die Materie und sprachen nicht nur den Menschen, sondern auch Pflanzen und Tieren, Steinen und Flüssen einen Geist zu. Und sie versuchten, mit diesem Geist durch Rituale, Ekstasen und Gebete in Kontakt zu kommen. Rationale Erkenntnisse und wissenschaftlicher

---

[1] Vgl. *James Lovelock: Das Gaia-Prinzip. Die Biographie unseres Planeten (1991).* Alle nicht weiter ausgewiesenen Zitate Lovelocks stammen aus diesem Buch.

Fortschritt sagen uns, daß sich die physikalischen Abläufe der Natur nicht mit Zaubersprüchen beeinflussen lassen – sie folgen, von einem Zufallsgenerator in Gang gesetzt, den unpersönlichen, ewigen Gesetzen eines Uhrwerks.

In jüngster Zeit allerdings ist diese Uhrmachersicht des Universums ins Wanken geraten – je tiefer die Naturwissenschaftler zu den kleinsten Bausteinen vorstießen, desto heftiger wurden sie auf die Komplexität des Ganzen zurückgeworfen. Die Quantenphysiker entdeckten unter der scheinbaren Einfachheit der Atome eine vibrierende Landschaft von Wechselwirkungen: Die Vorgänge in der beobachteten subatomaren Mikrowelt waren untrennbar mit der Makrowelt des Beobachters verbunden. Diese Erkenntnis riß die Wissenschaftler aus einer lange gehegten Illusion: dem Glauben, Natur als eine separierte Außenwelt »objektiv« erforschen zu können. Die Bahn eines Teilchens, die Frequenz einer Welle entsteht erst dadurch, daß ein Beobachter nach ihr Ausschau hält – woher aber »weiß« das Quantensystem, nach was gerade Ausschau gehalten wird? Für dieses Rätsel hat die Physik bis heute keine Antwort gefunden – und wenig spricht dafür, daß eine einfache Lösung, gar eine »Weltformel«, auf der Suche nach noch kleineren Teilchen – den Quarks, Hadronen oder Superstrings – jemals gefunden wird. Die Fragen der mysteriösen Kommunikation der Quanten, davon sind immer mehr Wissenschaftler überzeugt, lösen sich nicht im Blick auf die Einzelteile, sondern nur im Blick auf das Ganze.

Die merkwürdige Verbundenheit des Universums auf der subatomaren Ebene wurde lange Zeit leutselig vom Tisch gewischt: als sogenanntes »Beobachterproblem« sollte sie nur für den Mikrokosmos gelten, während auf der Makroebene unseres Alltags weiterhin alles in bester mechanischer Bauklötzchen-Ordnung sei. Die jüngsten Erkenntnisse in zahlreichen Wissenschaftsbereichen – von der Biochemie über die Plasma-Forschung bis zur Wetterkunde – deuten allerdings darauf hin, daß auch ganz alltägliche Naturprozesse sich nicht aus der Aktivität ihrer Einzelteile, sondern nur durch die aktive Kommunikation des Ganzen erklären lassen.

Der Schleimpilz *Dictyostelium* ist kein Pilz, sondern ein amöbenähnliches, einzelliges Lebewesen, das in verwesender Vegetation auf Waldböden vorkommt. Er pflanzt sich durch einfache Teilung fort, so daß die Nachkommen einer einzigen Zelle sich nach gewisser Zeit über ein größeres Gebiet ausbreiten. Wenn irgendwann die Nahrung der Umgebung erschöpft ist, geschieht etwas Außergewöhnliches: Die einzelnen Schleimpilze beginnen sich nach innen zu bewegen, sie rücken immer näher zusammen und verklumpen schließlich zu einem komplexen Organismus. Wie eine kollektive »Schnecke« kriecht dieses Wesen dann in ein neues Nahrungsgebiet und verwandelt sich dort erneut: Es errichtet einen Stengel, an dessen Spitze sich ein Fruchtkörper bildet, von dem sich in großer Zahl Sporen lösen und im Waldboden eine Kolonie bilden. Woher »weiß« der individuelle Schleimpilz, wann es Zeit ist, die Individualität aufzugeben und einen kollektiven Organismus zu bilden? Die einfache Teilung, der sich der Schleimpilz zur Fortpflanzung bedient, bedeutet, daß wir es bis heute mit einem seit den Frühzeiten des Lebens praktisch unveränderten Exemplar zu tun haben – sein Verhalten repräsentiert ein ebenso altes wie fundamentales Prinzip der Natur: das Prinzip der Selbstorganisation.

Selbstorganisation, auch Autopoiesis genannt, ist die Fähigkeit zur spontanen Strukturierung. In seiner reinsten Form ist dieses dynamische Prinzip in offenen, in ständigem Austausch mit ihrer Umwelt befindlichen Reaktionssystemen zu studieren. Der Physiker und Chemiker Ilya Prigogine entdeckte in den 70er Jahren, daß bestimmte Chemikalien, wenn sie vermischt werden, einen Zustand größerer Ordnung und nicht Unordnung hervorbringen. Er nannte diese aus stetigem Ungleichgewicht spontan hervortretenden neuen Ordnungszustände »dissipative Strukturen« und erhielt für ihre Erforschung den Nobelpreis für Chemie. Ihm hätte eigentlich der Nobelpreis für Optimismus gebührt. Denn diese »dissipativen Strukturen« laufen einem äußerst unangenehmen Gesetz, dem »Zweiten Hauptsatz der Thermodynamik« zuwider, demzufolge alle Dinge wachsender Unordnung zustreben und das Universum insgesamt irgendwann unausweichlich im Wärmetod endet. Diese Tendenz wird wissenschaftlich »Entropie« genannt und ist auch den meisten Laien bekannt – als das Prinzip von Murphys Gesetz: »Alles, was schiefgehen kann, geht schief.«

Prigogine nun konnte zeigen, daß dieses fundamentale Gesetz von offenen stoffwechselnden Systemen im Zustand hohen Ungleichgewichts unterlaufen werden kann: Sie sind in der Lage, auch äußerst unwahrscheinliche, instabile Zustände über lange Zeit aufrechtzuerhalten und das vom Zweiten Hauptsatz treffend vorausgesagte Anwachsen von Chaos umzusetzen – nicht das Auseinanderfallen in totale Unordnung ist dann das Ergebnis, sondern die Herausbildung neuer Ordnungsstrukturen.[2]

Schleimpilze ernähren sich am liebsten von Bakterien, und solange genügend vorhanden sind, frißt jede einzelne Zelle munter vor sich hin und vermehrt sich fleißig. Wenn die Nahrung knapp wird, scheiden die einzelnen Schleimpilz-Zellen in rhythmischen Pulsen eine Chemikalie aus, die den anderen Amöben das Signal gibt, ihre Einzelexistenz aufzugeben und einen gemeinsamen Körper zu bilden. Wie diese Formbildung im Detail funktioniert, ist nach wie vor ein Rätsel; was Prigogine fand, ist nur das biochemische Kommunikationssystem, das dazu benutzt wird. Der von Schrittmacherzellen abgesonderte Botenstoff veranlaßt die Einzelzelle, ihrerseits Botenstoffe abzugeben; es entsteht ein Rückkopplungsprozeß, in dem sich die Zellen zu pulsierenden Wellen aufschaukeln – und an einem kritischen Punkt in eine neue Ordnung springen. Prigogine und seine Kollegen sehen solche selbstorganisierten Strukturen überall auftauchen: in der Biologie, in Fließbewegungen und Wirbeln, im Wachstum von Termitenbauten

---

[2] Vgl. *Ilya Prigogine: Vom Sein zum Werden (1988)*. Zur Theorie der Selbstorganisation im allgemeinen vgl. Erich Jantsch: *Die Selbstorganisation des Universums. Vom Urknall zum menschlichen Geist (1992)* und John Briggs/David Peat: *Die Entdeckung des Chaos (1990)*.

oder von Städten, bei der Bildung von Sternen und Galaxien oder der chemoelektrischen Signalübertragung des menschlichen Gehirns.

Das wundersame Wirken der Selbstorganisation läßt sich im Prinzip an jedem Wasserhahn beobachten: Beim ganz langsamen Öffnen geht das gleichmäßige Tropfen irgendwann in chaotisches Tröpfeln über, das an einem kritischen Punkt plötzlich wieder einem geordneten Zustand weicht. Dreht man etwas weiter auf, bilden sich Wirbel und bleiben stabil, um dann, wenn der Druck zu stark wird, wieder in eine Phase chaotischen Spritzens überzugehen. Ähnliches geschieht, wenn wir Wasser zum Kochen bringen: Chaotisches Brausen und Sprudeln geht irgendwann in eine regelmäßige Blasenbildung über. Woher »weiß« das einzelne Wasserpartikel, wann es Zeit ist, aus einer individuellen in eine kollektive Fließbewegung überzugehen? Es ist, meint Prigogine, als wäre jedes Molekül über den Zustand des gesamten Systems »informiert«; es ist, als wüßten die Teile, daß sie Teile sind, zugehörig zum Ganzen.

In diesem Zusammenhang möchte ich Ihnen Emily vorstellen. Sie werden vielleicht noch nichts von ihr gehört haben, aber das macht nichts – Emily ist eine unserer ältesten Verwandten. Mit ihrer Familie, dem alten Adelsgeschlecht derer von *Emiliana huxleyii* – aus dem weitverbreiteten Stamm *Phytoplankton*, der Blaualgen –, entwickelte Emily vor mehr als drei Milliarden Jahren die Fertigkeit, ein schwefelhaltiges Gas, Äthan-Sulfid, zu produzieren. Es mag nicht weiter bemerkenswert erscheinen, wenn ein so winziges Pflänzchen plötzlich beginnt, noch viel winzigere Mengen Abgas zu emittieren – doch wie heutzutage bei den Autos macht es auch bei Emily die Masse. Verglichen mit der Verbreitung ihrer Familie müssen die stinkend zum Stillstand gestauten Benzinkutschen unserer Tage geradezu als aussterbende Art gelten: In einem Liter Meerwasser leben Millionen und Abermillionen von Emilys – und jede einzelne von ihnen begann damals, das reichlich vorhandene Kohlendioxid aus der Luft aufzunehmen und es in Schwefelgas zu verwandeln. Die abgegebenen Schwefelpartikel bildeten den Kondensationskern von Wolken und sorgten so dafür, daß um die Erde herum so etwas wie ein Schutzumschlag entstand. Unter diesem erst konnten die chemischen Reaktionen stattfinden, die dann den Sauerstoff, die schützende Ozonschicht und all das hervorbrachten, was wir heute Biosphäre nennen.

Das schweflige Gas, das die Blaualge Emily ausschied, sorgte in der Frühzeit der Erde für die Wolkenbildung – die Wolken reflektierten das Sonnenlicht, das ansonsten die Erdoberfläche erreicht hätte. Wenn es dadurch zu kühl wurde, nahm die Dichte der Blaualgen ab, es bildeten sich weniger Wolken, und die Temperatur stieg wieder. Emily funktionierte also wie ein Thermostat, um die Erdtemperatur immer in einem bestimmten Bereich zu halten. Ohne unsere Urahne Emily und ihre Zeitgenossen, die pflanzlichen und tierischen Mikroorganismen, wäre das exakte Gemisch der Luft, die wir atmen, die schmale Bandbreite der Temperatur, in der Leben möglich ist, niemals entstanden. Bis heute managen Emily und ihre mehrzelligen Nachfahren den Energiehaushalt des Planeten – sie sorgen für die Pufferzone, in der entstehende Wärme gespeichert und die Abstrahlung so reguliert wird, daß keine extremen Temperaturdifferenzen entstehen. Stellen sie morgen ihre Tätigkeit ein – das Weltklima bräche auf der Stelle zusammen. Die Eingriffe des Menschen in die Atmosphäre (Stichwort: Treibhauseffekt) können kurzfristig allergrößte Gefahren heraufbeschwören – erdgeschichtlich spielen sie, verglichen mit den gewaltigen Aktivitäten der Blaualgen, eine eher unbedeutende Rolle. Die Mikroorganismen sind es, die diesen Planeten seit 3,5 Milliarden Jahren lebensfähig erhalten – allen kosmischen Katastrophen, wie gewaltigen Meteoriten-Einschlägen, und allen Eiszeiten zum Trotz.[3]

---

[3] Vgl: *Lovelock (1991), S.22*. Hervorragend dargestellt werden diese Zusammenhänge auch von der Mikrobiologin Lynn Margulis, die mit Lovelock zusammengearbeitet hat. Auch wenn Margulis die Personalisierung der Erde als »Gaia« als zu romantisierend ablehnt, hat sie ihren organischen Gesamtzusammenhang auf beeindruckende Weise nachgewiesen. Vgl. *Lynn Margulis/Dorion Sagan: Leben – Vom Ursprung zur Vielfalt (1997)*. Die naturphilosophischen Zusammenhänge der Gaia-Theorie erläutert *Elisabet Sahtouris: Gaia – Vergangenheit und Zukunft der Erde (1993)*.

Wie kommt es, daß eine größtenteils von Wasser bedeckte Steinkugel derart flexibel reagiert? Wie kann sie ständig dieses wohltemperierte, subtile Gemisch unverträglicher Gase, das wir zum Atmen brauchen, aufrechterhalten, wie ein Umkippen in das tödliche Kohlendioxid-Einerlei ihrer Nachbarn Mars und Venus verhindern? James Lovelock hat auf diese Frage eine so einfache wie geniale Antwort gefunden: Die Erde ist nicht, wie die Geologen behaupten, eine tote Steinkugel, sondern ein Lebewesen, ein einziger großer Organismus, der sich genau die Umgebung schafft, die er braucht. Das Steuerungs- und Rückkopplungs-System, das für diese Aktivitäten zuständig ist, nannte Lovelock nach dem Vorschlag eines Dorfnachbarn, des Schriftstellers und Literaturnobelpreisträgers William Golding, *Gaia*. Gaia, das war der Name der griechischen Erdgottheit. Lovelock war sich bewußt, daß seine wissenschaftliche Hypothese mit diesem mythisch klingenden Namen für die Wissenschaftskollegen noch schwerer verdaulich sein müßte als ohnehin – doch schien »Gaia« genau richtig, denn es ging letztendlich um ein autopoetisches, sich selbst regulierendes System: den lebenden Planeten als Ganzes – Mutter Erde.

Im antiken Griechenland hatte Aristoteles gelehrt, daß die Erde nur aus vier Elementen besteht: Wasser, Erde, Luft und Feuer. Bis heute haben die Naturforscher über hundert chemische Grundstoffe entdeckt und hinter den Bausteinen dieser Grundstoffe, den Atomen, einen regelrechten Zoo kleiner und immer kleinerer Teilchen, doch wenn moderne Wissenschaftler den Planeten Erde betrachten, sprechen sie in der Regel immer noch von vier Grundelementen: dem Erdboden – der Lithosphäre –, dem Wasser – der Hydrosphäre, der Luft – der Atmosphäre, und dem Leben – der Biosphäre. Die Gaia-Theorie dagegen behauptet, daß die Evolution des Lebens nur aus der aktiven Kooperation dieser vier Sphären erklärbar ist. »Wir werden die Erdgeschichte nicht eher begreifen, als bis wir das System als Gesamtheit betrachten und unsere Versuche einstellen, einen Teil losgelöst vom anderen verstehen zu wollen«, schrieb James Lovelock, der Mitte der 70er

Jahre seine Gaia-These erstmals veröffentlichte. So viele Beweise und Bestätigung – aber auch harsche Kritik und Ablehnung – seine Theorie seitdem erfahren und soviel Aufregung sie verursacht hat, im eigentlichen Sinne neu war Lovelocks Idee nicht.

Schon im 18. Jahrhundert hatte der Vater der modernen Geologie, der Schotte James Hutton, gefordert, die Erde insgesamt als eine Art Über-Organismus zu betrachten, der nur mit Hilfe der Physiologie erforscht werden könne: Den Kreislauf der Nährstoffe im Boden und die Bewegung der Ozeane zum Land hin verglich Hutton mit der Zirkulation des Blutes. Wenig später klagte der frühe Geowissenschaftler Alexander von Humboldt: »Wir untersuchen die Steine, aber nicht die Berge, wir haben das Material, beachten aber nicht, wie es zusammengehört«, und forderte, die Erde als ein Ganzes zu betrachten, in dem die »Lebenssphäre« untrennbar mit der anorganischen Welt verbunden ist. Doch diese der Naturphilosophie geschuldete Idee Humboldts geriet genauso in Vergessenheit wie James Huttons »harte« Wissenschaft der lebenden Erde. Sie paßten nicht in den Zeitgeist des Dampfmaschinenzeitalters, in dem sich der Mensch mit Hilfe der Mechanik gerade zum Herrn und Besitzer der Natur aufgeschwungen hatte. Auch der sowjetische Geochemiker Wladimir Vernadsky, der in den 20er Jahren dieses Jahrhunderts den neugeprägten Begriff »Biosphäre« mit Leben füllte, indem er auf seine Bedeutung für Gesteinsformationen, die Ozeane und das Klima hinwies, geriet schnell wieder in Vergessenheit. So konnte es kommen, daß James Lovelock, als er seine Gaia-Hypothese erstmals formulierte, von all diesen Vorgängern überhaupt nichts wußte. Genausowenig wie seine Kollegin, die Mikrobiologin Lynn Margulis, deren Erforschung der Mikroben, Bakterien und Kleinstlebewesen und ihrer zentralen Rolle in der Evolution des Lebens das Standbein der Gaia-Hypothese abgab.

Die klassische, auf Darwin fußende Sicht der Evolution nahm an, daß Leben sich allmählich, über eine lange Reihe von geringen Veränderungen entwickelt hat. Zufällige Veränderungen – Mutationen –

mußten sich im allgemeinen »Kampf ums Dasein« als überlegen erweisen, und dieser Prozeß führte im Laufe von Millionen Jahren zur Entstehung völlig neuer Arten. Diese Sichtweise wird in jüngster Zeit immer stärker angezweifelt – denn anhand von Fossilien läßt sich eine derart lineare Naturgeschichte einfach nicht rekonstruieren; die Fundstücke deuten eher auf das Gegenteil: ein eruptives, sprunghaftes Evolutionsgeschehen. Moderne Evolutionsbiologen wie Stephen Jay Gould oder Niles Eldredge behaupten, daß die Entwicklung des Lebens mit langen Perioden des Stillstands einherging, die von katastrophalen Veränderungen – und dem plötzlichen Auftauchen neuer Arten – unterbrochen wurden. Seitdem laufen konservative Wissenschaftler Sturm gegen die rebellischen Kollegen, die es wagen, den großen Darwin neu zu interpretieren. Auch Lynn Margulis machte sich dieser Ketzerei schuldig, als sie mit ihren Erkenntnissen aus der Mikrobiologie an einem zentralen Dogma des Darwinismus rüttelte: dem Konkurrenzkampf ums Überleben als Motor der Evolution. Die ersten Mikroben mit einem festen Zellkern waren, wie Margulis zeigte, nicht das Ergebnis einer genetischen Mutation, sondern das Ergebnis einer Symbiose. Diese neuartige Zelle – der Ausgangspunkt aller vielzelligen Pflanzen und Tiere – entstand nicht durch brutale Konkurrenz im Überlebenskampf, sondern durch Kooperation.[4]

Die größte Umweltkrise des Planeten liegt etwa 2,2 Milliarden Jahre zurück. Sie wurde ausgelöst durch die massenhafte Freisetzung eines giftigen Abfallprodukts, das die Zyano-Bakterien ausschieden, und zwar in einem Ausmaß, das alle bakteriellen Lebensformen bedrohte, einschließlich des damaligen Beherrschers der Erde, der Zyano-Bakterien selbst. Dieses gefährliche Umweltgift war der Sauerstoff. Die meisten Menschen, denen Sauerstoff geradezu als Lebenselixier gilt, mag das überraschen, doch Sauerstoff ist ein tödliches Gift: Es ist hoch reaktiv und zersetzt nicht nur lebendes Gewebe, sondern auch

---

[4] Vgl. u.a. *Niles Eldredge: Wendezeiten des Lebens (1994), Stephen Jay Gould: Zufall Mensch (1990).*

Eisen. Bestünde die Erdatmosphäre nicht zu 21 Prozent, sondern beispielsweise zu 25 Prozent aus Sauerstoff, würde sämtliche Vegetation sofort verbrennen. Das massive Auftauchen des todbringenden Gases führte, so Lynn Margulis' Theorie, zu einem Evolutionssprung: Einzelne Organismen konnten nur dadurch überleben, daß sie Teile von Kollektiven wurden, d.h. sich symbiotisch zusammenschlossen und so eine neue Fähigkeit erwarben: Sie nutzten das Umweltgift Sauerstoff als Energiequelle.

»Wenn wir die Natur fragen, ›wer sind die Tüchtigsten: jene, die ständig miteinander im Krieg liegen, oder jene, die einander unterstützen?‹, so sehen wir sofort, daß jene Tiere, die die Gewohnheit gegenseitiger Hilfe erworben haben, zweifellos die tüchtigsten, bestangepaßten sind. Sie haben mehr Überlebenschancen, und sie bringen es auf ihrer jeweiligen Stufe zum höchsten Entwicklungsgrad der Intelligenz und der Körperorganisation.« Dies schrieb ein Zeitgenosse Darwins, der russische Intellektuelle Peter Kropotkin, der nach der Lektüre von Darwins »Ursprung der Arten« Sibirien und die Mandschurei bereist hatte, wo ihm nirgends ein scharfer Existenzkampf der Tier- und Pflanzenarten aufgefallen war. Statt dessen fand er vor allem Hinweise auf Kooperation und Zusammenarbeit der einzelnen Lebensformen – und der Titel des Buchs, das er darüber schrieb – »Gegenseitige Hilfe«, könnte heute als Oberbegriff für die Theorien der Selbstorganisation, der Koevolution und der symbiotischen Rückkopplungen stehen, wie sie Lynn Margulis, James Lovelock und andere entwickelt haben.[5]

Nach Lovelocks Gaia-Hypothese sind die etwa vier Milliarden

---

[5] *Peter Kropotkin: Gegenseitige Hilfe in der Tier- und Menschenwelt (1908/1977):* »Der Kampf aller gegen alle ist nicht *das* Naturgesetz. Gegenseitige Hilfe ist ebensowohl ein Naturgesetz wie gegenseitiger Kampf…« (S. 27) Kropotkins Buch ist ein Paradebeispiel dafür, wie eine veränderte Wahrnehmung zu einem anderen Bild führt – er zog aus, die Kooperations- und Symbiose-Leistungen der Lebewesen zu beobachten, und wurde überwältigt, ebenso wie Darwin, der nach Belegen für Konkurrenz und den stetigen Kampf suchte.

Arten der Erde durch Koevolution und Rückkopplung derart koordiniert, daß der gesamte Planet ein selbstorganisiertes System darstellt. Wie etwa unser Körper durch ausgeklügelte Steuermechanismen unbewußt dafür sorgt, daß seine Temperatur immer bei etwa 37 Grad liegt – gleich ob wir uns in Grönland oder in den Tropen befinden –, so hält auch die Erde ihre Temperatur stets im Gleichgewicht. Die Atmosphäre, so Lovelock, »ist nicht nur ein biologisches Produkt, sondern eher eine biologische Konstruktion. Sie ist nicht lebendig, sondern wie das Fell einer Katze oder die Federn eines Vogels: die Erweiterung eines biologischen Systems, dazu bestimmt, eine ausgewählte Umwelt aufrechtzuerhalten.«

Gesteine und Wasser sind ebenfalls ein Teil dieser Konstruktion und arbeiten mit der Biosphäre zusammen, »um ein komplexes System zu bilden, das als einziger Organismus angesehen werden kann und sicherstellt, daß unser Planet weiterhin ein Ort ist, auf dem Leben existieren kann«.

Als Lovelock in den frühen 70er Jahren mit seiner Gaia-Theorie an die Öffentlichkeit ging, erntete er, ebenso wie Lynn Margulis mit ihrer Theorie der Koevolution und Symbiose, von der Gemeinde der Wissenschaftler Hohn und Spott. Selbst Wohlmeinende mochten Gaia allenfalls als eine schöne Metapher, nicht aber als beweisbares Modell gelten lassen, und Kritiker taten es von vornherein als Anti-Wissenschaft ab. Ihnen schien die Selbstregulierungskraft des Planeten gleichbedeutend mit einer absichtsvollen, zweckgerichteten Voraussicht der Natur, einer Wiederkehr der alten, einem Schöpfungsplan folgenden »Entelechie« – doch eine solche Zielgerichtetheit hatte Lovelock an keiner Stelle behauptet. Trotz der widerwilligen Zustimmung, welche die Gaia-Theorie in Kreisen der Wissenschaft mittlerweile gefunden hat, ist sie für viele nach wie vor völlig inakzeptabel. Als 1991 Lovelocks »Biographie unseres Planeten« auf Deutsch erschien, schrieb der Rezensent der »Frankfurter Allgemeinen Zeitung«: »Um sich mit diesem Gedankengebilde anfreunden zu können, muß man radikal sein, radikal unbeleckt.« Ist die Gaia-Theorie tatsächlich so naiv, wie solche Kritiker ihr vorwerfen? Professor Günter Altner, promovierter Biologe und Theologe und Mitbegründer des Freiburger Öko-Instituts, sieht solche Vorwürfe eher als das Resultat eines engen, überkommenen Wissenschaftsbegriffs:

»*Um die Gaia-Theorie zu verstehen, muß man seine wissenschaftliche, seine disziplinäre Enge aufgeben und muß Zusammenhänge bedenken, ohne daß man seinen wissenschaftlichen Sachverstand dabei an der Garderobe abgibt. Wir haben bisher in den Wissenschaften, und das macht auf der einen Seite ihren Erfolg, auf der anderen aber auch ihre Grenzen aus, detaillistisch gedacht, um möglichst objektive Ergebnisse zu bekommen, und haben Natur zerlegt. Und dabei ist der ganzheitliche Ansatz, der immer von Außenseitern angemahnt worden ist, auf der Strecke geblieben. Und ich sehe die Diskussion um die Gaia-Theorie als eine neue Variante des Versuchs der Einführung ganzheitlicher Kategorien in die Wissenschaft, aber nicht nur aus einem theoretischen Postulat heraus, sondern aus der Erkenntnis, daß der biosphärische Gesamtzusammenhang, daß die Erde schwerwiegend krankt, weil wir sie als Ganzheit bisher ignoriert haben. Es ist ja gerade das Interessante bei Lovelock, wenn er sagt, daß die großen ›unbelebten‹ Formationen wie Wasser, Boden, geologische Formationen letzten Endes als Produkt von Lebensprozessen zu sehen sind und nicht einfach als der Raum, in den Leben hinein sich angepaßt hat. Wenn man das aber so sieht, wird man sagen müssen, das Ganze in seiner Wechselwirkung stellt die eigentliche natürliche Wirklichkeit dar. Ich denke, daß wir das funktionelle Verständnis des Lebens und der nicht-belebten Natur beibehalten können, aber daß wir heute, wenn wir die Gaia-Theorie ernsthaft diskutieren wollen, über die Zusammenhänge, aufgrund deren diese verschiedenen Möglichkeiten der Organisation von Natur entstanden sind, ernsthaft nachdenken müssen. Und das ist etwas, das bisher in der Tat auch ausgeschlossen gewesen ist. Die Biologie hat sich darauf kapriziert, die Besonderheiten der belebten Natur hervorzuheben, und die Humanwissenschaften haben das für den Menschen getan, und die Geologie hat die unbelebte Natur beschrieben – das alles muß zusammengezogen werden zu einem umfassenden Wissenschaftsbegriff.«*[6]

Solch einen das enge Schubladendenken übergreifenden Wissenschaftsbegriff hatte schon der Pionier Vernadsky im Auge, als er seine Forschungen in den 20er Jahren als »Bio-Geo-Chemie« beschrieb, und James Lovelock meint heute nichts anderes, wenn er von der Naturwissenschaft fordert, sich als »Geo-Physiologie« zu verstehen:

»Sollte sich herausstellen, daß die Gaia-Theorie das Betriebssystem Erde richtig analysiert hat, dann haben wir uns zur Behandlung und Diagnose der globalen Gebrechen ziemlich sicher die falschen Fachleute gewählt. Folgende Fragen stehen zur Beantwortung an: Wie stabil ist das augenblickliche System? Wodurch wird es gestört? Kann man die Folgen von Störungen rückgängig machen? Kann die Welt ihr Klima und ihre gegenwärtige Struktur ohne die natürlichen Ökosysteme in ihrer vorhandenen Form aufrechterhalten? Diese Fragen fallen in den Zuständigkeitsbereich der Geophysiologie. Wir brauchen einen praktischen Arzt der planetarischen Medizin. Ist hier irgendwo ein Doktor?«[7]

Was die Biologen und Geologen, die Paläontologen und Meereskundler, die Kosmologen und Klima-Forscher an vielfältigen Puzzle-Stücken über die Funktionsweise des Globus zusammengetragen haben, ergibt bis heute kein Bild; die grundlegendste aller wissenschaftlichen Fragen – »Was ist Leben?« – ist nach wie vor unbeantwortet. Je mehr wir wissen über die Ergeschichte – die Entstehung der Ozeane und Kontinente, die Ruheperioden der Eiszeiten und die aufwühlenden kosmischen Katastrophen, über Luftströme, Klima-Zonen und Temperaturen, desto weniger faßbar wird ein Bild davon. Statt dessen offenbart sich eine dynamische Struktur ohne irgendwelche isolierte Einheiten, ein ständig rückgekoppeltes Netzwerk von Wechsel-

---

[6] Pers. Mitteilung in einem Interview für den Sender Freies Berlin 1993. Vgl. auch *Günter Altner: Naturvergessenheit – Grundlagen einer umfassenden Bioethik (1991).*
[7] *J. Lovelock (1991), S. 236.*

beziehungen, das jede einzelwissenschaftliche Betrachtung sprengt. Dazu noch einmal Günter Altner in dem erwähnten Interview:

»Unter der Perspektive der Biologie finde ich vieles, was Lovelock sagt, befreiend. Weil diese Theorie uns von bestimmten unaufgearbeiteten Gegensätzen befreit: Der Gegensatz zwischen belebter und unbelebter Natur, den wir auf Grundlage der Evolutionstheorie (…) immer wieder so aufheben, daß wir sagen, es ist der Wesenszug des Lebens, sich an die unbelebte Natur anzupassen. (…) Es gibt keine Ansätze, die das Systemganze der Biosphäre als Lebenseinheit betrachten und von daher untergeordnete Funktionseinheiten zu interpretieren versuchen. Insofern empfinde ich diesen Ansatz von Lovelock als etwas Befreiendes, das den alten Dualismus aufsprengt. Zum anderen finde ich Lovelock dort, wo er systemtheoretisch, im Sinne der offenen Systeme, argumentiert, auf der Höhe der Zeit, und ich finde ihn weit besser als jene biologischen Kollegen, die auf der einen Seite die Theorie der offenen Systeme mittragen und systematisch auf dieser Basis argumentieren, und andererseits so tun, als ob wir mit Hilfe moderner Biotechnologien die Steuerung dieses Prozesses demnächst übernehmen könnten. Das kann man eben nicht, wenn man den Prozeß wirklich als einen offenen beschrieben hat, dann fällt man voller Erstaunen in das Loch dieser Offenheit, und dann gibt es nur Möglichkeiten, sich tastend darin zu orientieren. Und man kann sich nur orientieren, wenn man den Gesamtzusammenhang zu denken versucht. Natürlich beinhaltet der Prozeß der Selbstorganisation, daß ja gewissermaßen Innovation, Kreativität diesen Prozeß des Werdens in der Zeit ständig auszeichnet. Schöpfung, könnte man sagen, geschieht immer. Ist also nicht nur das Phänomen des Urknalls und des Weltanfangs. Das zweite, was bei der Selbstorganisation auffällt, ist, daß hier in die Naturwissenschaften ein Begriff eingeführt wird, ›Selbst‹, der von seinem Inhalt her geradezu nicht-objektiv ist. Wer ist dieses Selbst, das sich hier organisiert – das ist die große Frage. Friedrich Cramer ist einer der wenigen, die darauf hingewiesen haben, daß dieses Selbst natürlich nicht identifiziert werden kann mit den Strukturen, die wir in diesem Prozeß dingfest machen können. Schon gar nicht identifi-

ziert werden kann mit der berühmten DNS, der Erbstruktur; die Strukturen sind immer nur die Matrix, auf der, in der und durch die sich dieses Selbst organisiert. Es ist anwesend und auch wiederum nicht anwesend, es ist wirksam, aber es ist nicht dingfest zu machen – das ist das Geheimnis, und insofern kommt man, denke ich, wenn man das sauber, naturwissenschaftlich, systematisch diskutiert, immer wieder auf die Gottesfrage zurück. Wenn man den Prozeß der Selbstorganisation radikal interpretiert, steht man vor dem Grundproblem, vor dem die Mystik aller Zeiten gestanden hat, wenn sie den Versuch gemacht hat, das Unfaßbare im Faßbaren verstehbar zu machen.«

Was ist dieses Selbst, das sich selbst organisiert und sich ständig selbst überschreitet – sei es als einfache chemische Reaktion, sei es als Schleimpilz-Kolonie oder eben als Gaia, als Lebenssphäre insgesamt? Wie Günter Altner deutlich macht, rüttelt das neue Paradigma der offenen Systeme nicht nur an der reduktionistischen, in Einzeldisziplinen aufgespaltenen Naturforschung, sondern muß, konsequent weitergedacht, auch zu einer neuen Beziehung von Wissenschaft und Religion führen. Ist es deshalb berechtigt, der Gaia-Theorie religiöse Untertöne zu unterstellen und sie damit aus dem naturwissenschaftlichen Diskurs zu eliminieren?

»Hüten wir uns«, schrieb Friedrich Nietzsche, »hüten wir uns zu denken, daß die Welt ein lebendiges Wesen sei. Wohin sollte sie sich ausdehnen? Wovon sollte sie sich nähren? Wie könnte sie wachsen und sich vermehren?« Wie vor allem Weiblichen graute dem Philosophen auch vor einer lebendigen Mutter Erde, und so forderte er, die Natur zu »entgöttlichen« – und statt dessen das Reich des Über-Menschen zu schaffen. Kaum 80 Jahre nach Nietzsches Tod brachte eine freilich ganz andere Art von Über-Mensch eine völlig andere Botschaft mit: Erstmals sahen Astronauten die Erde von außen, als Ganzes, und berichten von einem mächtigen inneren Eindruck: daß nämlich die Erde ein lebendiges Wesen sei.

Während der Apollo-9-Mission mußte der Astronaut Rusty

Schweickart sein Raumschiff verlassen – nur durch eine Art Hundeleine mit der Kapsel verbunden, sollte er freischwebend einige Tests durchführen. Der Lebenserhaltungs-Rucksack, mit dem eine spätere Expedition über den Mond spazieren sollte, mußte getestet werden. Doch irgend etwas klemmte, der bis auf jeden Handgriff haarklein geplante Ablauf verzögert sich, und während dieser Pause drängten sich Schweickart die Fragen auf: Wer bin ich, was tue ich hier, was sehen meine Augen? Er sah den blauen Planeten unter sich, die fraktalen Muster der Gebirge und Täler und Wolkenfussel – und realisierte plötzlich: Diese Erde ist ein Lebewesen, und ich bin ein verlängertes Sinnes- und Willensorgan dieses Lebewesens – ausgesandt, um die Meldung zurückzubringen, daß die Erde lebt. Als Angehöriger der Nationalgarde und knallharter Cowboy-Typ war der Astronaut Schweickart alles andere als ein romantischer Schwärmer – die zweiminütige Arbeitslosigkeit im All aber hat sein Weltbild völlig verändert. Zurück auf der Erde, gründete er eine internationale Raumfahrervereinigung, die sich zum Ziel gesetzt hat, die Wahrnehmung der Erde als Lebewesen publik zu machen.

Neue Werkzeuge gebären neue Weltbilder: Wie Galileis Blick durch das Fernrohr die Rolle der Erde im Makrokosmos zurechtrückte, das Mikroskop die Vielfalt des Lebens im Mikrokosmos offenbarte oder der Computer die Ordnung aus dem Chaos sichtbar machte, so bescherte auch der Blick auf die Erde von außen plötzlich eine neue Wahrnehmung. Wie Rusty Schweickart erging es vielen Weltraumfahrern – sie kamen verwandelt zurück. Als Edgar Mitchell die Erde vom Mond aus betrachtete, wurde ihm der eigentliche Sinn seiner Mission klar: nicht die Erforschung des Monds oder des Weltraums – sondern die Entdeckung der Erde.

Besetzte man eine Jury zur Beurteilung der Gaia-Theorie mit Astronauten – der Urteilsspruch dieser Zeugen wäre eindeutig, doch ihr Gefühl für die Ganzheit und Lebendigkeit der Erde hätte noch keine wissenschaftliche Beweiskraft. Daß aus dem Gefühl für Gaia eine ernstzunehmende Theorie werden konnte, verdankt sich einigen weiteren neuen Werkzeugen, die ebenso wie die Weltraumraketen in den 60er Jahren erstmals zur Verfügung standen. Gebiete, die auf den Karten der Wissenschaft lange Zeit nur Spekulationen zugänglich waren, wie etwa die Kosmologie, wurden plötzlich erschlossen.

1965 wurde die kosmische Hintergrundstrahlung entdeckt und damit zum ersten Mal die Möglichkeit geschaffen, die Theorien über Struktur und Entstehung des Universums anhand eines Effekts aus seiner Frühzeit zu überprüfen und weiterzuführen.

Im selben Jahr wurde es dank neuer Labormethoden möglich, Fossilien von Mikroorganismen in sehr alten Gesteinsschichten nachzuweisen. Was bis dahin nur Spekulation war, die Frühgeschichte des Lebens auf der Erde, war nun erstmals der Beobachtung zugänglich. Und ermöglichte es Biologinnen wie Lynn Margulis, die Rolle der Kleinstlebewesen für die Verwitterung von Gesteinen, den Umbau der Erdkruste und die Beeinflussung der Atmosphäre zu entdecken.

1967 gelang es Ilya Prigogine, die spontanen Ordnungszustände chaotisch vermischter Chemikalien zu erklären, die dem sowjetischen Forscher Belousov schon in den 50er Jahren aufgefallen waren – doch dessen Manuskript darüber war mit dem Argument abgelehnt worden, die »vermeintliche Entdeckung« sei unmöglich. Dank Prigogines »dissipativer Strukturen« machte sie plötzlich mehr als nur Sinn: Zusammen mit den neuen Erkenntnissen über die chemischen Bausteine der »Ursuppe«, aus denen das Leben in der Frühzeit des Planeten entstand, gaben sie ein völlig neues Bild der Evolution: Wenn chemische Reaktionen die Fähigkeit zur Selbstorganisation zeigen und schon in der Frühzeit der Erde vorkamen, dann ist die Ordnung, die wir Leben nennen, kein Zufallsereignis. Um über zufällige Mutationen eine so komplizierte Konstruktion von Aminosäuren wie die DNS, den Träger der genetischen Information, hervorzubringen, hätte die Natur viel länger als das Weltalter gebraucht. Ihre heutige Vielfalt ist nicht Produkt eines mechanischen Ablaufs, sondern einer ihr innewohnenden

Kreativität: »Materie«, verkündete Prigogine, »ist nicht träge. Sie ist lebendig und aktiv.«

Stets sind es veränderte Wahrnehmungs- und Beobachtungsformen, die das alte, sicher geglaubte Wissen erschüttern und eine neue Weltanschauung hervorbringen. Oft waren es neue Werkzeuge oder Meßgeräte, die den Sturz überkommener Wahrheiten einleiteten – bei Lovelock war es ein einfacher, aber folgenreicher Wechsel der Perspektive – der Blick von oben, auf die Erde von außen, erwies sich als ein »Bioskop«, das die verästelten Spezialgebiete der Wissenschaft vom Leben zu einer erweiterten Gesamtschau bündelte. Eine Perspektive historischen Ausmaßes: so weit entfernt, daß die Menschen unsichtbar wurden und sich statt ihrer das wahre »Maß aller Dinge«, die eigentliche »Krone der Schöpfung« offenbarte – eine pulsierende Biosphäre, Leben in planetarischer Dimension. Lovelock schreibt:

»Die Gaia-Theorie fordert eine globale Perspektive. Entscheidend ist die Gesundheit des ganzen Planeten und nicht die irgendeiner einzelnen Art von Organismen. Eine partielle Besetzung eines Planeten durch lebende Organismen kann es nicht geben. Ein solches Phänomen wäre genauso kurzlebig wie ein halbes Lebewesen. Zur Regulierung der Lebensumwelt braucht der Planet eine genügende Zahl lebender Organismen. Bei einer unvollständigen Verteilung würden ihn die unvermeidbaren Kräfte physikalischer und chemischer Entwicklung bald unbewohnbar machen. Wenn die Handlungsweise eines Organismus der Umgebung genauso nützt wie ihm selbst, wird seine Ausbreitung gefördert. Der Organismus und die mit ihm zusammenhängende Veränderung der Umgebung wird schließlich auf der ganzen Erde zu finden sein. Der umgekehrte Fall gilt genauso. Jede Art, die der Umgebung Schaden zufügt, wird untergehen; das Leben aber geht weiter.«[8]

Die Erde lebt – und zwar auch ohne uns. Gaia hat in ihrer Geschichte schwere Meteoriteneinschläge überlebt und atomare Kata-

---

[8] J. Lovelock (1988), S. 299.

strophen, gegen die sämtliche Waffenarsenale und Atomkraftwerke der Menschheit wie ein laues Lüftchen wirken. Beschränkte Öko-Ideologen wollten in Lovelocks Betonung der Stabilität des Lebens ein Entsorgungs-Szenario für eine fortschreitende Umweltverschmutzung sehen – nach dem Motto: Egal, wie viele Arten wir vernichten, Gaia wird's schon richten. Tatsächlich weist die Gaia-Theorie auf eine sehr viel radikalere Ökologie als die einzig auf die Menschen-Gesundheit fixierten Umweltschutzbewegungen. Sie fordert statt eines ausschließlich am Menschen-Nutzen orientierten, immer bloß nachträglichen Naturschutzes eine umfassende Verantwortung für die gesamte Biosphäre. Und dies nicht aus gutem Glauben und moralisch gebotener Ehrfurcht vor der Schöpfung, sondern aus faktischem Wissen heraus: Mutter Erde ist keine animistische Fiktion mehr, sondern wissenschaftliches Faktum.

Warum fällt es so schwer, sich die Erde als Lebewesen vorzustellen? Da ist erst einmal die psychologische Kränkung: Wie Kopernikus, der die Menschen ihrer Stellung als Mittelpunkt des Universums beraubte, Darwin, der ihnen die Rolle als Ausnahmeerscheinung nahm, indem er den Affen als Vorfahr identifizierte, oder Freud, der das menschliche Ego mit der Bemerkung kränkte, es sei nicht Herr im eigenen Haus – wie alle diese Paradigmenwechsel geht auch das Weltbild der lebenden Erde mit einer Kränkung einher. Wenn Gaia existiert, kann sich der Mensch nicht länger als Herr und Meister der Natur begreifen. Er ist Teil einer Ganzheit, deren Regeln er sich anpassen muß – oder er wird als Spezies verschwinden.

Die zweite Schwierigkeit, sich mit der Vorstellung von Gaia abzufinden, ist unser Verständnis davon, was ein Lebewesen ist: Von der Blattlaus bis zum Blauwal haben wir keine Schwierigkeiten mit der Definition, aber noch vor kaum vierhundert Jahren schien es den Menschen gänzlich unvorstellbar, daß unterhalb der mit bloßem Auge erkennbaren Formen eine wimmelnde Welt von Mikroorganismen existiert. Das Mikroskop hat das für die Menschheit erkennbare Spektrum des Lebens wesentlich erweitert – und einen ganz ähnlichen Dienst scheint jetzt das »Makroskop« des James Lovelock – sein Blick auf die Erde von außen – zu leisten: Es hat erstmals die Aufmerksamkeit auf einen Makroorganismus gelenkt, der uns genauso unvorstellbar vorkommt wie unseren Vorfahren die Welt der Mikrolebewesen.

Die dritte Schwierigkeit, die Erde als Superorganismus anzuerkennen, ist die fundamentalste: Nicht nur mit ihrer schieren Größe im Raum, auch in der Zeit überschreitet Gaia die menschliche Wahrnehmungsfähigkeit.

»In einem Zeitrahmen von 10^{65} Jahren«, so der Kosmologe Freeman Dyson, »verhält sich jedes Felsstück wie eine Flüssigkeit«. 10 hoch 65 ist eine Eins mit 65 Nullen – die Erde ist bei weitem nicht so alt, und in ihrem Zeitrahmen verhalten sich Felsen durchaus nicht wie eine Flüssigkeit. Im Zeitrahmen der Menschen mag der Mount Everest als toter, versteinerter Zeuge der Ewigkeit gelten – im Zeitrahmen von Gaia besteht er aus einem zwar robusten, aber durchaus formbaren, flexiblen Material.[9] Das »Dach der Welt« – das Felsmassiv des Himalaya – war einmal ein Stück Meeresboden – durch die Verschiebung der Erdplatten wurde es zusammengequetscht und türmte sich zum höchsten Gebirge der Erde auf.

Betrachten wir die Erde im Zeitraffer, fällt zuerst der Rhythmus von Tag und Nacht auf, den man mit einem Pulsschlag vergleichen könnte. Bei etwas stärkerer Zeitraffung können wir so etwas wie den Kreislauf erkennen: wirbelnde Luft- und Meeresströmungen, die für die Zufuhr von Nahrungsstoffen sorgen und Abfallstoffe davonführen – ähnlich wie das Blut im menschlichen Kreislauf. Beim weiteren Beschleunigen unserer Zeitmaschine gerät die Hautoberfläche Gaias in den Blick: umherdriftende Kontinente, mäandernde Flüsse, riesige Wälder und Grassteppen, die sich ausdehnen und wieder zurückzie-

---

[9] *Freeman Dyson: Zeit ohne Ende – Physik und Biologie in einem offenen Universum (1989).*

hen. Das Gesicht der Erde – wenn wir vier Milliarden Jahre zu einem Kurzfilm zusammenfassen, sehen wir, wie es sich ständig verändert, wie es auf seine Umgebung reagiert und seinerseits, mit strengem Mienenspiel, auf sie Einfluß nimmt. Manchmal antwortet es für einen Moment mit eisiger Strenge – und während der Eiszeiten wirkten große Teile des Gesichts tatsächlich wie erstarrt –, doch nachher zeigt sich, daß auch dies nur ein Mittel war, ein Trick, um nicht aus dem Gleichgewicht zu kommen. Wie heute manche Lebensmittel bedurfte auch das Leben selbst auf dem langen Weg der Evolution offenbar bisweilen der Konservierung durch Tiefkühlung.

Die letzte Sekunde des Films zeigt die Erdgeschichte der vergangenen 50 000 Jahre bis heute. In Zeitlupe betrachtet, können wir die finale Menschwerdung des Affen beobachten: Durch eine neue Technologie, die Handhabung des Feuers, ist er weniger klima- und standortabhängig als alle anderen Tiere und breitet sich bald überall aus. Dann ist ein weiteres faszinierendes Ereignis zu beobachten: die Entstehung einer Speichertechnologie, mit der sich die Menschen nun auch zeitunabhängig machen – dank der Sprache können sie erworbenes Wissen konservieren und weitergeben. Dieser Informationsvorsprung scheint sie allen anderen Lebensformen nun endgültig überlegen zu machen. Mit den letzten Bildern des Films jedoch werden wir Zeuge einer dramatischen Situation: So plötzlich hat Gaia ihr Gesicht noch nie verändert. Blitzartig verschwinden die Waldflächen in Afrika, Europa und Nordamerika – und auf dem letzten Bild des Films, dem Beginn des Industriezeitalters, beginnt die Atmosphäre, sich durch Rauch und Abgase zu verdunkeln. Das Licht geht wieder an. Der Film ist zu Ende. Wir sind wieder in der Wirklichkeit.

Rio de Janeiro, Juni 1992. Der Führer der größten Industrienation der Erde tritt bei der internationalen Umweltkonferenz der UNO nur unter einer Bedingung auf: daß eine Reduzierung des CO_2-Austoßes dort nicht beschlossen wird. Dies, so Präsident Bush, könne der Wirtschaft seines Landes nur schaden. Damit hat er zweifellos recht – Amerika stellt zwar kaum 5 Prozent der Weltbevölkerung, produziert aber 25 Prozent des Treibhausgases Kohlendioxid – durch Verbrennung von Erdgas, Kohle und Öl. Und jede ernsthafte Reduzierung bedeutete ein Umdenken in dieser Politik des fröhlichen Verheizens.

Kyoto, Dezember 1997. Der Vizepräsident der größten Industrienation der Erde tritt bei der internationalen Umweltkonferenz der UNO nur unter der Bedingung auf, daß die von den Europäern vorgeschlagenen, relativ weitgehenden CO_2-Reduktionen nicht beschlossen werden – und verpflichtet sich für die USA zu einem Tropfen auf den heißen Stein: 5% Reduktion (im Vergleich zu 1990). Allerdings nicht sofort, denn das könnte der Wirtschaft schaden, sondern bis 2012. Dann werden die USA wahrscheinlich nur noch 3,5 Prozent der Weltbevölkerung stellen und 20% Kohlendioxid – relativ betrachtet also mehr (und nicht weniger) als schon jetzt.

Einen so starken CO_2-Anstieg wie zur Zeit erlebte Gaia das letztemal vor etwa 65 Millionen Jahren: Damals, gegen Ende der Kreidezeit, verwandelte sich die Erde in einen Backofen, und mit den Sauriern gingen 90 Prozent aller höheren Arten zugrunde. Auslöser der CO_2-Katastrophe war, so weiß man mittlerweile, der Aufprall eines größeren Himmelskörpers. Heute müssen über den Auslöser keine Vermutungen angestellt werden – die Menschen, denen die Handhabung des Feuers einst den entscheidenden Evolutionsvorteil sicherte, scheinen an der Perfektionierung ebendieser Technologie jetzt zu scheitern: Sie fahren wider besseres Wissen fort, den Planeten in einen giftigen Backofen zu verwandeln. Das Artensterben hat heute schon wieder dasselbe Tempo erreicht wie in der Kreidezeit – die Saurier indessen leben noch. Und sie reden wie George Bush oder Al Gore.

Wenn James Lovelock sagt: »Kettensägen sind eine schlimmere Erfindung als Wasserstoffbomben«, dann will er damit nicht die Radioaktivität verharmlosen, sondern auf die Gefahren hinweisen, die ein harmloses Werkzeug wie eine Säge für die Erde – Gaia – bedeutet. Aus der Sicht des planetarischen Arztes liegt die Ursache der globalen

Klima-Krankheit vor allem in der massiven Verheizung fossiler Brennstoffe, in den künstlichen Monokulturen der Land- und Forstwirtschaft und der fortgesetzten Abholzung der Tropenwälder. Diese großflächigen Eingriffe in das weltumspannende Energie-Management der Mikroorganismen sind für Gaia sehr viel schwieriger auszubalancieren als etwa die durch das Ozonloch hereinkommende UV-Strahlung. In den Frühzeiten der Evolution war eine Ozonschicht noch überhaupt nicht vorhanden, und Ozon ist, wie Lovelock deutlich gemacht hat, auch nicht die einzige Verbindung, die UV-Strahlen absorbieren kann: »Man unterschätzt die Flexibilität biologischer Systeme gewaltig, wenn man annimmt, daß eine so schwache Strahlung wie das ultraviolette Sonnenlicht für das Leben auf der Erde ein unüberwindliches Hindernis darstellen könnte. Sogar dunkelhäutigen Menschen vermag es fast nichts anzuhaben, und in unser aller Haut wird es opportunistischerweise zur photobiochemischen Produktion von Vitamin D herangezogen. (...) Das ›zerbrechliche Schutzschild der Erde‹ ist höchstwahrscheinlich ein Mythos. Gewiß gibt es heute die Ozonschicht, nur daß ihr Vorhandensein für das Leben unerläßlich sei, ist reine Einbildung.«[10] Das heißt nun nicht, daß wir unbesorgt weiter den Ozon-Killer FCKW benutzen sollen, weil Gaia schon irgendeinen Ersatz für das zerstörte Ozon schaffen wird – aber es bringt die ökologische Perspektive von der Ozonloch-Hysterie zurück auf den Boden: zu den akuten Bedrohungen durch Entwaldung, Bodenversiegelung und Artenvernichtung und dem Terror der Kettensäge nebenan.

Die Gaia-Theorie ist ein Werkzeug der Wahrnehmung, sie eröffnet eine neue, nie dagewesene Perspektive. Diese Erde ist kein Zufall oder Wunder, sondern *gemacht*, hausgemacht sozusagen, und ohne die aktive Beteiligung von Emily und ihren Verwandten, ohne den Bakterienteppich der Meeresoberflächen und der tropischen Wälder, ohne die

---

[10] *Lovelock (1991), S. 127 f.*

wimmelnde und sirrende Vielfalt der Mikroorganismen einfach nicht funktionsfähig. Sehr wohl aber ohne den Menschen. Deshalb fördert das Wissen um Gaia, das Wissen um ihre physiologische Intelligenz, nicht die Selbstzufriedenheit – egal was wir verheizen, abkippen, entsorgen, vermüllen, Gaia wird's schon richten –, sondern weist der Ökologie den Blick über die Suppenschüssel des Humanen hinaus, auf eine ganzheitliche, planetarische Dimension. Sie liefert die Erklärung für unsere instinktive Wut über die achtlose Vernichtung von Arten – der Erhalt des Artenreichtums in natürlichen Ökosystemen braucht fortan nicht mehr mit schwachen humanitären Argumenten, der Vernichtung von Pflanzen zur Heilung menschlicher Krankheiten, verteidigt zu werden. Die Gaia-Theorie zeigt, daß etwa die Regenwälder uns noch weit mehr zu geben haben als nur heilsame Pflanzen: Sie sind Teil der unersetzlichen Klima-Automatik, die diesen Planeten überhaupt erst bewohnbar macht.

»Liegt von der Erde erst mal ein aus dem Weltraum aufgenommenes Foto vor, wird das einen der größten Umdenkungsprozesse der Geschichte auslösen«, meinte 1948 der Astronom Fred Hoyle. Wer heute eine ganz normale Zeitschrift durchblättert, stößt auf Erdkugeln im Dutzend – Symbol für das globale Dorf des Weltmarkts, das sich über Geld-, Waren- und Informationsströme längst vernetzt hat. Als Symbol einer globalen Perspektive ist das Bild der Erde überall präsent, doch was die Globalisierung tatsächlich an globalen Umdenkungsprozessen ausgelöst hat, zeigen die Pseudo-Aktivitäten zur Reduzierung des Treibhauseffekts.

Erinnern wie uns an die einzelne Schleimpilz-Zelle auf dem Waldboden, die das über Rückkopplung verstärkte Signal empfängt, ihre Individualität – man könnte auch sagen: ihren Egoismus oder Nationalismus – aufzugeben, weil die Lebensbedingungen schlecht werden und diese Katastrophe nur durch einen Synergie-Effekt, eine gemeinsame Anstrengung, gemeistert werden kann. Die Einzelzelle, die darauf antwortet, dies schade ihrer eigenen Wirtschaft, hat zweifellos recht, und sie ist vielleicht in der Lage, ihre Ökonomie noch eine Weile am Laufen zu halten – überleben aber werden nur die Zellen, die zur Symbiose – man könnte auch sagen zu globalem, ganzheitlichem Handeln – fähig sind.

Ist der Schleimpilz intelligent? Mit der Frage »Was ist Intelligenz?« verhält es sich ähnlich wie mit der Frage »Was ist Leben?«.[11] – Je genauer man hinschaut, desto ungenauer fällt die Antwort aus. Das Lexikon definiert diejenigen Dinge als lebendig, die wachsen, funktionieren, sich fortpflanzen. Aber auch Kristalle verfügen über diese Eigenschaften – sind sie deswegen lebendig? Genauere Definitionen des Lebens beziehen Fähigkeit zur Reaktion und zum Stoffwechsel mit ein – aber was ist mit dem 2000 Jahre alten Samen einer Lotusblume, der erfolgreich ausgesät und gezüchtet wurde? War er während dieser zwei Jahrtausende tot oder lebendig? Dasselbe gilt für die Pilz-Spore, die Jahrmillionen durchs All schwebte und plötzlich, wenn Umgebung und Temperatur stimmen, zu wachsen beginnt.

Anfang der 80er Jahre schlugen der Physiker Gerald Feinberg und der Biochemiker Robert Shapiro vor, das Problem einer präzisen Definition des Lebens dadurch zu lösen, daß man die Unterscheidung zwischen Leben und Nichtleben aufgibt, weil Leben nicht als isoliertes Einzelphänomen erklärbar sei, sondern nur in Wechselwirkung mit seiner Umgebung. Sie gelangten zu der Schlußfolgerung, daß die beste Definition des Lebens nicht auf der Erforschung der Teile, die ein Organismus enthält, basieren sollte, sondern auf dem Ausmaß der Ordnung, in der diese Teile kombiniert sind, das heißt darauf, wieviel Information in ihnen verschlüsselt ist. Eine folgenschwere Behauptung – sie bedeutet, daß der Hauptunterschied zwischen einer Hauskatze und einem Haufen Kohle nichts ist, was man einfach als eine bestimmte

---

[11] Der Quantenphysiker und Nobelpreisträger Erwin Schrödinger inspirierte mit seinem Essay *Was ist Leben? (1944/1987)* die moderne Molekularbiologie ebenso wie neue ganzheitliche Vorstellungen des Organismus. Vgl. auch Evelyn Keller Fox: *Das Leben neu denken – Metaphern der Biologie im 20. Jahrhundert (1998).*

Aminsosäure oder DNA-Molekül *begreifen* könnte. Sondern etwas, das ein *Nichts* ist, die Anwesenheit jener mysteriösen Nichtheit, die wir »Information« nennen – Geist.

Ist die Erde intelligent? Die Antworten auf die Frage »Was ist Intelligenz?« haben sich durch neue Werkzeuge und Methoden in jüngster Zeit ebenso erweitert wie das Spektrum dessen, was als Organismus angesehen wird. Die Kolibakterie im menschlichen Darm beispielsweise kann Informationen über 20 verschiedene chemische Substanzen gleichzeitig verarbeiten, alle vier Sekunden analysiert sie die komplexe chemische Zusammensetzung ihrer Umgebung neu und bewegt sich in Richtung der größten Nahrungsmenge. Hat diese unglaubliche Fähigkeit zur Informationsverarbeitung etwas mit Intelligenz zu tun? Die kleinsten Mega-Chips der heutigen Supercomputer jedenfalls wirken, verglichen mit der Kolibakterie, wie schwerfällige Riesen. Und angesichts der Kreativität von 100 000 Exemplaren des Schleimpilzes *Dictyostelium* können selbst die aufwendigsten Parallel-Rechner der »Künstlichen Intelligenz« nur als dumme Silikon-Kisten gelten.

Es scheint, als ob die Fragen »Was ist Leben?« und »Was ist Intelligenz?« letztlich auf dieselbe Antwort hinauslaufen: Es ist die Fähigkeit zur Selbstorganisation. Die Fähigkeit, das Anwachsen des Chaos zu benutzen, um höhere Ordnungszustände – Gleichgewicht – zu finden. In einer Wechselwirkung mit der Umgebung, die die Grenzen zwischen »Ich« und »Wir«, zwischen Individuum und Umwelt, parasitärem und symbiotischem Verhalten ständig überschreitet. Je größer die Autonomie eines Organismus ist, um so mehr Rückkopplungsschleifen braucht er: in sich selbst und in seiner Beziehung zur Umwelt. Dies ist das Paradox der Selbstorganisation: Je eigenständiger und kreativer ein Selbst, desto fester die Einbindung in den Informationszyklus des Ganzen. Anders ausgedrückt: Je subtiler Materie organisiert ist, um so mehr funktioniert sie durch ihr Gegenteil: die Anwesenheit von Geist.

Nahezu in der gesamten Menschheitsgeschichte war der Geist der

Natur ebenso selbstverständlich wie die Vorstellung, daß Mutter Erde lebendig sei und ihre Kinder sich ihren Regeln und Rhythmen anpassen müssen. Eine Verbundenheit, die erst in den letzten 500 Jahren mehr und mehr vergessen wurde – und vielleicht macht es die Erinnerung an dieses alte Menschheits-Wissen, daß uns die Aussage »Die Erde lebt!«, bei aller Unvorstellbarkeit, so merkwürdig banal und selbstverständlich vorkommt. Und wir dieser alten Selbstverständlichkeit unbewußt dadurch nachkommen, daß wir die ganze Erde neuerdings überall – und noch auf der erd-feindlichsten Plastikverpackung – als Symbol verwenden. Ohne dabei zu realisieren, daß mit ihrem vermehrten Auftauchen als Symbol gleichsam ihr Verschwinden in der Wirklichkeit einhergeht. Doch was heißt verschwinden? Wenn die Erde ein Lebewesen ist, dann werden wir Menschen, als Läuse im Gaia-Pelz, sie weder zum Verschwinden bringen, noch werden wir sie »retten« können. Lovelock schreibt:

»Gaia ist weder die gütige, allesverzeihende Mutter noch eine zarte, zerbrechliche Jungfrau, die einer brutalen Menschheit hilflos ausgeliefert ist. Vielmehr ist sie streng und hart. Denen, die die Regeln einhalten, verschafft sie eine stets warme, angenehme Welt; unbarmherzig aber vernichtet sie jene, die zu weit gehen. Ihr unbewußtes Ziel ist ein Planet, der für das Leben bereit ist. Stehen die Menschen diesem Ziel im Weg, werden sie mit der gleichen Mitleidslosigkeit eliminiert, mit der das Elektronengehirn einer atomaren Rakete sein Ziel ansteuert.«

Sowenig wir der Natur ein Ende setzen können, sowenig können wir sie bewahren – was wir retten können, ist nur unsere eigene Haut und die einiger liebenswerter Verwandter, indem wir das Grundgesetz Gaias befolgen, das gleichzeitig die erste Regel der Selbstregulierung der Biosphäre darstellt: Alle Parasiten streben danach, zu Symbioten zu werden.

Ein Pilzart namens *Glomus*, ein Parasit wie du und ich, sah sich vor 240 Millionen Jahren zu einer evolutionären Wende gezwungen. Bis dahin hatten sich die Pilze auf den Wurzeln von Bäumen eingenistet, dort den Saft abgesaugt und sich dank dieser Prachtnahrung prächtig verbreitet. Doch irgendwann begannen die Bäume trockener zu werden, das Futter floß weniger reichlich und zwang die Glomus-Gesellschaft zum Nachdenken. Da Pilze kein Gehirn haben, verlief dieses »Denken« auf unbekannte Weise, und auch die Umweltkonferenz, die die Glomusse daraufhin einberiefen, können wir nur vermuten. Für den dort gefaßten Beschluß aber, daß nämlich der Baum ein Lebewesen ist, gibt es eindeutige Indizien. Denn die Glomus-Pilze zogen fortan auf der Baumwurzel einen Stock tiefer. Dort filterten sie die Nährstoffe aus dem Boden und führten sie fein sortiert und vorbereitet den Bäumen zu, die dank dieses *room service* wieder kräftig aufblühten. Seitdem haben auch die Pilze wieder ein wunderbares Auskommen.

Wir *sind* die Erde. Und indem das Bewußtsein von Gaia in uns Wurzeln schlägt, beginnen tiefe psychologische Veränderungen stattzufinden. Wir werden die Beziehung Mensch-Erde nicht heilen können, wenn wir uns nicht gleichzeitig selbst heilen. Indem wir uns den Prozessen der Erde zuwenden. Durch ihre Gurus – vollendete Lehrmeister wie der Pilz Glomus – erzählt Gaia von den essentiellen Mustern des Lebens. Wir brauchen nur hinzuschauen und zuzuhören. Alles hängt von uns selbst ab.

**Und so sag ich zum letzten Male:
Natur hat weder Kern noch Schale.**

Goethe

»Materie ist verbrauchter Geist, und eingefleischte Verhaltensgewohnheiten werden zu physikalischen Gesetzen. (...) Es genügt schon, ins Freie zu gehen und die eigenen Augen zu öffnen, um zu erkennen, daß die Welt nicht völlig vom Mechanismus bestimmt ist. Wenn wir die Mannigfaltigkeit der Natur anschauen, sehen wir lebendiger Spontaneität ins Gesicht.«

Charles Sanders Peirce

2

Das Gedächtnis der Natur
Über morphische Resonanz, Biophotonen
und die Bewußtseinsfelder des Lebens

»*Natur! Wir sind von ihr umgeben und umschlungen – unvermögend aus ihr herauszutreten, und unvermögend tiefer in sie hineinzukommen ... Sie schafft ewig neue Gestalten; was da ist war noch nie, was war kommt nicht wieder – alles ist neu, und doch immer das Alte. Wir leben mitten in ihr und sind ihr fremde. Sie spricht unaufhörlich zu uns und verrät uns ihr Geheimnis nicht. Wir wirken beständig auf sie, und haben doch keine Gewalt über sie. Sie scheint alles auf Individualität angelegt zu haben, und macht sich nichts aus den Individuen. Sie baut immer und zerstört immer, und ihre Werkstätte ist unzugänglich. Sie lebt in lauter Kindern, und die Mutter, wo ist sie? – Sie ist die einzige Künstlerin: aus dem simpelsten Stoff zu den größten Contrasten; ohne Schein der Anstrengung zu der größten Vollendung – zur genausten Bestimmtheit, immer mit etwas weichem überzogen. Jedes ihrer Werke hat ein eigenes*

Wesen, jede ihrer Erscheinungen den isoliertesten Begriff, und doch macht alles Eins aus. (...)

Gedacht hat sie und sinnt beständig; aber nicht als Mensch, sondern als Natur... Sie liebt sich selber und haftet ewig mit Augen und Herzen ohne Zahl an sich selbst. Sie hat sich auseinander gesetzt, um sich selbst zu genießen. Immer läßt sie neue Genießer erwachsen, unersättlich, sich mitzuteilen... Ihr Schauspiel ist immer neu, weil sie immer neue Zuschauer schafft. Leben ist ihre schönste Erfindung, und der Tod ist ihr Kunstgriff, viel Leben zu haben. (...)«[1]

Als die Zeitschrift »Nature« im Jahr 1869 mit ihrer ersten Ausgabe erschien, zierte dieser Text von Goethe das Editorial – heute jedoch hat der lebendige Geist Gaias, der aus diesen Zeilen atmet, im renommiertesten wissenschaftlichen Blatt der Welt nur noch wenig zu suchen. Als der englische Biologe Rupert Sheldrake 1981 für eines der großen Rätsel der Naturwissenschaft, die Entstehung der Formen (Morphogenese), ein revolutionäres Erklärungsmodell vorschlug – ein »morphogenetisches« (oder »morphisches«, d.h. formbildendes oder formendes) Feld, das die Erinnerung jeder Spezies weitergibt –, hätte der Ahnherr Goethe wahrscheinlich bekundet, daß ihm so etwas ja schon immer schwante. Der amtierende Herausgeber von »Nature« indessen verdammte Sheldrakes Arbeit nicht nur als »gefährliche Irrlehre«, sondern empfahl sie auch noch einer ziemlich unfeinen Spezialbehandlung: »Dieses ärgerliche Traktat ist ein Spitzenkandidat für eine

---

[1] *Johann Wolfgang von Goethe: Fragment über die Natur (1786), Weimarer Ausg., II. Abt., 11. Bd., S. 5 ff.* Nicht nur dieser wunderbare Text, sondern auch seine Arbeiten über Mineralien, Pflanzen, das Licht und die Farben weisen den Dichter Goethe auch als bedeutsamen Naturforscher aus. Als Gegner von Newtons mechanistischer Weltsicht weigerte sich Goethe, Farben als bloße Frequenzen zu klassifizieren; für ihn war das Entstehen von Farbe eine Sache der Wahrnehmung, und er versuchte, dies in verschiedenen Experimenten zu belegen. Doch trotz dieser praktischen Bestätigung galten Goethes Ideen den Physikern seiner Zeit als pseudowissenschaftlicher Humbug. Erst in den 70er Jahren unseres Jahrhunderts entdeckte die Chaosphysik, daß Goethes Sicht weitgehend richtig war: Nicht ein Wellenbereich von 620–680 Milliardstel Metern entscheidet darüber, ob etwas »rot« erscheint, sondern das wahrnehmende Bewußtsein, das einem chaotischen Universum eine Ordnung überstülpt. Vgl. *James Gleick: Chaos – Die Ordnung des Universums (1987), S. 236 f.*

Bücherverbrennung.« In der Tat rüttelte Sheldrakes Hypothese, daß die Formen in der Natur weder allein durch die Gene noch im Darwinschen »Kampf ums Dasein«, sondern durch ein »morphogenetisches«, form-verursachendes Feld entstehen, an den Grundfesten heutiger naturwissenschaftlicher Glaubenssätze. Und die wüste Forderung einer Bücherverbrennung zeigte, daß ein wunder Punkt in der fundamentalen Weltanschauung des wissenschaftlichen Establishments berührt war. Das etwas moderater eingestellte Wissenschaftsblatt »New Scientist« schrieb denn auch: »Wenn Sheldrake recht hat, dann hat die westliche Wissenschaft die Welt ganz übel fehlgedeutet – und alles, was in ihr lebt, dazu.«

Das Herausfordernde an Sheldrakes Buch »Das schöpferische Universum« war, daß er nicht einfach spekulierte, sondern seine Behauptungen anhand wiederholbarer Experimente aufstellte und die Ergebnisse einiger erster Versuche gleich vorlegte. In der Folgezeit fanden, gefördert durch Preisgelder einiger Universitäten und Institutionen, weitere Experimente zur Überprüfung der Hypothese statt. Die Ergebnisse waren positiv. 1988 ging der Streit um die morphogenetischen Felder in eine weitere Runde – es erschien ein neues Buch von Sheldrake, »Das Gedächtnis der Natur«, in dem der Autor seine Hypothese in ihren historischen und philosophischen Gesamtzusammenhang stellt und verdeutlicht, daß sie auf ein vollkommen neues, durch und durch evolutionäres Verständnis der Welt hinausläuft: Nicht ewige, unverrückbare Naturgesetze regieren das Universum und das Leben, sondern ein sich durch die Gegenwart ständig veränderndes, evolutionierendes Gedächtnis der Vergangenheit. In der Einleitung schreibt Sheldrake:

»Dieses Buch erforscht die Möglichkeit, daß die Natur ein Gedächtnis besitzt. Es vertritt die Ansicht, daß natürliche Systeme wie Termitenkolonien, Tauben, Orchideen und Insulinmoleküle von allen früheren Exemplaren ihrer Art, wann und wo auch immer diese existiert haben mögen, eine kollektive Erinnerung übernehmen. Diese kollektive Erinnerung ist

von kumulativem Charakter, wird also durch Wiederholung immer weiter ausgeprägt, so daß wir sagen können, die Natur oder Eigenart der Dinge sei Ergebnis eines Habitualisierungsprozesses, also Gewohnheit: Die Dinge sind so, wie sie sind, weil sie so waren, wie sie waren. Gewohnheiten könnten in der Natur aller lebenden Organismen, in der Natur der Kristalle, Moleküle und Atome, ja des ganzen Kosmos liegen. (…) Diese Möglichkeiten sind im Rahmen einer wissenschaftlichen Hypothese denkbar, die ich ›Hypothese der Formbildungsursachen‹ nenne. Nach dieser Hypothese hängen Gestalt und Art der Dinge von Feldern ab, die ich ›morphische Felder‹ nenne. Jedes natürliche System besitzt ein eigenes spezifisches Feld, und so sprechen wir von einem Insulinfeld, einem Buchenfeld, einem Schwalbenfeld und so weiter. Alle Atome, Moleküle, Organismen, Gesellschaften, Konventionen und mentalen Gewohnheiten werden von solchen Feldern geformt. Morphische Felder sind, wie die bekannten Felder der Physik, nicht-materielle Kraftzonen, die sich im Raum ausbreiten und in der Zeit andauern. (…) Wenn solch ein organisiertes System aufhört zu existieren – etwa wenn ein Atom sich spaltet, eine Schneeflocke schmilzt, ein Tier stirbt –, so verschwindet das organisierende Feld von dem Ort, an dem das System sich befand. In einem anderen Sinne jedoch verschwinden morphische Felder nicht: Sie sind potentielle Organisationsmuster und können sich zu einer anderen Zeit und an einem anderen Ort wieder konkretisieren, wenn die entsprechenden physikalischen Bedingungen gegeben sind. Den Prozeß, durch den Vergangenheit innerhalb eines morphischen Felds zur Gegenwart wird, nenne ich ›morphische Resonanz‹.« [2]

---

[2] Rupert Sheldrake: *Das Gedächtnis der Natur (1990)*, S. 9 ff. Vgl. auch ders. *Das schöpferische Universum (1983), Sieben Experimente, die die Welt verändern können (1994)*, ders., Terrence McKenna/Ralph Abraham: *Denken am Rande des Undenkbaren (1995)* sowie: Hans Peter Duerr/Franz-Theo Gottwald: *Rupert Sheldrake in der Diskussion – Das Wagnis einer neuen Wissenschaft vom Leben* (1997).
Schon Ende des vorigen Jahrhunderts hat der amerikanische Philosoph Charles S. Peirce darauf aufmerksam gemacht, daß unveränderliche Naturgesetze unvereinbar mit evolutionärem Denken sind und man eher von »Gewohnheiten« sprechen solle. Da das Annehmen von Gewohnheiten mit Erinnerung und Bewußtsein verbunden ist, schloß Peirce daraus, daß der Kosmos le-

Warum sieht ein Kaninchen wie ein Kaninchen aus? Warum spinnt eine Spinne in Timbuktu ihr Netz exakt so wie ihre Artgenossin in Lappland? Warum ähneln sich Kleeblätter wie ein Ei dem anderen und sind doch, genau betrachtet, niemals identisch? Warum wächst eine Hand wie eine Hand und ein Fuß wie ein Fuß, obwohl doch die Zellen, aus deren Teilung die vielfältigen menschlichen Organe hervorgehen, absolut identisch sind? Was gibt einem Schneekristall, einem Insulinmolekül oder einem Termitenbau seine charakteristische Form?

Was die befruchteten Eier oder Zellen veranlaßt, ihre typische Gestalt und Struktur anzunehmen, hat die Wissenschaftler seit der Antike beschäftigt; für Platon waren es transzendente Urbilder, die dafür sorgen, daß ein Esel mit grauem Fell und vier Beinen geboren wird oder ein Kristall harmonische Symmetrien aufweist. Ein Esel war für ihn die irdische Manifestation der metaphysischen »Esel-Idee«, eines ewigen Urbilds, das Platons Nachfolger mit der Ausbreitung des Christentums zu einer Idee im Geiste Gottes umdeuteten. Aristoteles, ein Schüler Platons, bestritt die Existenz einer solchen transzendentalen, außerhalb der Gegenstände existierenden Ideenschmiede. Er glaubte, daß die Natur selbst beseelt sei und die Organisationsprinzipien in den Dingen selbst gegenwärtig sind, daß also das befruchtete Ei die Esel-Idee enthält, die das Tier zu seiner Form und seinem Verhalten hin-

---

bendig sei: »Alles ist von geistiger Natur, auch die materiellen Phänomene. (...) Materie ist verbrauchter Geist, und eingefleischte Verhaltensgewohnheiten werden zu physikalischen Gesetzen.« zit. nach *L. Nagl: Charles Sanders Peirce (1992), S.130.* In der Biologie vertrat ein großartiger Gegenspieler Darwins, der Schriftsteller Samuel Butler, ebenfalls die Idee eines erinnernden Bewußtseins der Natur: »Leben ist dasjenige Vermögen der Materie, aufgrund dessen sie erinnern kann: Materie, die erinnern kann, ist lebendig, Materie, die nicht erinnern kann, ist tot«, schrieb er in *Life and Habit (1877).* Erst heute wird Butler wiederentdeckt, und avancierte Biologinnen wie Lynn Margulis bekennen, daß sie »Butlers vergessene Theorie fasziniert«: »Die lebende Materie ›erinnert sich‹ und wiederholt ihre Anfänge. In einer Butlerschen Welt werden die Baumaterialien von Lebewesen über Millionen von Generationen hinweg immer wieder vom Leben geformt. Der Embryo repräsentiert einen einst unbewußten Prozeß, der, ein Déjà-vu-Gefühl erzeugend, jetzt wieder auf einer anderen Ebene zu Bewußtsein kommt.« Vgl. *Lynn Margulis/Dorion Sagan: Leben – Vom Ursprung zur Vielfalt (1998), S. 189.*

streben läßt. Das Zeitalter der Aufklärung brachte im 17. Jahrhundert die Vorstellung einer Präformation hervor, die den Bauplan des Lebens ebenfalls in den Samen oder Eizellen ansiedelte, allerdings nicht als platonische Idee und auch nicht als Seele, sondern als Miniaturorganismus, der schon alle charakteristischen Formen enthält. Unter dem Mikroskop glaubte man tatsächlich ein winziges Wesen mit Eselohren zu erkennen, oder, in menschlichem Sperma, einen kleinen Homunculus. Schon bald aber wurde entdeckt, daß das Wachstum epigenetisch, durch Neubildung vorher nicht vorhandener Strukturen, verläuft – ein Begriff der Präformationsbiologen dieser Zeit allerdings hielt sich und wurde später berühmt: der Begriff »Evolution«.

Charles Darwin, mit dessen Name die Theorie der Evolution heute verbunden ist, hat diesen Begriff bei der ersten Formulierung seines Hauptwerks »Die Entstehung der Arten« bewußt nicht verwendet – von »Evolution des Lebens« zu sprechen, hätte im Kontext der damaligen Zeit bedeutet, daß man eine Schöpfung als sich entwickelnde, präexistierende Struktur voraussetzte, womöglich gar eine göttliche Idee, und ebendies wollte Darwin vermeiden. Er gab seine Antwort auf die Frage, nach welchem Plan die Formen des Lebens entstehen, vielmehr in Begriffen, die dem von industriellem und ökonomischem Aufschwung geprägten 19. Jahrhundert entsprachen: Fortschritt, Innovation, Konkurrenz, Eliminierung des Untauglichen und Vererbung von Gütern. Organismen und ihre Formen entwickelten sich laut Darwin spontan und zufällig, neue Merkmale werden an die Nachkommen vererbt, deren Überlebensfähigkeit sich im Kampf ums Dasein entscheidet.

Mit der Entdeckung der DNS in den 50er Jahren dieses Jahrhunderts glaubte man das Rätsel der genetischen Vererbung und damit auch das Rätsel der Formentstehung endgültig gelöst zu haben: Der Genotypus, die genetische Veranlagung, bestimmt den Phänotypus, das tatsächliche Erscheinungsbild des Organismus. Evolvieren kann aber nur der Genotyp, das Erscheinungsbild und Verhalten des Phänotyps wirkt sich nicht auf die Nachkommenschaft aus. Der blinde Zufall, so die heute herrschende neodarwinistische Lehrmeinung, läßt bestimmte Gene mutieren und neue Formen entstehen. Daß zum Beispiel Kamele mit einer dicken Hornhaut auf den Knien geboren werden, hat nach heutiger Vorstellung nichts mit dem häufigen Niederknien der Urkamele zu tun, welches die Hornhaut als erworbenes Merkmal im Laufe vieler Generationen erblich machte – wie es noch Darwins Vorgänger Lamarck behauptet hatte –, sondern mit einer genetischen Mutation, die irgendwann zufällig Hornhaut an den Knien produzierte, was sich dann als vorteilhaft erwies, von der natürlichen Auslese begünstigt wurde und sich schließlich durchsetzte.

Auch die Schwierigkeit, daß etwa die Form eines Blumenkohls sich nicht aus den DNS- und Eiweißmolekülen ablesen läßt oder daß die von den Genen produzierten Proteine beim Schimpansen und beim Menschen zu 99 Prozent übereinstimmen, gilt mittlerweile als überbrückt: Daß sich aus nahezu identischen DNS-Molekülen verschiedene Formen entwickeln, liege, so die Molekularbiologen, an unterschiedlichen »genetischen Programmen« – doch ebendiesen scheinbar so klaren Begriff weist Sheldrake als irreführend zurück:

»Vielleicht erhält die Morphogenese ihre Ordnung tatsächlich von einem solch zielgerichteten Lenkungsprinzip, doch dann wäre ›genetisches Programm‹ der falsche Name dafür: Es ist nicht genetisch, liegt nicht in den Genen, und man kann die Morphogenese auch nicht als ›programmiert‹ bezeichnen. Wäre das Entwicklungsprogramm in den Genen enthalten, dann wären alle Körperzellen identisch programmiert, denn sie enthalten alle dieselben Gene. So sind beispielsweise die Zellen unserer Arme und Beine genetisch identisch. Diese Gliedmaßen enthalten überdies genau dieselben Arten von Eiweißmolekülen, chemisch identischer Knochen- und Knorpelsubstanz und so weiter. Aber sie sind von unterschiedlicher Gestalt. Mit den Genen alleine sind diese Unterschiede nicht zu erklären. (...) An dieser Stelle wird die Theorie der genetischen Programme denn auch fadenscheinig, und man behilft sich mit vagen Ausdrücken wie

›komplexe raumzeitliche Muster physikalisch-chemischer Aktivität, die noch nicht gänzlich erforscht sind‹ oder ›unaufgeklärte Mechanismen‹. *Der Begriff der programmierten Entwicklung ist irreführend, denn wenn man ein Phänomen programmiert nennen will, muß nachzuweisen sein, daß neben dem Phänomen selbst etwas Zweites besteht, das Programm ... Diese Voraussetzung ist tatsächlich gegeben bei der Abfolge der basischen Bausteine in DNS-Molekülen und der Abfolge der Aminosäuren in Peptiden. Hier aber hört das Programm schon auf. Für die Faltung der Peptidketten zu den charakteristischen dreidimensionalen Eiweißmolekülen ist keine Programmierung vorhanden. (...) Zwar entwickelte sich die moderne Biologie in Opposition zum Vitalismus, also der Lehre, daß lebendige Organismen von zielgerichteten, geistähnlichen Prinzipien organisiert werden, und die Mechanisten verwarfen solche Gedanken. Aber mit den genetischen Programmen haben sich nun doch wieder zielgerichtete geistähnliche Organisationsprinzipien in die moderne Biologie eingeschlichen. (...) Die Mechanisten haben den Vitalisten stets vorgeworfen, sie versuchten, den Geheimnissen des Lebens mit leeren Worten wie ›Entelechie‹ – Zielgerichtetheit – beizukommen, die ›alles und gar nichts erklärten‹. Doch auch in ihrer mechanistischen Verkleidung haben die alten Vital-Faktoren genau diese Eigenschaft: Sie erklären nichts. Wie kann eine Ringelblume aus ihrem Samen herauswachsen? Weil sie genetisch programmiert ist. Wie kann eine Spinne ihr Netz spinnen? Weil der Instinkt dazu in ihren Genen kodiert ist. Und so weiter.«*[3]

Sheldrake zeigt an vielen Beispielen, wie alle Versuche, die Organisationsprinzipien des Lebens mit »genetischen Programmen« zu erklären, fehlgeschlagen sind. Wie erinnert sich ein Strudelwurm, der in mehrere Teile geschnitten wird, an einen ganzen Wurm und regeneriert aus jedem Teil wieder einen solchen? Wird ein Seeigel im Zweizellenstadium geteilt, wächst aus jeder Hälfte ein kompletter Seeigel –

---

[3] *Rupert Sheldrake: Das Gedächtnis der Natur (1990), S. 116 f.*

auch Pflanzen und Wirbeltiere verfügen über so erstaunliche Regenerationsmöglichkeiten, daß man sich fragen muß, woher die einzelnen Teile ihr Wissen über die Form des Ganzen haben. Selbst Jacques Monod, einer der herausragendsten Vertreter des mechanistischen Prinzips von »Zufall und Notwendigkeit« (so der Titel von Monods bekanntestem Werk), mußte zugestehen, daß die Molekularbiologie zur Frage der Morphogenese über »keine wirkliche Theorie« verfügt. Ähnliches gilt auch für die um die Jahrhundertwende vor allem von Hans Driesch und Henri Bergson entwickelten Konzepte des »Vitalismus«, die als Kausalfaktor für die schöpferische Entwicklung alles Lebens und auch der Morphogenese einen nicht-physikalischen »élan vital« postulierten. Auch dieser Lebensgeist war alles andere als eine »harte« Theorie für das Rätsel der Formentstehung. Mit Sheldrakes Konzept zeichnet sich jedoch auf Basis der Theorien der Selbstorganisation und der Quantenmechanik eine Synthese der scheinbar unvereinbaren Konzepte von Mechanismus und Vitalismus in der Frage der Morphogenese ab.

Im Jahr 1920 startete W. McDougall an der Harvard-Universität mit einem reinrassigen Stamm weißer Wistar-Ratten ein Langzeit-Experiment, mit dem die Möglichkeit der Vererbung erworbenen Verhaltens, also Lamarcks Hypothese, getestet werden sollte. Die Tiere mußten lernen, aus einem speziell konstruierten Wasserbecken durch einen der beiden Durchgänge zu entkommen, wobei der falsche Ausweg beleuchtet war und mit einem Stromschlag bestraft wurde. Die Position der Ausgänge wurde dauernd gewechselt. Als Maß für die Lerngeschwindigkeit galt die Anzahl von Fehlversuchen einer Ratte, bis sie gelernt hatte, immer durch den richtigen, unbeleuchteten Ausgang zu entkommen. Das Experiment wurde über 32 Generationen fortgesetzt und dauerte bis zu seiner Beendigung 15 Jahre, wobei die Paare für die Weiterzucht nach dem Zufallsprinzip ausgesucht wurden. Das Ergebnis sorgte für einen Skandal, denn es schien die Lamarcksche Hypothese voll und ganz zu bestätigen: Während in den ersten acht Generationen die Fehlerquote bei über 56 lag, fiel sie in der 2.,3. und 4. Gruppe von jeweils acht Generationen von 41 auf 29 und schließlich 20 Fehlversuche. Kann also erlerntes Verhalten doch vererbt werden? McDougalls Experimente waren sehr sauber durchgeführt worden und ließen keinen anderen Schluß zu, allerdings hatte er nicht berücksichtigt, auch noch eine Kontrollgruppe zu führen, in denen die Lerngeschwindigkeit von nicht-trainierten Ratten gemessen wurde. Andere Forscher führten diese Experimente später fort, bis sie 1954 in einer großen Kontroverse abgebrochen wurden. Es hatte sich nämlich gezeigt, daß sich die Lerngeschwindigkeit auch bei Ratten erhöhte, deren Vorfahren nicht im Labyrinth trainiert hatten. Damit war zwar Lamarck vom Tisch, und McDougalls Schlußfolgerungen hatten sich als falsch erwiesen, seine Ergebnisse waren auf mehr als eindrucksvolle Weise bestätigt worden – mit dem Fazit, daß die ganze Sache nach mechanistischer Theorie nunmehr völlig unerklärlich war. Erst Sheldrakes Hypothese eines morphogenetischen Felds machte sich daran, dieses Paradox zu erklären.

Daß er mit seiner Theorie eines unsichtbaren, Zeit und Raum überwindenden Bewußtseinsfeldes als Träger biologischer Information dem Irrationalismus und der Mystik Vorschub leiste, ist ein Vorwurf, dem Sheldrakes Hypothese häufig ausgesetzt ist. Sheldrake streitet nicht ab, daß mit dem definitiven Beweis für die Existenz morphogenetischer Felder auch eine Revision der gültigen Naturgesetze einhergehen müßte, doch sieht er damit keineswegs ein neues Zeitalter des Irrationalen anbrechen, sondern eher einen Abschied von den verkappten Irrationalismen, auf denen die gegenwärtig anerkannten Theorien der Kosmologie und der Evolution fußen. Zum Beispiel die zutiefst metaphysische Annahme, daß die Naturgesetze schon vor dem Urknall bestanden haben – denn nach welchen Gesetzen hätte der Knall sonst ablaufen können – und daß sie seit ewigen Zeiten und für alle Zukunft dieselben sind. So wie Urknall-Kosmologen, die uns durch die Sprechmaschine Stephan Hawkings demnächst die Weltformel verkünden wollen, letztlich einem höchst irrationalen Glauben an ewige Naturgesetze huldigen, so weht auch in der scheinbar nüchternen neodarwinistischen Biologie längst schon wieder der Lebensgeist. Von solchem vitalistischen Larifari will der Cheftheoretiker und Lautsprecher des Neodarwinismus – Richard Dawkins – natürlich nichts wissen: In der Naturwerkstatt des »blinden Uhrmachers« – so der Titel des populärsten Dawkins-Werks – soll es ohne jeden Geist nach den strengen, mechanischen Regeln von Zufall und Notwendigkeit zugehen. Doch in Wirklichkeit haben die scheinbar überholten vitalistischen Prinzipien als trojanische Pferde schon längst wieder Einzug in die neodarwinistische Biologie gehalten, etwa in Form der von Dawkins postulierten »egoistischen Gene«. Diese Gene haben wenig gemein mit den angeblich »blinden« chemischen Molekülen der DNS: Sie können »Form erschaffen«, »Materie gestalten«, »evolutionäre Rüstungswettläufe« veranstalten und sind auf Vorherrschaft aus »wie erfolgreiche Chicago-Gangster«. Zwar ist sich Dawkins im klaren, daß ein Molekül nicht egoistisch sein und Materie genausowenig gestalten kann wie sich als chemischer Al Capone gebärden – er trägt seine Theorie der egoistischen Gene als »Gedankenexperiment« vor und möchte sie als »erhellende Metapher« verstanden wissen – doch ohne diese Metapher, ohne die geheime Zielgerichtetheit seiner Gen-Bausteinchen, paßt das ganze neodarwinistische Theoriegebäude nicht zusammen.[4]

Was aber ist biologische Information, die einen Fuß wie einen Fuß,

---

[4] Vgl. *Richard Dawkins: Der blinde Uhrmacher (1996), Das egoistische Gen (1994)*. Aus Dawkins' Sicht ist die Betrachtung von Organismen überflüssig oder zweitrangig, weil diese nur Produkte der Gene sind. Einziges Ziel der Gene ist, möglichst viele Kopien von sich selbst herzustellen. Daraus resultiert jener Egoismus, der zum Kampf ums Dasein, um ständige Verbesserung und Anpassung an die Umweltbedingungen führt. Dawkins glaubt tatsächlich, mit dieser Reduktion auf Gene und ihren Fortpflanzungswillen an der objektiven Basis der biologischen Wirklichkeit angekommen zu sein – weigert sich aber gleichzeitig, mit Lovelock oder Margulis über Gaia und das Gedächtnis der Natur auch nur zu diskutieren. (Vgl. *Lynn Margulis*, in: *John Brockman: Die dritte Kultur – Das Weltbild der modernen Naturwissenschaft (1997), S.115.*

einen Ellbogen wie einen Ellbogen wachsen läßt, wenn sie nicht allein aus dem Aufbau der Gene zu erklären ist? Platon hätte geantwortet, daß es sich um die Verwirklichung aus dem Reich der Ideen handelt, Aristoteles hätte eher von einer den Lebewesen innewohnenden Seele gesprochen, und die modernen Materialisten erklären uns die Sache mit einem »genetischen Programm«, das zwar völlig ohne Idee, Geist oder Seele auskommt, aber, wie wir gesehen haben, letztlich kaum mehr erklärt als die idealistischen Vorstellungen der Alten. Sheldrake geht davon aus, daß die Natur und der gesamte Kosmos ein selbstorganisiertes System ist, dessen Baupläne nicht für alle Ewigkeiten fixiert sind, sondern sich mit den von ihnen organisierten Systemen entwickeln – daß es sich also weniger um Natur-Gesetze als um Natur-Gewohnheiten handelt. Die biologische Information wird dabei nicht allein durch die Gene vererbt, sondern auch durch die morphische Resonanz, mit der sich der Organismus auf das Muster des morphischen Feldes seiner Spezies »einschwingt«. Wie haben wir uns das vorzustellen? Die Situation kann mit einem Fernsehapparat verglichen werden: Die Bilder auf dem Schirm entstehen im TV-Studio und werden durch ein elektromagnetisches Feld übertragen. Um das Bild erzeugen zu können, muß der Apparat mit den richtigen, verdrahteten Komponenten ausgestattet, mit elektrischer Energie versorgt und auf die Sender-Frequenz eingestellt sein. Veränderungen an der Ausstattung, etwa ein fehlerhafter Transistor, stören das Bild auf dem Schirm oder lassen es verschwinden – doch niemand käme auf die Idee, daß die Bilder aus den Transistoren und den anderen Komponenten bestehen und dem TV-Apparat einprogrammiert sind. Die herkömmliche Biologie aber tut genau dies: Sie wertet die Tatsache, daß Veränderungen an den genetischen Komponenten Form und Verhalten eines Organismus beeinflussen können, als Beweis dafür, daß Form und Verhalten in den Genen kodiert oder genetisch programmiert seien.

Die Natur hat also nicht nur ein Gedächtnis, dieses Gedächtnis existiert auch außerhalb der materiellen Körper und überbrückt Zeit und

Raum. Es wundert nicht, daß diese große, universale Hypothese auf den Widerspruch der etablierten Wissenschaft gestoßen ist. Doch Sheldrakes Theorie kann einige Phänomene erklären, vor denen der empirische Rationalismus schlichtweg ratlos ist. Für Chemiker beispielsweise ist es sehr schwierig, eine neue Kristallart herzustellen; oft müssen die Zutaten monatelang reagieren, bis sie kristallisieren – ist es aber einmal irgendwo auf der Welt gelungen, ein solches neues Kristall herzustellen, geht es fortan überall viel schneller. Erklärt wurde diese mysteriöse Fernwirkung bisher mit der wahrhaft haarsträubenden These, daß sich winzige Partikel in den Barthaaren reisender Chemiker festgesetzt und die anderen Experimente infiziert hätten. Sheldrakes Lösungsvorschlag: Das neue Kristall hat ein morphisches Feld aufgebaut, das als Sender wirkt.

Die erstaunliche Übertragung von Lernfähigkeit, wie sie zum Beispiel bei Ratten getestet wurde, bestätigten auch die zahlreichen Experimente, die mittlerweile zur Überprüfung von Sheldrakes Hypothese durchgeführt wurden. Zwei englischsprachigen Versuchsgruppen in USA und England wurden zum Beispiel drei japanische Verse zum Auswendiglernen vorgelegt – ein bekannter Kindervers und zwei weitere von ähnlichem Aufbau, die ein Lyriker aber eigens für diesen Test verfaßt hatte. Nach einer halben Stunde sollten die Versuchspersonen die Verse rezitieren: 62 Prozent, statt der zu erwartenden 33 Prozent, konnten sich an den echten Vers am besten erinnern. Nach Sheldrakes These ist dieses Ergebnis vollkommen logisch: Durch das tausendfache Wiederholen des echten Kinderverses wurde ein starkes morphisches Feld aufgebaut, dessen Resonanz das Lernen erleichtert, während das ganz schwache morphische Feld der neuen Verse kaum »angezapft« werden kann.

Ähnliche Ergebnisse brachte auch das von der Tarrytown-Conference, einer Vereinigung zur Förderung der Wissenschaften, mit 10 000 Dollar prämierte Experiment am Psychologie-Department der Yale Universität. Dort wurden hebräisch-unkundigen Studenten 96 hebräische Wörter, die Hälfte echt, die andere Hälfte sinnlos, vorgelegt, um sie die Bedeutung raten zu lassen und die Sicherheit ihrer Vermutung auf einer Skala von 0 bis 4 einzutragen. Wieder war das Ergebnis hoch signifikant: Das Vertrauen der hebräisch-unkundigen Studenten zu den echten Worten war doppelt so groß wie zu den neu erfundenen, nur hebräisch klingenden Worten.[5]

Wenn morphogenetische Felder existieren, wären die Konsequenzen und Implikationen außerordentlich. Zwar hat auch Sheldrake noch keinen Beweis gefunden, wie und warum solche informationsübertragenden Kraftfelder entstehen – doch wird die Möglichkeit ihres Vorhandenseins nicht nur durch erste Experimente gestützt, sondern auch durch die neueren Erkenntnisse anderer Wissenschaftszweige: So findet die merkwürdige Fernwirkung der morphischen Resonanz eine Entsprechung in den Erkenntnissen der Quantenphysik, die in der subatomaren Welt der kleinsten Teilchen ebenfalls eine unerklärliche Resonanz – Informationsübertragung ohne Energie – festgestellt hat. Und daß, wie Sheldrake behauptet, das Gedächtnis der Natur nicht nur innerhalb, sondern auch außerhalb der Organismen in einer Art von Bewußtseinsfeld lokalisiert ist, entspricht dem paradoxen Ergebnis der Neurologie, die bei ihren Versuchen, Erinnerung und Gedächtnis im Gehirn zu lokalisieren, zu dem Schluß kam: »Das Gedächtnis ist überall, aber nirgendwo im besonderen.« Eine solche Nicht-Lokalität entspricht wiederum den Wahrscheinlichkeitswolken der Quantenwelt, die sich ebenfalls überall und nirgends aufhalten und erst einen Platz einnehmen, wenn ein beobachtendes Bewußtsein Maß nimmt. Mit den Gesetzen der quantenphysikalischen und der neurologischen Realität müßte ein morphogenetisches Feld also nicht zwangsläufig kollidieren, wobei Sheldrake betont, daß es sich dabei

---

[5] Vgl. *Gary E Schwartz: Morphische Resonanz und systemisches Gedächtnis – Die Yale-Arizona Hebräisch-Studien,* in: *Hans Peter Duerr/Franz-Theo Gottwald: Rupert Sheldrake in der Diskussion – Das Wagnis einer neuen Wissenschaft vom Leben (1997).*

nach seiner Vorstellung nicht um materielle, elektromagnetische Felder handelt.

Sheldrakes These, welche die für den Mechanikerverstand unangenehmen Ergebnisse der Quantenphysik und der Neurowissenschaft von einer ganz anderen Seite bestätigte, stößt nach wie vor auf harsche Ablehnung. Begeisterung und teilweise Enthusiasmus hat das Konzept des morphogenetischen Feldes indessen bei den Vertretern eines ganzheitlichen, holistischen Weltbilds ausgelöst: Einen solch umfassenden, die Evolution des gesamten Kosmos sowie das individuelle Verhalten einbeziehenden Entwurf einer organischen Weltsicht hatte es bisher nicht gegeben. Und zum ersten Mal bahnte sich an, daß man sie nicht nur glauben, sondern experimentell überprüfen und wissenschaftlich »hart« machen konnte.

Mit der Fortsetzung seiner Arbeiten hat Sheldrake gezeigt, daß es sich bei den morphischen Feldern um weitaus mehr handelt als um eine fixe New-Age-Idee. Hier tritt kein schriller Außenseiter auf, der sich um jeden Preis profilieren will, sondern ein vorsichtiger, streng empirisch vorgehender Wissenschaftler, der die eklatanten Ungereimtheiten des vorherrschenden Naturverständnisses sichtbar macht und für ein neues Erklärungsmodell plädiert. Selbst wenn es die Zitadelle der akademischen Autoritäten noch eine Weile ignoriert, letztlich wird sie nicht daran vorbeikommen – wenn Sheldrake recht hat, verbreitet sich die Idee auch so: Die morphogenetische Feldpost geht nicht nur bei der natürlichen, sondern auch in der geistigen und gesellschaftlichen Formbildung unweigerlich ab!

Orthodoxen Naturwissenschaftlern graut vor der Einführung von neuen, hinter den physikalischen Kräften steckenden Feldern – daß der bis zur Jahrhundertwende allgemein angenommene »Äther« als Übertragungsfeld dieser Kräfte abgeschafft werden konnte, gilt zu recht als eine der großen Leistungen Einsteins. Dennoch zeichneten sich mit den Anomalien der Quantenphysik bereits in den 20er Jahren neue Ungereimtheiten ab, die sich seit den 70er Jahren weiter verwickelt haben. Im Mikrokosmos, so haben die mathematischen Arbeiten von John Bell und die Experimente von Alan Aspect mittlerweile gezeigt, findet Informationsübertragung in Überlichtgeschwindigkeit statt – ein Tempo, das nach der Relativitätstheorie gar nicht möglich ist, weil die Geschwindigkeit des Lichts die einzige absolute Konstante im Einsteinschen Universum darstellt. Die Konsequenzen aus den Berechnungen Bells und Aspects experimentellen Beweisen sind außerordentlich: Entweder existiert das Universum wirklich in einem Äther, jenem von Einstein eigentlich abgeschafften astralen, geistigen Fluidum, das als Medium dieser Übertragungen fungiert. Oder aber unser Ortssinn ist falsch, es existiert keine Lokalität im physikalischen Sinne – etwas, das an einem Ort ist, kann sehr wohl auch an einem anderen physikalisch präsent sein, weil auf der Quantenebene alles mit allem verknüpft ist. Bells Theorem ist nicht einfach eine x-beliebige Berechnung, sondern beweist, daß entweder die gesamte Mathematik (und damit auch diese Berechnung selbst) falsch sein muß oder aber die Physik und unsere hergebrachten Vorstellungen der physikalischen Welt. Auf die Frage, wie er sich die Lösung dieses Problems vorstellt, antwortete Bell: »Das kann ich wirklich nicht sagen. Ich habe hier keine Lösung anzubieten. Wir befinden uns in einem Dilemma und, wie ich glaube, in einem grundlegenden Dilemma, das keine einfachen Lösungen zuläßt; es verlangt nach einem grundlegenden Wandel unserer Vorstellung von der Wirklichkeit. Aber die billigste Lösung ist, meiner Meinung nach, zu einer Realität zurückzukehren, wie sie vor Einstein existierte, als Männer wie Lorentz und Poincaré einen Äther postulierten.«[6]

Wenn aber kein »übernatürlicher« Äther, welches Medium sorgt dann für diese überlichtschnelle Informationsübertragung? Die Physik hat darauf derzeit noch keine bündige Antwort, und wenn sich über-

---

[6] Zit. nach: *P. C. W. Davies/J. R. Brown: Der Geist im Atom (1988)*. Siehe dazu auch das folgende Kapitel.

haupt eine solche abzeichnet, dann muß sie das Konzept einer objektiven Realität überschreiten – zu einer simplen, newtonisch-mechanischen Bauklötzchen-Ordnung des Universums werden wir nicht mehr zurückfinden. Ebendiese grundsätzliche Unsicherheit über den »wirklichen« Aufbau der Welt sollte es auch erleichtern, Hypothesen wie die von Rupert Sheldrake anzunehmen, statt mit borniertier Arroganz nach Bücherverbrennungen zu rufen. Auch wenn die vorliegenden experimentellen Beweise für die Existenz einer morphischen Resonanz noch bruchstückhaft sind – grundsätzlich wird Sheldrake mit seiner Annahme, daß hinter den bekannten physikalischen Kräften ein subtiles Bewußtseinsfeld agiert, durch die neueren Forschungsergebnisse der Naturwissenschaften bestätigt. Wenn man die in den 70er Jahren entdeckten Prinzipien der Selbstorganisation weiterdenkt, dann könnte die morphische Resonanz so etwas wie der Geist sein, der aus den selbstorganisatorischen Aktivitäten entsteht und diese steuert – eine Art Verbindungsglied zwischen den Teilen und dem Ganzen. Wenn das Ganze tatsächlich mehr ist als die Summe seiner Teile, dann muß die Information dieses »Mehr« irgendwo herkommen, irgendwie gespeichert sein. Auch wenn im Detail noch völlig unklar ist, wie die morphogenetischen Felder, die nach Sheldrake ja nicht-materiell sind, mit der Materie wechselwirken. Wenn sie Einfluß nehmen wollen auf die Formbildung eines Organismus oder eines Kristalls, auf das Verhalten und Lernen von Tieren und Menschen, müssen sie irgendwo »zupacken«. Das Geschehen an dieser Schnittstelle von Geist und Materie hält die Philosophen und Naturwissenschaftler seit Jahrtausenden in Atem – von den archaischen Schamanen, den ersten Bewußtseinsreisenden, über Pythagoras, Platon und die Anfänge der Philosophie bis zur Aufklärung und der modernen Naturwissenschaft ist die Beziehung zwischen den Welten des Bewußtseins und den Welten der Körper genau betrachtet *die* entscheidende Frage überhaupt – und sie muß trotz aller Fortschritte des Wissens bis heute als ungeklärt gelten. Sheldrakes Entwurf scheint uns, auf dem Hintergrund einer selbstorganisierten Natur, die zudem auf der Quantenebene vollständig miteinander vernetzt ist, der Lösung des Rätsels ein Stück näher zu bringen. Zumal in der jüngsten Zeit ein Phänomen experimentell nachgewiesen werden konnte, das so etwas wie einen Rezeptor für die morphische Resonanz darstellen könnte: die Biophotonenstrahlung.

Der russische Mediziner Alexander Gurwitsch hatte bereits im Jahre 1922 erstmals eine ultraschwache Lichtstrahlung an Zwiebelwurzeln festgestellt, die sich mit der Zellteilung veränderte, doch erst 1975 konnte der deutsche Biophysiker Fritz A. Popp an der Universität Marburg mit modernsten Meßapparaturen den definitiven Nachweis dafür erbringen: Es ist tatsächlich Licht in unseren Zellen. Unzählige Forscher weltweit haben dies seither bestätigt, die anfangs eingewendete Kritik, daß es sich um die klassische, auf chemische Reaktionen zurückzuführende »Bio-Lumineszenz« handelt, konnte widerlegt werden. Die Zellen aller Lebewesen strahlen danach hochkohärente, dem Laserstrahl ähnliche Lichtblitze aus, die sich aufgrund dieser besonderen Eigenschaften optimal zur Informationsübertragung eignen. Alles deutet darauf hin, daß über dieses sehr schwache, vom bloßen Auge nicht wahrnehmbare Licht die Kommunikation und Steuerungsprozesse in organischen Systemen ablaufen – es wird bei Schädigung der Zelle oder vor ihrem Tod verstärkt und ist in toten Zellen erloschen. Das Biophotonenfeld, in das nach Popp jeder biophysische Organismus eingebettet ist, ist ein rein elektromagnetisches Feld und darf nicht mit der esoterischen »Aura« verwechselt werden – auch wenn einige uralte Konzepte von »Lebensenergien« oder »Licht-« und »Energiekörpern«, die uns in den mystischen Lehren und in der östlichen Medizin gegenübertreten, durch diese revolutionäre Entdeckung eine im Wortsinn strahlende Bestätigung finden. Marco Bischoff, der 1995 eine hervorragende Gesamtschau der Biophotonen-Forschung geliefert hat, schreibt über die Bedeutung dieser Entdeckung für die Wissenschaften vom Leben:

»Die Erkenntnis der Kooperativität der Materieteilchen, der kommu-

nikativen Vernetztheit aller Teile in einem System und des kohärenten Verhaltens der Materie führte dazu, daß die Wissenschaft heute zunehmend vom ausschließlich molekularbiologischen Standpunkt wieder abrückt. Voraussetzung für Kooperativität und Kommunikation einer großen Zahl von Teilchen, Grundlage ihres ganzheitlichen Verhaltens, ist aber ein kohärentes Feld. Die geforderte ›nichtmolekulare Zellbiologie‹ erhält deshalb durch die Biophotonenforschung eine starke Grundlage. Als ›optische Biophysik‹ verkörpert sie eine neue Dimension biophysikalischer Forschung nach der elektronischen, molekularbiologischen Richtung. Unsere Epoche hat sich der Aufdeckung der Geheimnisse der Materie gewidmet; dieses Unternehmen tritt nun in eine neue Phase. Die Materie beginnt, ihren Schwingungsaspekt zu offenbaren; Teilchen erweisen sich als Produkt einer kohärenten Überlagerung von Wellen eines grundlegenden Feldes. Die hohe Sensitivität für feinste Reize und ganzheitliche Reaktionsfähigkeit lebender Organismen setzt ebenfalls ein kohärentes regulierendes Feld voraus. Feldorientierte Perspektiven hielten in den 20er Jahren Einzug in die Biologie durch die Arbeiten von Driesch, Gurwitsch, Spemann, Weiss. Die Biophotonenforschung verschafft nun diesem Ansatz erstmals eine solide Grundlage.«[7]

Die ganze Tragweite des Konzepts wird deutlich, wenn wir uns an die von Lynn Margulis gezeigten Symbiosen bei der Entstehung komplexen Lebens erinnern – die Tatsache, daß sich ursprünglich separate Bestandteile, Einzeller, zu kooperativen Gemeinschaften, Zellverbänden, zusammentaten. Insofern müssen wir uns auch den Menschen geradezu als eine symbiotische Orgie von Zellverbänden vorstellen, die ebenso intelligent und eigenständig wie kopulations- und kooperationsverliebt sind. Biophotonen stellen das Energiefeld, auf dem dieser Tanz des Lebens stattfindet.

Daß Biophotonen existieren, ist mittlerweile ebenso klar bewiesen

---

[7] Marco Bischoff: *Biophotonen – Das Licht in unseren Zellen* (1995), S. 37 f.

wie die Tatsache, daß es sich dabei um ein universelles Phänomen handelt, das bei allen lebendigen Organismen auftritt. Experimentell untermauert ist das Faktum, daß es sich bei der Biophotonenstrahlung um ein kohärentes Licht handelt, dessen außerordentlich hoher Ordnungsgrad weit über das hinausgeht, was aus der Laser-Physik bekannt ist. Diese Eigenschaften machen es mehr als wahrscheinlich, daß die biophotonische Strahlung tatsächlich das Energiefeld liefert, auf dem die Kommunikation im Inneren des Organismus und im Inneren der Zellen abläuft. Auch wenn diese Rolle des »Lebenslichts« als Steuerungsmedium sehr wahrscheinlich ist, ist noch völlig unklar, wie die Steuerung funktioniert und welche Frequenzen oder Frequenzkombinationen mit welchen Funktionen zusammenhängen. Diese Sprache der Zellen zu entschlüsseln, ist nach Fritz A. Popp eines der wichtigsten Forschungsgebiete der Zukunft, und es muß auf dieselbe zeitaufwendige Methode zurückgreifen wie seinerzeit die Molekularbiologie, die ein Molekül nach dem anderen untersuchte. Entsprechend würde es ebenfalls etwa hundert Jahre dauern, bis alle biologisch wirksamen Frequenzen gefunden sind. Die Arbeiten auf diesem Gebiet haben gerade erst begonnen, unter anderem auch die Suche nach der eigentlichen Quelle der Biophotonenstrahlung. Hier gibt es einige signifikante Hinweise darauf, daß nichts anderes als das Riesenmolekül der DNS – der Träger der Erbinformation – der Hauptspeicher der Biophotonenstrahlung ist, eine »Lichtpumpe«.[8]

Während Sheldrakes morphisches Feld ausdrücklich als nicht-materiell und jenseits von Raum und Zeit agierend definiert ist, ist die Biophotonen-Energie dagegen ein eindeutig meßbares elektromagnetisches Feld. Da es am unteren Ende des überhaupt Meßbaren liegt, stellt es wahrscheinlich die Spitze dessen dar, was wir über die oben erwähnte Schnittstelle Geist/Materie mit physikalischen Methoden in

---

[8] *Marco Bischoff: Biophotonen – Das Licht in unseren Zellen (1995), S.196.*

Erfahrung bringen können – hier, in den Frequenzdialekten eines phantastisch geordneten Bio-Laserlichts, fließen Geist und Materie, Bewußtsein und Körper, Information und Energie zusammen. Auf frappierende Weise wird durch diese neuesten biophysikalischen Entdeckungen einmal mehr eine ganz alte und in allen Kulturkreisen verbreitete Vorstellung aktualisiert, die des Menschen als »Lichtwesen«. Was in den frühen Kulturen Indiens als »Prana«, in China als »Chi« bezeichnet worden ist, was nach dem Körperbild der Akupunktur in den Meridianen fließt, was nach Franz Anton Mesmer als »animalischer Magnetismus«, nach dem Physiker von Reichenbach »Od«, nach Wilhelm Reich »Orgon« genannt wird – jene Energie also, die seit Urzeiten als Lebenskraft bezeichnet worden ist –, wird mit der Entdeckung der Biophotonen nun endlich nicht mehr nur subjektiv und erfahrungswissenschaftlich, sondern auch objektiv erforschbar. Mit höchst aufregenden Konsequenzen – von der Lebensmittelkontrolle über die Krebsbehandlung bis hin zu ganzheitlichen, medizinisch-spirituellen Konzepten. Ob ein Gemüse biologisch oder in einem Düngersubstrat gewachsen ist, darüber gibt die Intensität der Biophotonenstrahlung ebenso Aufschluß wie über die Frage, ob ein Hühnerei tatsächlich unter Freilandbedingungen oder in einer Batterie entstand. Es mag immer noch aufgeklärte Hohlköpfe geben, denen derlei Fragen belanglos bzw. als Ausgeburt postmoderner Ökospintisiererei erscheinen, de facto ernähren auch sie sich letztlich von nichts anderem als von dem Licht, das die Zellen der organischen Lebewesen, die auf unseren Speiseplänen stehen, gespeichert haben. Nach Popp besteht die Qualität eines Nahrungsmittels nicht allein aus seinem Energiegehalt (Kalorien), sondern vor allem aus seinem Gehalt an kohärenten Biophotonen. In diesem Zusammenhang ist es der Sinn der Nahrung, das Entropiewachstum des Organismus abzubauen, seinen Rückfall in ein thermisches Gleichgewicht zu verhindern – die in der Nahrung gespeicherten Photonen sorgen dafür, daß dissipative Strukturen aufrechterhalten werden. Ein Maß für den Nahrungswert wäre dann ihre

Lichtspeicherfähigkeit, die unter anderem von der Anwesenheit spiraliger Makromoleküle beeinflußt wird. In grünen Blättern, Knospen und Sprossen, aber auch in Eidottern und Blütenpollen, in Einzellern und Embryonen – überall, wo intensive Lebensprozesse ablaufen, finden sich große Anteile solcher Spiralmoleküle. Die deutsche Forscherin Johanna Budwig hat bereits in den 50er Jahren auf den Zusammenhang der Sättigung von Fetten und ihrer Photonenspeicherfähigkeit aufmerksam gemacht und darauf hingewiesen, daß die Umwandlung von Fetten durch moderne Veredelungsverfahren wie die Härtung bei der Margarine-Herstellung zerstörerisch wirkt. Frau Dr. Budwig propagiert hochungesättigte Fettsäuren wie Linol- und Linolensäure (die vor allem in Hanföl und Leinöl vorkommen) als optimale Photonenspeicher und behandelt Krebskranke seit Jahrzehnten mit einer entsprechenden Diät. Ihre Thesen werden von den Forschungen des kanadischen Wissenschaftlers Michel E. Bégin bestätigt, der herausfand, daß Fettsäuren im Reagenzglas bestimmte Tumorzellen töten, ohne gesundes Gewebe anzugreifen.[9] Diese und viele andere bis dato schwer oder gar nicht direkt überprüfbare Erkenntnisse und Verfahren können dank der Biophotonenmessung in Zukunft harten Tests unterzogen und bewertet werden. Auch wenn Kritiker zwar die Existenz der Zellstrahlung nolens volens akzeptieren müssen, aber die weitergehenden Vorstellungen eines biophotonischen Steuerungssystems ablehnen und auf dem klassischen biochemischen Stoffwechsel bestehen – nicht nur die von Popp und vielen anderen Forschern in den letzten zwanzig Jahren gesammelten Daten deuten auf eine solche Steuerung hin, sondern auch die vielen esoterischen Konzepte eines

---

[9] *Marco Bischoff: Biophotonen – Das Licht in unseren Zellen (1995), S. 322. Johanna Budwig: Das Fettsyndrom (1959), Fotoelemente des Lebens (1979).* Der dramatische Anstieg von Arterien- und Herzgefäßerkrankungen in diesem Jahrhundert wird von Ernährungswissenschaftlern auf die lebensbedrohende Wirkung von Trans-Fettsäuren zurückgeführt, die seit den 30er Jahren mit der Margarine- und Fritier-Kultur Einzug in die Ernährungsgewohnheiten hielt. Vgl. *Udo Erasmus: Fats that heal, fats that kill (1993).*

energetischen, feinstofflichen Körpers. Mit der weiteren Erforschung der Biophotonen-Strahlung können diese seit Jahrtausenden aus der inneren Erfahrung gewonnenen Erkenntnisse aus dem Dunkel des »Eso« in das Schweinwerferlicht des »Exo« treten und der orthodoxen Naturwissenschaft einen völlig neuen Blick auf die Ganzheit von Lebensprozessen eröffnen. Auch wenn die Grundlagenforschung, wie Professor Popp andeutet, die kommenden 100 Jahre in Anspruch nehmen könnte, die praktische Anwendung hat längst begonnen und liefert beispielsweise bei der Lebensmittelkontrolle hundertprozentige Ergebnisse; an medizinischen Diagnosesystemen wird bereits gearbeitet. Sie könnten für die Ärzte der Zukunft ähnlich bedeutend werden wie die Röntgen-Revolution vor hundert Jahren. Verglichen mit diesen Konsequenzen und dem medizinischen Potential, das ein volles Verständnis des Lichtwesens Mensch mit sich bringt, wirkt die Kartierung des menschlichen Genoms wie ein grobklötziges Baukastenspiel: Die Gene liefern nur die Bauklötze für den Organismus, sagen aber überhaupt nichts über Aufbau, Form und Organisationsprinzipien. Sie definieren, aus welchen Bestandteilen die einzelnen Bauklötze – die Proteine – zusammengesetzt werden, sind also sozusagen der Baustofflieferant, aber sie sind nicht der Architekt, der die räumliche Struktur und Anordnung, die Formbildung, eben die »Morphogenese«, festgelegt hat. Hier sind wir wieder an dem Punkt, an dem die herkömmlichen Lehrbücher ausblenden und die neodarwinistischen Präzisionsuhrmacher wie Richard Dawkins schwammig werden und das Rätsel der Formentstehung auf nebulöse »genetische Programme«, »differenzierende Genaktivitäten« oder »egoistische Gene« schieben. Daß Form und Gestalt eines Organismus sehr verschieden sein können, je nachdem ob ein bestimmtes Gen vorhanden ist, beweist aber keineswegs, daß die Gene selbst die Form bestimmen. Definitiv bekannt über die Proteinfabrik in der DNS-Spirale ist nur ihre Matrizenfunktion: Sie schreibt die niedergelegte Gen-Information ab und übersetzt sie in die Sprache der Proteine. Wie diese Informationen dem Zellplasma übermittelt werden, ist bis heute ein Rätsel. Erstaunlich jedoch ist, daß nur zwei Prozent der DNS-Substanz an diesem so entscheidenden Prozeß beteiligt sind, der ganze Rest ist genetisch inaktiv und eigentlich völlig überflüssig, ein in der stets nach größter Einfachheit und geringstem Aufwand strebenden Natur sehr ungewöhnlicher »Wurmfortsatz« an so zentraler Stelle. Die Vorstellung von der »Lichtpumpe« DNS geht davon aus, daß die »überflüssige« Substanz als »Hohlraumresonator« eines Biophotonenfelds dient, welches die Informationsübermittlung bei der Proteinsynthese steuert. Ist das Medium der Formentstehung in der Natur ein Bio-Laser-Feld? Nach Ansicht von Fritz Popp und anderen Biophotonenforschern ist hiermit zumindest das Steuer- und Kommunikationsinstrument benannt, in dem die natürliche Morphogenese abläuft. Doch wird damit ein dahinterstehendes Feld, wie es Sheldrake postuliert, nicht automatisch überflüssig. Die merkwürdige Fernwirkung morphischer Resonanz ist mit der internen, ultraschwachen Zellstrahlung noch nicht erklärt. Noch bis Mitte dieses Jahrhunderts haben viele namhafte Forscher, darunter der geniale Erfinder und Elektrizitäts-Pionier Nicola Tesla, an einem grundlegenden Ätherenergiefeld festgehalten und versucht, mit diesem Konzept sowohl »feinelektrischen« organischen Vorgängen als auch Fernwirkungen wie Telepathie und Telekinese auf die Spur zu kommen. Mit Einsteins Relativitätstheorie, welche die Annahme eines Äthers als Träger des Lichts überflüssig machte, brach die wissenschaftliche Erforschung der Verbindungen von Elektromagnetismus, Licht und Lebensenergie weitgehend ab. Erst in jüngster Zeit wird sie, etwa in Form von vielen energetischen Therapien in der alternativen Medizin, wiederentdeckt. Mit dem experimentellen Nachweis der Biophotonen-Strahlung scheint nun die biophysikalische Schnittstelle gefunden.

Rupert Sheldrake wird unterdessen nicht müde, den Mechanikerverstand mit ausgefuchsten Experimenten zu überzeugen, daß die Existenz eines Raum und Zeit übergreifenden Funkverkehrs ganz alltäglich ist – zum Beipiel mit J.T., einem siebenjährigen Terrier, der mit seiner Besitzerin Pamela Smart in Ramsbotton (Lancashire) lebt. Im Rahmen einer Serie von Experimenten, bei denen die offenbar hellseherische Fähigkeit von Haustieren registriert worden war, die Heimkehr ihrer Bezugsperson schon zu bemerken, bevor Geräusche, Gerüche oder andere äußere Zeichen darauf hindeuten, hatte Sheldrake auch Kameras an J.T.s Wohnort installiert. Die Aktivitäten des Hundes während der Abwesenheit der Besitzerin wurden aufgenommen. Diese kehrte nach einem Zufallsprinzip und mit stets anderen Verkehrsmitteln nach Hause zurück. Bei 153 Versuchen beobachtete Sheldrake eine Trefferquote von 80%: In dem Moment, in dem Frauchen über einen Beeper das Signal zur Rückkehr erhalten hatte, zeigte J.T. deutliche Aktivitäten, indem er entweder zur Tür oder zu seinem Aussichtsplatz am Fenster lief. Bei vier Versuchen, die Psychologen der Universität Herfortshire mit dem telepathischen Terrier durchführten, war seine Fehlerquote aber deutlich höher, dreimal reagierte J.T. gar nicht und beim vierten Mal allenfalls vage. Sheldrake läßt sich davon allerdings nicht beirren, nach seiner Vorstellung bauen Haustiere, besonders stark Hunde, aber auch Katzen, Vögel oder Schlangen, einen engen Kontakt zum morphischen Feld ihres Besitzers auf. Und sie spüren, wenn sich dieses Feld auf sie richtet. Wenn Pam mit dem Entschluß zur Rückkehr ihre Aufmerksamkeit auf J.T. lenkt, empfängt der Hund offenbar ein Signal. Selbst wenn die Versuche, die Sheldrake mit Haustieren bisher durchgeführt hat, noch nicht unter harten Laborkriterien wiederholt worden sind – völlig falsch kann er mit seiner Hypothese nicht liegen.[10]

Für Menschen, die mit Tieren zusammenleben, ist der merkwürdige »siebte Sinn« ihrer Hausgenossen oft eine Selbstverständlichkeit, die sie täglich erfahren. Ähnliches gilt auch für ein weiteres Experiment, das Sheldrake angeregt hat und das die Fähigkeit des Bewußtseins, sich

---

[10] Vgl. R.Sheldrake: Sieben Experimente, die die Welt verändern können (1994), S. 24 f.

über den Körper hinaus zu erstrecken, testen soll: das Gefühl, angestarrt zu werden. Sei es aus einem benachbarten Auto an einer roten Ampel, von einem Fenster gegenüber oder aus einem hinter unserem Rücken liegenden Standort – das merkwürdige Gefühl, fixiert zu werden, ist vielen Menschen aus dem Alltag bekannt. Untersuchungen, die scit dem vorigen Jahrhundert zu diesem Phänomen durchgeführt wurden, belegen zwar durchweg eine Signifikanz, d.h., Versuchspersonen registrierten »Treffer« deutlich über der Zufallsquote von 50%, doch da keine vernünftige Erklärung für diese Sensibilität vorhanden war, verlief die Erforschung mehr oder weniger im Sande. Sheldrake griff sie wieder auf und stieß bei vielen Versuchen mit Studenten auf eindeutige Ergebnisse, wobei sich herausstellte, daß manche Menschen hier ein unglaubliches Gespür entwickeln. Zwei von Sheldrakes Probanden kamen sogar auf »Trefferquoten« von 100% – wobei die eine angab, als Kind mit ihren Geschwistern regelmäßig geübt zu haben, auf Blicke in den Rücken zu reagieren und sich umzudrehen. Die andere Versuchsperson hatte während des Experiments unter dem Einfluß von MDMA (Ecstasy) gestanden und führte ihre hohe Sensibilität auf die Bewußtseinserweiterung durch die Droge zurück.

In seinem jüngsten Buch »Sieben Experimente, die die Welt verändern können« gibt Sheldrake weitere einfache, dem Alltagsverstand verständliche Versuchsbeispiele an, mit dem sich auch interessierte Laien an der Erforschung des größten Menschheitsrätsels überhaupt – der wunderbaren Kraft des Bewußtseins – beteiligen können. Und sei es dadurch, daß sie die merkwürdigen Verhaltensweisen ihrer »psychic pets« dem Forum für außersinnliche Wahrnehmung bei Haustieren melden, das der Forscher auf seiner Homepage im Internet eingerichtet hat.

Verglichen mit der »harten« Messung von Biophotonen an der Schnittstelle von Geist und Materie, sind Experimente wie mit den telepathischen Terriern oder dem Gefühl, angestarrt zu werden, noch unscharf, gleichwohl zeigen sie deutlich, daß Bewußtsein kein Objekt ist, das irgendwo in einer abgeschlossenen Psycho-Kiste erforscht werden kann. Es ist nicht nur Menschen, sondern auch Pflanzen, Tieren und der gesamten Biosphäre eigen, und es erstreckt sich weit über das hinaus, was wir Körper, Substanz oder Materie nennen. Phantomschmerzen in amputierten Gliedern, Placebo-Effekte substanzloser Arzneien oder die »höhere« Kommunikation mit tierischen oder pflanzlichen Hausgenossen sind deshalb keine übernatürlichen Phänomene, sondern schlichte Naturtatsachen, die wir nur aufgrund unserer »unternatürlichen« Wahrnehmungsweise nicht als solche erkennen.

Der folgende Text beschreibt ein weiteres Beispiel für die Kraft des Bewußtseins. Er erschien 1992 im Rahmen einer Kolumne im Magazin der »Zeit«.

Der gehorsame Gummibaum

Irgendwie war das Ding stehengeblieben – ein kahler Gummibaum allein in der leeren Wohnung. Umzugswagen und Tochter waren weg, und was sollte die Mutter machen: Sie nahm ihn mit nach Hause. Obwohl sie Gummibäume eigentlich nicht besonders mochte. Aber ihn einfach stehenlassen ging nicht, also bekam er einen Platz im Flur. Da stand er nun – zum wachsenden Ärger seiner neuen Besitzerin. Denn anstatt das schöne Plätzchen mit freudigem Wachstum zu begrüßen, sah er von Tag zu Tag kahler und häßlicher aus. Einige der ohnehin raren Blätter fielen ab, andere begannen zu schrumpeln, und auch ein Standortwechsel wollte der kläglichen Kondition des Bäumchens nicht aufhelfen. Bis die Hausherrin irgendwann dazu überging, ihm ernsthaft zu drohen: »Wenn du nicht wachsen willst, dann kommst du auf den Müll!« Täglich, im Vorübergehen und beim Gießen, wiederholte sie die Drohung, und siehe da – der Gummibaum begann zu wachsen. Mittlerweile, so wird bezeugt, hat er den ganzen Flur in einen wahren Gummibaum-Dschungel verwandelt.

Wie kann ein Gummibaum gehorsam sein, wenn er gar nicht hören kann? Eben deshalb, meint die Wissenschaft, hat das Ganze nichts mit Gehorsam zu tun, sondern ausschließlich mit Zufall: Der Gummibaum wäre auch ohne die Drohung mit der Müllkippe gewachsen. Ich muß gestehen, daß ich an solche Zufälle nicht glaube. Genausowenig wie an den Mechaniker, der damals meinte, mit meinem gerade für 300 Mark gekauften Mercedes 180, Baujahr 56, käme ich nicht einmal mehr bis ins nächste Dorf. Dank regelmäßiger Streicheleinheiten für jedes Anspringen und stetigen Zuspruchs auf langen Strecken schnurrte der Wagen nicht nur über 50 000 Kilometer, sondern konnte danach, mit etwas Mechanikerhilfe, für 3 000 Mark verkauft werden. Ob dieser Gummibaum-Effekt auch mit der Drohung »Wenn du jetzt stehenbleibst, dann kommst du auf den Schrott!« zu erzielen gewesen wäre, kann ich nicht beurteilen – klar scheint aber, daß es mit einer menschlichen Interspezies-Kommunikation, die nur Pflanzen und Tiere berücksichtigt, nicht getan ist. Verglichen mit einem rostigen alten Mercedes ist es geradezu eine Leichtigkeit, mit einem kränkelnden Gummibaum in Kontakt zu kommen.

Daß in einem unlängst durchgeführten Experiment »geliebte« Tomatenpflanzen 22 Prozent mehr Ertrag brachten als ihre bloß begossenen Nachbarn, kann allenfalls jene Zeitgenossen überraschen, die Biologie für so etwas wie die genetische Abteilung der Automechanik halten. Spätestens seit Cleve Backster, Amerikas führender Lügendetektor-Experte, in den 60er Jahren seinen Polygraphen an eine Zimmerpflanze anschloß und schon einen hektischen Ausschlag auf dem Diagramm registrierte, als er nur daran dachte, *eines ihrer Blätter mit einem Streichholz zu versengen, ist die sinnliche Wahrnehmungsfähigkeit von Pflanzen ein offenes Geheimnis. Das Dumme war nur, daß der in vielen Labors wiederholte Versuch bei einigen Forschern absolut nicht funktionieren wollte, was Backster auf eine fehlende Einfühlung zwischen Mensch und Pflanze zurückführte. Weil aber »Empathie«, »Gefühl«, »Liebe« als Parameter physikalischer Versuche nicht zugelassen sind, ist der »Backster-Effekt« bis heute kein Hauptfach der Botanik, sondern gilt als Parapsychologie. Und die*

Agrarindustrie produziert einfallslos weiter Kunstdünger, anstatt optimale Methoden der Pflanzen-Besprechung zu entwickeln.

Nun habe ich meinen 180er zwar nie an einen Lügendetektor angeschlossen – Laborversuche würden aber wahrscheinlich zu keinem anderen Ergebnis führen wie bei den Pflanzen: daß es nämlich auch bei der menschlichen Kommunikation mit anorganischen Verwandten zuallererst auf das Einfühlungsvermögen ankommt. Wo ein solcher Draht fehlt, nützt auch das beste Zureden nichts: Schlösser klemmen, Motoren springen nicht an, die Technik spinnt. Mein Computer-Drucker zum Beispiel ist so ein Fall – bleibe ich im Zimmer, druckt er brav und in Schönschrift auch endlos lange Texte aus. Bin ich aber des nervigen Genadels überdrüssig und trinke den Kaffee nebenan, hört er nach spätestens fünf Minuten auf – ohne irgendeinen Grund. »*Geben Sie Ja ein, wenn Sie weiterdrucken wollen*« – *verlangt der Kerl etwa, daß man ihm bei seiner Plackerei zuhört? Außer einer 220-Volt-Steckdose ist es mir bisher nicht gelungen, der blassen japanischen Plastik-Kiste irgend etwas entgegenzubringen. Vielleicht sollte ich damit drohen, sie beim nächsten Mal durch einen Gummibaum zu ersetzen.*

Als Journalist habe ich seit Anfang der 80er Jahre einige hundert solcher Glossen zu den verschiedensten kulturellen, wissenschaftlichen und sozialen Themen verfaßt, aber selten auf einen dieser kurzen Texte soviel Resonanz erhalten wie auf diesen. Und alle Erfahrungen, von denen die Leserinnen und Leser berichteten, bestätigten die merkwürdige »Beziehungskiste« zwischen Menschen und Pflanzen sowie, was erstaunlich war, auch die eher anekdotisch angeführte, aber dennoch wahre Begebenheit mit meinem alten Auto und dem Nadeldrucker. Der Bezirksleiter einer Versicherung, mit dem ich in einem Zugabteil wenige Tage nach Erscheinen des Artikels ins Gespräch kam, erzählte die halbe Strecke von Berlin nach Hamburg über seine magischen Rituale und psychologischen Tricks zur Beeinflussung von Technik und Maschinen. Unsere supergescheite Wissenschaft versteht es in der

Regel, das alles gleich wieder wegzuerklären – die Bevölkerung blicke eben nicht richtig durch, einen Bodensatz von Aberglaube und Irrationalismus gebe es immer, und je härter die Zeiten und je komplexer die Welt werden, desto eher sublimiere der kleine Mann seinen Erklärungsnotstand mit simplen, magischen Lösungen. Mir scheint es eher, daß hier die Wissenschaft ihren Erklärungsnotstand sublimiert, indem sie ein Problem einfach nicht zur Kenntnis nimmt: daß nämlich bei diesen ganz alltäglichen Fällen übersinnlicher, übernatürlicher Wahrnehmung mehr als nur der Zufall im Spiel ist.

Zum Beispiel bei den träumenden Tomaten. Können Tomaten träumen? Diese Frage muß mit einem »Ja« beantwortet werden. Wobei das Träumen der Tomate nicht unbedingt mit der Tätigkeit identisch ist, die wir Tomatenesser darunter verstehen. Aber eine gewisse Vorstellungs- und Imaginationskraft kann unseren leckeren, rothäutigen Zeitgenossen nicht länger abgesprochen werden. Wenn Intelligenz die Fähigkeit ist, aus Vergangenheit und Gegenwart die Zukunft zu extrapolieren, d.h. vorauszuplanen, dann sind sie sogar intelligent: Drei Tage, bevor sich ein meteorologisches Hochdruckgebiet in ein Tiefdruckgebiet verwandelt, fangen die Tomaten an, ihre Außenhaut zu verstärken. Keiner weiß, wie sie das machen. Weder verfügen sie über ein Thermometer, noch sind sie in der Lage, die Wettersatelliten anzuzapfen, und doch verstärken sie ihre dünne Haut rechtzeitig vor jedem Wetterumschwung und sind so gegen einen höheren Außendruck, der sie platzen ließe, gewappnet. Die Tomatenhaut scheint also offensichtlich über ein Resonanz-Organ zu verfügen, mit dem sie in die meteorologische Zukunft hineinhorchen und dem Prinzip der Kausalität, der zeitlichen Abfolge von Ursache und Wirkung, ein Schnippchen schlagen kann. Denn niemand wird behaupten, daß Wetterumschwünge auf einen Tomaten-Effekt zurückzuführen seien. Vielmehr scheint die Tomate auf eine noch gar nicht existente, in der Zukunft liegende Ursache zu reagieren, d.h., sie zeigt Wirkung, bevor die Ursache überhaupt eingetreten ist. Sie erfüllt damit Wahrnehmungskriterien, die wir normalerweise als Hellsehen oder Präkognition bezeichnen, und verfügt über eine High-Tech-Sensibilität, die unseren herkömmlichen Barometern um mindestens drei Tage voraus ist. Doch diese Sensibilität für das meteorologische Chaos der Zukunft, das sein Pendant in den »Erdbebenvorhersagen« vieler Insekten und anderer seismisch präkognitiver Tiere findet – schon häufig ist beobachtet worden, daß sogar Haustiere fluchtartig Städte verlassen, in denen sich kurz darauf schwere Erdbeben ereigneten[11] –, ist nicht die einzige Leistung der Tomaten-Intelligenz: In dem oben angesprochenen Experiment, einem zweijährigen, wissenschaftlich begleiteten Test der WDR-Redaktion »Hier und Heute«, brachten Tomatenpflanzen, die täglich Zuspruch und liebevolle Zuwendung genießen durften, 22,2 Prozent mehr Ertrag als solche, die vom selben Betreuer lediglich mit Wasser und Dünger versorgt wurden. Der Verfahrenstechniker der Fachhochschule Weihenstephan, Manfred Hoffmann, der das Experiment überwachte, meinte: »Ich hätte so große Unterschiede nicht erwartet.« Er geht davon aus, daß sich ähnliche Ergebnisse auch mit Karotten, Erdbeeren und anderen Pflanzen erzielen lassen. Für die Mitglieder der Findhorn-Kommune ist das eine Selbstverständlichkeit: Im schottischen Findhorn erntete sie auf einem als unfruchtbar geltenden, sandigen Stück Land 40 Kilogramm schwere Kohlköpfe – ohne irgendwelche besonderen Anbaumethoden gedeihen dort auch alle anderen Pflanzen in unglaublicher Pracht. Die Findhorn-Leute erklären das Wunder damit, daß sie mit diversen Naturgeistern in Kontakt stehen würden, die als »Architekten« den Aufbau des Erdreichs, der Pflanzen- und Tierwelt überwachen und deren Anweisungen sie befolgten. Nun ist mir auf meiner Balkonplantage leider noch nie ein derartiges Wesen erschienen, und ich nehme an, daß es den meisten Zeitgenossen ebenso geht. Das Experiment des WDR allerdings deu-

---

[11] Vgl. *Dennis Bardens: Die geheimen Kräfte der Tiere (1989).*

tet an, was es für erfolgreiches Basteln mit dem Naturbaukasten braucht: All you need ist love.[12]

Wenn der Papst angesichts von Krieg und Leid urbi et orbi zum Gebet auffordert, bleibt dem aufgeklärten Zuschauer meist nur ein Kopfschütteln. Sich angesichts des herrschenden Elends in der Welt auf das Murmeln von Gebeten zurückzuziehen, statt aktiv, praktisch und politisch Maßnahmen zur Linderung und Abschaffung dieses Elends zu ergreifen – diese Haltung erscheint im günstigen Falle als weltferne Naivität, ansonsten aber, wo Empfängnisverhütung praktisch verboten und dann zum Gebet für hungernde Kinder aufgerufen wird, als blanker Zynismus. Und doch ist es so einfach nicht, scheinbar bigotten Betbrüdern und -schwestern moralisch einen Strick zu drehen, denn: Gebete sind wirksam! Ja, sie sind wahrscheinlich effektiver als viele weltlich-praktische Methoden. Um die Wirksamkeit von Gebeten zu messen, führte der Arzt Randolph Bird an einem Krankenhaus in San Francisco 1985 eine Studie durch. Von 393 Patienten, die an einer Verengung der Herzkranzgefäße litten, legte er Krankenblätter mit Name, Diagnose und Allgemeinzustand an – davon wurde die Hälfte an christliche Glaubensheiler in ganz Amerika verschickt, mit der Bitte, zehn Monate lang »täglich dafür zu beten, daß dieser Patient genese, von Komplikationen oder gar dem Tod verschont bleibe«. Weder den Patienten noch Bird war bekannt, wen das Los getroffen hatte – beide Gruppen waren nach Durchschnittsalter und Schwere der Krankheit vergleichbar zusammengesetzt. Und siehe da, den Patienten, für die gebetet wurde, ging es deutlich besser: Nur bei dreien mußten Antibiotika eingesetzt werden (gegenüber 16 in der Kontrollgruppe), nur bei sechs der zusätzlich »fernbehandelten« Patienten kam

---

[12] In der deutschen Ausgabe des Klassikers von *Peter Tompkins/Christopher Bird: Das geheime Leben der Pflanzen (1977)* fehlt das Kapitel über Findhorn, das man den teutonischen Skeptikern wohl nicht zumuten wollte. Zu den Wundern von Findhorn vgl. *David Ash/Peter Hewitt: Wissenschaft der Götter – Zur Physik des Übernatürlichen (1991).*

es zu einem Lungenödem (gegenüber 18), nur bei dreien (gegenüber 12) setzte die Herz-Lungen-Tätigkeit kurzzeitig aus, und während 12 Patienten der Kontrollgruppe künstlich beatmet wurden, kam die Gruppe der ins Gebet Eingeschlossenen völlig ohne Atemhilfe aus.[13]

Daß so etwas wie die Kraft des Gebets, eine Fernwirkung positiver, mitfühlender Gedanken, existiert, erbrachte auch eine Studie in England, die 130 Tests und Experimente zu »geistigem Heilen«, darunter auch Birds Experiment, auswertete und zu dem Schluß kam, daß etwa die Hälfte davon auf »paranormale« Fernwirkungen hindeutet. Nach diesen Befunden in Sachen Gebet muß künftig eigentlich als abergläubischer Irrationalist gelten, wer die zwar noch unerklärte, aber faktische und meßbare Kraft des Gebets ernsthaft leugnet.

[13] Vgl. *Bild der Wissenschaft, Nr. 6/1994.*

»Kontinente altern, Ozeane nicht. Der Schoß der Erde ist das Meer. Gaia unser, die du bist im Wasser. La mer c'est la mère. Griechisch delphis mit ›i‹ heißt Mutterschoß, delphys mit ›y‹ heißt Delphin. Delphi, das Orakel, wurde so benannt, weil Apollo sich in einen Delphin verwandelte, um es zu begründen. Im Orakel, dem Zentrum der Inspiration, gebiert dieser Schoß die mythische Matrix der Kultur, eine Welle nach der anderen, und kaum ist Aphrodite im Meeresschaum geboren, da gesellen sich ihr die Delphine zur Seite, diese Orakelpriester rund um den Geburtskanal, die, wie die erfahrensten Ketzer, von vorneherein mit einem breiten Grinsen zur Welt kommen. Welt kommt von Welle, der Lauf der Welt ist ein einziges Drehen und Schwappen, Drehen und Schwappen. Das Wellenkarussell dreht sich wie ein Derwisch im Walzertakt, dreht sich vom Indischen Ozean der Vedas und schwappt in das Mittelmeer des klassischen Altertums, dreht sich ein paar Jahrhunderte lang zum Atlantik von Neuzeit und NATO und schwappt in den Pazifik, die Plazenta der Zukunft ... Demgegenüber wachen alle Dogmatiker argwöhnisch darüber, daß das Dasein eine Festung bleibt und jede Geburt ein harscher Big Bang, gefolgt von freier Anästhesie für alle, und wie zum Hohn Leben genannt. Doch was wissen wir schon vom Leben, solange wir es mit einem staatlich regulierten Trockendock verwechseln und nicht hören, was im fruchtbaren Delta von Delphis, Delphys und Delphi telefoniert wird?«   Micky Remann, »Der Ozeandertaler«

3

Jenseits von H$_2$O
Über Viktor Schauberger
und die Lebensenergie des Wassers

»*Ich machte Rast an einem Wasserfall und wurde dort Zeuge von etwas, was sich so schnell abspielte, daß meine Gedanken kaum folgen konnten. Im klaren Mondschein sah ich jede Bewegung, die die zahlreich versammelten Fische im Wasser machten. Plötzlich zerstreute sich der Fischhaufen hastig. Die Ursache dafür war das Erscheinen einer besonders großen Forelle, die in Richtung Wasserfall dahergeschwommen kam. Sie begann in schaukelnden und tanzenden Schleifbewegungen um das herabstürzende Wasser zu schwimmen. Darauf verschwand sie in den metallisch glänzenden Wasserstrahlen. Bald darauf bekam ich sie wieder zu sehen. Sie stand nun beinahe senkrecht im Wasser und tanzte einen wilden Kreiseltanz inmitten der Strahlen, die konisch von oben nach unten immer schmaler wurden. Plötzlich hörte der Tanz auf, und sie schwebte, ohne sich zu rühren, im freien Flug aufwärts einer Parabelbahn. Als sie den höchsten Punkt erreicht hatte, überschlug sie sich und landete mit einem kräftigen Platsch im Wasser oberhalb des Wasserfalls. Nach ein paar Schwanzschlägen war sie verschwunden. Tief in Gedanken stopfte ich meine Pfeife und rauchte sie auf meinem Heimweg zu Ende. Später durfte ich noch oft das gleiche Schauspiel sehen, wie Forellen spielend leicht hohe Wasserfälle emporschwebten. Aber erst nach Jahrzehnten ähnlicher Beobachtungen, die sich wie Perlen auf einer Kette reihten, konnte ich eine Erklärung dafür finden. Kein Wissenschaftler konnte mir das Phänomen erklären.«*[1]

Seit seiner Kindheit war Viktor Schauberger mit diesem Phänomen vertraut. Er war als Sohn eines Forstmeisters in den Wäldern und an den Bachläufen groß geworden und hatte oft beobachtet, wie Forellen scheinbar ohne Anstrengung sehr große Höhenunterschiede überwanden – doch nie war ihm diese Leistung so deutlich geworden wie in dieser mondhellen Nacht:

Warum nimmt die Forelle den schwierigen Fluchtweg stromaufwärts und bewegt sich nicht, wie es natürlich und viel leichter wäre, den Weg stromabwärts? Wie ist es möglich, daß sie Höhenunterschiede, die ein Vielfaches ihrer Körperlänge betragen, so mühelos überwindet? Welche Rolle spielt dabei ihr kreisender Tanz um den Wasserstrahl? Welche Kraft nutzt sie, um gegen die Abwärtsbewegung des Wasserfalls und gegen die Erdanziehung nach oben zu kommen? Mit Fragen wie diesen, ausgelöst durch einfache Beobachtungen natürlicher Vorgänge, rührte Viktor Schauberger an eines der kompliziertesten Rätsel der Wissenschaft der damaligen (und heutigen) Zeit: das Rätsel des Wassers und der Turbulenz. Von Werner Heisenberg, dem Quantenphysiker, der zusammen mit Max Planck und Albert Einstein die Physik dieses Jahrhunderts revolutionierte, geht die Anekdote, daß

---

[1] Zit. nach *Olof Alexandersson: Lebendes Wasser (1993)*. Alle nicht weiter ausgewiesenen Zitate Schaubergers entstammen dieser Biographie sowie der umfangreichen Arbeit von Callun Coates (s.u.).

er auf dem Sterbebett erklärt haben soll, er habe zwei Fragen an Gott zu stellen: Warum Relativität und warum Turbulenz? Er selber meinte dazu: »Ich glaube wirklich, daß er eine Antwort auf die erste Frage haben könnte.« Daß die Mysterien der Turbulenz im Himmel gelöst werden könnten, glaubte er nicht. Doch auf der Erde, genauer: an den Bergbächen um den Plockensteinsee in Österreich, war jemand dieser Lösung schon ganz nahe gekommen – kein Physiker oder Wissenschaftler, kein Nobelpreisträger oder Intellektueller, sondern ein einfacher Förster.

Viktor Schauberger wurde am 30. Juni 1885 als fünftes von neun Kindern eines Forstmeisters geboren, dessen Familie seit vier Generationen als Förster und Wildhüter am Plockensteinsee in Oberösterreich ansässig war. »Fidus in silvis silentibus« – Treue in die schweigenden Wälder – war das Motto der Schauberger-Familie, deren Wappen einen von Rosen umwundenen Baumstamm zeigt. Auch Viktor war ein echter »Sohn des Waldes«, und daß er in die Fußstapfen seiner Vorfahren treten und ebenfalls Förster werden würde, darüber gab es für ihn keinerlei Zweifel. Dem Wunsch seines Vaters, eine akademische Laufbahn einzuschlagen und Forstwissenschaft zu studieren, entsprach er nur kurz und brach das Studium bald wieder ab, um im Jahr 1903 an einer staatlichen Forstschule sein Försterexamen zu absolvieren. Danach begann er die Laufbahn bei einem alten Forstmeister und erhielt nach dem Ersten Weltkrieg, in dem er als Soldat verwundet wurde, seine erste Anstellung als verantwortlicher Forsthüter: Der deutsche Prinz Adolph zu Schaumburg-Lippe übertrug ihm die Verantwortung über sein Revier von 21 000 Hektar Wald in Steyerling.

Aufgrund besonders harter Winter war zu dieser Zeit in der Region und vor allem in der Stadt Linz das Brennholz knapp geworden. Zwar lagen auf den Höhen des dem Schauberger-Revier benachbarten Priel-Gebirges große Mengen Holz, zum Teil schon von Stürmen und Waldbränden gefällt, doch es bestand kaum eine Möglichkeit, diese wertvollen Rohstoffe zu bergen. Die vom Priel-Gebirge hinabkommenden

Wasserläufe galten als zu klein, um die mächtigen Baumstämme auf diesem Weg ins Tal zu schwemmen. Für den adligen Waldbesitzer war dies ein besonderes Ärgernis, da er im Zuge des Krieges und der einsetzenden Inflation in finanzielle Probleme geraten war. Bei seinen Wanderungen im Revier hatte er sich mehrfach darüber beklagt, daß die hohen Transportkosten diesen Forst-Standort unrentabel machten. Um aber diese Besitztümer eventuell doch noch »flüssig« zu machen, schrieb er einen Wettbewerb zur Lösung des Transportproblems aus – doch die von Ingenieuren, Hydrologen und anderen akademischen Experten eingereichten Vorschläge konnten ihn nicht überzeugen. Ein Vorschlag indessen erreichte den Prinzen erst gar nicht, er war von einem seiner jungen Förster eingebracht worden, und die Kommission hatte ihn als schlechten Scherz und Unverschämtheit postwendend zurückgewiesen. Die Schaumburg-Lippeschen Finanzprobleme blieben somit ungelöst, und als Prinzessin Ellen kurz darauf bei einem Jagdausflug in Schaubergers Revier über den bevorstehenden Bankrott klagte – was ihr wegen ihrer Roulette-Leidenschaft, der sie vor allem in der Spielbank von Monte Carlo nachging, ganz besondere Sorgen machte –, brachte Schauberger die Sprache auf den Wettbewerb und die Ignoranz, mit der sein Vorschlag zur Lösung des Problems abgekanzelt worden war. Durch den Bau einer hölzernen Kanal-Konstruktion nach seinen Plänen, so erläuterte er der Prinzessin, könnte das Holz vom Berg abgeschwemmt werden – die Kosten würden statt der bisher erforderlichen 12 Schilling pro Kubikmeter nur 1 Schilling pro Kubikmeter betragen. Die begeisterte Prinzessin überredete ihren Mann, diese Idee aufzugreifen, und dieser stimmte unter der Bedingung zu, daß Schauberger die Kosten für die Erstellung der Konstruktion selbst zu tragen hätte – nur im Erfolgsfalle würden sie ihm ersetzt werden. Nach einigen vergeblichen Mühen, einen Finanzier für die Sache zu finden, gelang es Schauberger, einen Bauunternehmer zu überzeugen, und die Arbeit begann. Nachdem schon sein eingereichter Plan von der Experten-Kommission als irrsinnig abgetan worden war, wurde mit dem Beginn des Baus die Kritik noch heftiger. Daß Schauberger eine hölzerne Halbröhre errichten ließ, war noch halbwegs akzeptabel, doch die Form dieses kilometerlangen Gebildes schien den Experten geradezu idiotisch: Statt gerade und auf direktem Weg bergab, wand sich die Röhre wie eine Serpentine in Schlangenlinien entlang den Schluchten und Hochtälern.

Doch diese scheinbar unsinnige Form war noch nicht alles, denn zudem ließ Schauberger an einigen Stellen das Wasser aus der Röhre ablaufen, um sie mit frischem, kaltem Wasser aus Bächen entlang der Strecke wieder aufzufüllen. Kalt müßte das Wasser sein, so behauptete er, sonst könnte es die schweren Stämme nicht tragen. Einen solchen Unsinn hatten die Experten und Wassertechniker noch nie gehört – Wasser war Wasser, H_2O –, daß dieser Försterbursche verrückt sein mußte, lag auf der Hand. Und was er ihnen als Erklärung bot – daß Wasser seine höchste Dichte bei 4 Grad besitzt, daß es an der Quelle, wo es mit dieser Temperatur austritt, die größte Lebendigkeit hat und für die beste Vegetation sorgt, daß Forellen und Lachse eben deswegen stets der Quelle entgegenstreben und daß die Fähigkeit des Wassers, schwere Stämme zu tragen, ebenfalls temperaturabhängig sei und deshalb am allerbesten in klaren, mondhellen Nächten vonstatten ginge –, all das war für die Hydro-Experten und Wasserkundler ausgemachter Humbug. Die Selbstverständlichkeit und Sicherheit, mit der dieser akademisch ungebildete Förster solche Behauptungen von sich gab, hatte indessen wenig mit Selbstüberschätzung oder gar mit Verrücktheit zu tun, sie beruhte vielmehr auf den Beobachtungen des Waldes und vor allem des Wassers, die er von Kindesbeinen an gemacht hatte. Schon sein Vater und dessen Vater hatten die schwersten Holzstämme immer in der Nacht geschwemmt; daß kaltes Wasser eine höhere Tragkraft als warmes Wasser besitzt, hatte er oft genug erlebt. Ebenso wie die Bedeutung des Flußbetts und der mäandernden Fließbewegungen, der Strudel und Turbulenzen, der »inneren Bewegung« des Wassers und der Energie, die es daraus schöpfte. Deshalb war

Schauberger als einziger nicht überrascht, als sich beim offiziellen Probelauf in Anwesenheit des Fürstenpaars und hochrangiger Forstbeamten und Experten herausstellte, daß seine Holzschwemmanlage perfekt funktionierte. In seiner Begeisterung ernannte der Fürst seinen Förster sogleich zum obersten »Wildmeister« des gesamten Reviers, und in der Folgezeit kamen aus ganz Europa Fachleute, um das technische Wunderwerk zu begutachten, das schwere Buchenstämme, die wegen ihres höheren spezifischen Gewichts gar nicht oder nur sehr schlecht schwimmen, mit einem Viertel der »eigentlich« dazu benötigten Wassermenge zu Tal beförderte. Die Kunde über den Wasserzauberer Schauberger verbreitete sich wie ein Lauffeuer, und bald darauf erhielt er ein Angebot vom Wiener Bundesministerium: Als Reichskonsultant für Holzschwemmanlagen sollte er – für ein doppelt so hohes Gehalt wie die Forstakademiker in einer gleichrangigen Position – in ganz Österreich solche Anlagen errichten. Dieses Angebot anzunehmen fiel Schauberger leicht, denn sein adliger Arbeitgeber hatte inzwischen gegen die ausdrückliche Absprache mit seinem Wildmeister einen radikalen Kahlschlag des neu erschlossenen Waldbesitzes angeordnet. Daß nur eine nachhaltige Nutzung den Wert des Waldes und des Wassers erhalte, daß die durch Kahlschlag entstehenden schattenlosen Flächen zu einem Rückzug der Quellen und einer Minderung der Wasserqualität führen, daß damit das »Blut der Erde« und der ganze Organismus der Natur angegriffen und zerstört würde – von all dem wollte Fürst Schaumburg nichts mehr hören. Die geniale Erfindung Schaubergers hatte seinen wertlosen Wald in eine Goldgrube verwandelt, und deren rasche Nutzung lag ihm näher als die nachhaltige Bewahrung der Schätze der Natur.

So beginnt 1923, schon mit dem ersten praktischen Erfolg des Naturforschers und »Wildmeisters« Viktor Schauberger, zugleich auch jene tragische Entwicklung, die viele geniale Entdecker in der Geschichte schon gewärtigen mußten: daß ihre Ideen von den Zitadellen der Wissenschaft, der Macht und der Kirchen abgelehnt oder gegen ihre Intentionen ausgenutzt werden. Daß letzteres bei seiner Methode der Wasser-Regulierung nicht ohne weiteres möglich war, brachte Schauberger in seinem neuen Job als Konsultant der Regierung neuen Ärger ein: Den studierten Ingenieuren und Wasser-Experten gelang es nicht, funktionierende Kopien der Schwemmanlage nachzubauen. Stets mußte der geniale Förster zu Hilfe gerufen werden, um den Anlagen ihren Feinschliff zu geben. Daß oft nur kleine Änderungen der Strömungslinie und des Temperaturausgleichs nötig waren, um die Anlagen zum Funktionieren zu bringen, hinderte die Wissenschaftler und Experten nicht daran, Schaubergers Ausführungen dazu für Unsinn zu halten. Schaubergers Biograph Alexanderson zitiert den Hydrologen Professor Schaffernak:

»Dieser Schauberger redet nur Dummheiten. Jedermann weiß ja, daß, was das Wasser angeht, erst die großen Temperaturunterschiede interessant sind.« Und als Schauberger antwortetete, daß doch für den Menschen eine Veränderung der Körpertemperatur von ein paar Zehntel Grad anzeigen kann, ob er gesund oder krank ist, antwortete man, daß man schon daran deutlich erkenne, daß Schauberger verrückt sein müsse, wenn er Parallelen zwischen Blut und Wasser aufzeige.

Doch die Anlage in Neuburg, die dieser »Verrückte« gerade konstruiert hatte, schwemmte 40% mehr als die geforderten 1000 Festmeter pro Stunde. Um diesem mysteriösen Schabernack endlich ein Ende zu setzen, bestellte man den international renommierten Hydrologen Professor Forchheimer von der Universität Wien als Gutachter. Als Schauberger diesem an einem Bergbach mit dem Thermometer demonstrieren konnte, daß das Wasser hinter einem eiförmig geformten Stein kälter ist als vor ihm – was allen bekannten Gesetzen der Thermodynamik widerspricht, denn Reibung erzeugt Wärme, und deshalb müßte das Wasser hinter dem Stein wärmer sein –, war aus dem kritischen Skeptiker des Wasserzauberers endgültig ein Förderer und Bewunderer geworden. Forchheimer ermöglichte es Schauberger, seine Ideen und Vorschläge in der anerkannten Fachpublikation »Die Wasserwirtschaft« zu veröffentlichen. Als das Ministerium trotz (oder wegen) des wachsenden Renommees und den überall erfolgreichen Bauten dieses Försters unter Druck geriet, Schaubergers Honorare zu halbieren, und den Vorschlag machte, den Rest aus einem Krokodilfonds des Ministers schwarz zu zahlen, quittierte er den Staatsdienst. Von da an arbeitete er mehrere Jahre für den Unternehmer Steinhard, der eine der größten Baufirmen des Landes führte, an Schwemmanlagen in ganz Europa. Doch gingen seine Interessen weit über die profitablen Transportwege für Gebirgswälder hinaus. Was Schauberger bei seiner Beobachtung und Arbeit mit dem Wasser entdeckt hatte, barg mehr als nur eine preiswerte Methode des Holztransports. In den Wirbeln des Wassers steckte eine Energie, deren Nutzung die gesamte auf Explosion beruhende Technik des Zeitalters revolutionieren würde. Obwohl die ersten technischen Versuche zur Energiegewinnung durch Verwirbelung von Luft und Wasser, die er 1931/32 startete, scheiterten, waren sie nicht erfolglos: Durch die Einrollbewegung wurde das Wasser wieder in seinen »juvenilen« Zustand versetzt, wie Schauberger es nannte, mit den Qualitäten und heilenden Eigenschaften frischen, klaren Quellwassers. Er erregte Aufsehen mit seinen erfolgreichen Großanlagen, einem mit seiner »Forellenturbine« produzierten Heilwasser und wüsten Beschimpfungen der herrschenden, destruktiven Technik. Und auch sein Buch »Unsere Sinnlose Arbeit – die Quelle der Weltkrise« (1929) blieb nicht ungehört; 1934 wurde er auf Anraten des Bremer Industriellen Roselius, der an einer deutschen Lizenz von Schaubergers Patenten interessiert war, in die Berliner Reichskanzlei Hitlers geladen. Der Führer, so berichtet Schaubergers schwedischer Chronist, soll beeindruckt gewesen sein von seinen Vorschlägen – doch erst vier Jahre später, nach dem »Anschluß« Österreichs, wurde ihm mitgeteilt, daß ihm für seine Forschungen ein Etat bewilligt werde. Schauberger rief seinen Sohn Walter, der zum Flugzeugingenieur ausgebildet war, nach Nürnberg und begann in einem neuen

Forschungslabor mit Versuchen, Energie aus Wasserstrahlen zu gewinnen. Bei dicken Strahlen unter hohem Druck erzielten sie keinerlei Erfolg, bei sehr feinen Strahlen und niedrigem Druck traten aber bisweilen Spannungen von bis zu 50 000 Volt auf. Der fränkische Gauleiter Julius Streicher zeigte sich begeistert – ein gutachtender Physiker jedoch bezeichnete die Messungen als Humbug und suchte nach verborgenen (aber nicht vorhandenen) Stromquellen.

»Ob es nun die Mißgunst und der Neid der Technikerkollegen waren, oder seine Cholerik und sein eigenwilliger Charakter, die Viktor Schauberger immer wieder in Schwierigkeiten brachten, läßt sich heute«, so Petra Thorbrietz 1988, *»nicht mehr überprüfen. Einmal wurde er sogar in eine psychiatrische Klinik eingewiesen, aber gleich wieder entlassen. Auch seine Haltung gegenüber dem Dritten Reich ist nur mangelhaft belegt. Seine schwedischen Chronisten, die seinem Beispiel folgend bioenergetische Forschungslabors gründeten und bis heute betreiben, schweigen sich darüber aus. Schauberger sei, so heißt es, in das Konzentrationslager Mauthausen beordert und dort mit der Todesstrafe bedroht worden, wenn er nicht die Leitung eines Forschungslabors mit gefangenen Technikern und Physikern übernehmen wolle. Er habe ›verständlicherweise‹ letzteres vorgezogen. Fest steht nur, daß er mit den ihm unterstellten Gefangenen an einer fliegenden Untertasse arbeitete. Diese sollte durch in hochfrequente Schwingungen versetzte Luftwirbel vorwärts gezogen werden. So wenig konkrete Belege es für diese Forschungsarbeiten gibt, so sehr interessierten sie doch immer noch die Politiker der jungen Bundesrepublik, zum Beispiel den damaligen Verteidigungsminister Franz Josef Strauß, dem Schauberger 1956 berichtete: ›Ein Jahr später stieg unsere fliegende Untertasse unerwartet, nämlich schon beim ersten Versuch, an die Decke der Werkstatthalle und zerbrach. Wenige Tage später tauchte eine amerikanische Abteilung auf und beschlagnahmte alles. Nach eingehendster Untersuchung durch einen amerikanischen Offizier wurde ich in Schutzhaft genommen und neun Monate von sechs Soldaten ständig bewacht. Einen wichtigen Teil meines Geräts fanden die Russen in meiner Wohnung in Wien.‹ Die fliegende Untertasse, die im*

Labor in Leonstein bei Linz verunglückte, hatte angeblich einen Durchmesser von eineinhalb Metern, ein Gewicht von 135 kg und soll von einem Elektromotor mit 0,05 PS angestartet worden sein.«[2]

Konkreter sind die Belege über den erfolgreichen Betrieb einer Schauberger-Untertasse seitdem kaum geworden, und über die Zeit seiner SS-Mitgliedschaft und die Arbeit im KZ Mauthausen kursieren widersprüchliche Angaben. Eine Recherche von Martin Weinmann hat laut Quellenlage bei der »Zentralstelle der Landesjustizverwaltungen zur Aufklärung von NS-Verbrechen« über die Tätigkeit des von Schauberger geführten Kommandos folgendes ergeben:

Die Arbeitsgruppe war ein Außenkommando des KZ Mauthausen und existierte vom 28.9.1944 bis 29.4.1945. In den Akten wird es als »Außenkommando Wien-Schönbrunn«, als »Sonderkommando Wien« und später als »Kraftfahrtechnische Lehranstalt« (KTL) bezeichnet. Die Gruppe unter Leitung von »Hofrat Schauberger« bestand im Kern nur aus drei Häftlingen: Wolfgang Ganz Edler zu Putlitz (einem späteren »Spiegel«-Redakteur), Viktor Jezierski und Stanislav Reznicek. Drei weitere Häftlinge wurden nach einigen Wochen nach Mauthausen rücküberstellt. Darunter auch Anton Czerny, der bei einer Ermittlung der Wiener Staatsanwaltschaft »gegen unbekannte Täter im KZ Mauthausen, Außenkommando Wien-Schönbrunn« in den 60er Jahren die folgende Aussage machte:

»Im Juni 1938 wurde ich in Wien verhaftet und in das KL Dachau eingeliefert, Verhaftungsgrund: Umerziehung. Glaublich im Herbst 1938 in das KL Mauthausen überstellt. In Mauthausen bekam ich die Häftlingsnummer zugewiesen. Ich trug einen grünen Winkel. Glaublich im Ende 1944 zirkulierte im KL Mauthausen ein Schreiben des Inhaltes, jeder Häftling, der glaube, er könne durch irgendeine Erfindung zum Endsieg beitragen, möge sich melden, damit diese Erfindung ausgewertet werden könne. Ich sah in diesem Rundschreiben eine Möglichkeit zu über-

---

[2] Petra Thorbrietz: Die Magie des Tropfens, in: Kursbuch »Wasser« (1988).

leben, weshalb ich erklärte, ich hätte ein Verfahren zur Luftveredelung. Mit der so gewonnenen Luft könne man Fahrzeuge unabhängig von herkömmlichen Treibstoffen betreiben. Dieses Verfahren wurde in der Folgezeit Repulsine genannt.

Aufgrund dieser meiner Meldung wurde ich glaublich am 29. Oktober 1944 als Einzeltransport von Mauthausen zum ›Sonderkommando Wien‹ überstellt. Dort waren bereits vier Mann unter der Leitung von Hofrat SCHAUBERGER mit der Auswertung irgendeines Verfahrens beschäftigt. Bei diesen Häftlingen, die ich beim Sonderkommando Wien antraf, handelte es sich um einen gewissen Putlitz, Götz und glaublich um einen Polen oder Tschechen, auf dessen Namen ich mich aber nicht mehr erinnern kann. Die Unterbringung erfolgte in einem abgesonderten Raum in der damaligen SS-Kaserne am Rosenhügel, Wien 13. Die gesamte Leitung oblag dem Hofrat Schauberger, der teilweise eine SS-Uniform im Range eines Oberscharführers trug.

(...) Beim Sonderkommando Wien war die Behandlung sehr menschlich. Man trachtete uns nicht nach dem Leben und hat uns auch in keiner Weise schikaniert. Ich hatte in der SS-Kaserne die Möglichkeit, an meinen Modellen zu arbeiten. Sonntags kam es sogar vor, daß wir in Begleitung eines SS-Mannes die Kaserne verlassen durften, was eigentlich nicht vorgesehen war. Ich glaube, es war Anfang Jänner 1945, als ich vom ›Sonderkommando Wien‹ wieder nach Mauthausen rücküberstellt wurde.

Kurz vor mir wurde der bereits genannte Häftling GÖTZ nach Mauthausen einrückend gemacht. Den eigentlichen Grund für diese Rücküberstellung weiß ich nicht, doch nehme ich an, daß Götz, der einige Tage vor mir nach Mauthausen kam, dort erzählt hatte, daß ich anläßlich meiner Rücküberstellung zum ›Sonderkommando Wien‹ dort zwei Tage in Wien bei meiner Frau gewohnt habe. Auch der SS-Mann, der meine Überstellung durchzuführen hatte, war damals bei mir in der Wohnung. Er wurde dann später dieser wegen von Mauthausen abgelöst und glaublich an die Front versetzt. An seinen Namen erinnere ich mich nicht.

In Mauthausen wurde mir in der Tischlerei ein separierter Raum zur

Verfügung gestellt, wo ich nun bis zum 3. Mai an meiner Erfindung arbeitete. Ich war während dieser Zeit über einen SS-Kurier ständig in Verbindung mit Hofrat Schauberger, der nach der Bombardierung der SS-Kaserne mit den restlichen drei Mann irgendwo in Oberösterreich arbeitete.

Ich selbst bekam wegen des unerlaubten Besuches meiner Frau 30 Tage Bau (Bunker), mußte aber trotzdem tagsüber an meiner ›Erfindung‹ in der Tischlerei arbeiten. Mit Verbüßung von 30 Tagen Haft kam ich in Block 5. Seit dem Zeitpunkt, seit dem ich an der ›Erfindung‹ mitgearbeitet habe, war die Behandlung sehr korrekt und hat mir auch niemand nach dem Leben getrachtet. Ich glaube auch, daß den noch verbliebenen Häftlingen beim ›Sonderkommando Wien‹ nichts zugestoßen ist, da man gleichfalls an ihnen größtes Interesse hatte. (...)«

(Aussageprotokoll Anton Czerny, Kopie der »Zentralstelle der Landesjustizverwaltungen zur Aufklärung von NS-Verbrechen«)

Der Bericht ist in vielerlei Hinsicht aufschlußreich, auch wenn er, was die technischen Angaben zu den Experimenten angeht, sehr wenig aussagt. Doch er verdeutlicht, daß der Mythos von den fliegenden Untertassen der Nazis, die bis heute in vielerlei Verschwörungstheorien und dubiosen Ufo-Dokumentationen herumsegeln, sehr viel tiefer gehängt werden muß. Daß Schauberger an einer alternativen Energiegewinnung arbeitete und dabei auch erste, noch unsystematische Ergebnisse gewonnen hatte, daß sich ein derart angetriebenes Gerät tatsächlich einmal bis zur Werkstattdecke gehoben haben könnte, diese Angaben sind nach der gegebenen Quellenlage nicht zu bezweifeln. Daß er aber unter Hochdruck (und Androhung der Todesstrafe) sowie auf Weisung des Führers und der SS-Spitze an einer der Vergeltungswaffe V2 ähnlichen Wundertechnik gearbeitet hätte, läßt sich nach Czernys Aussage nicht mehr behaupten. Wenn Ende 1944, als die US-Truppen bereits Aachen erreicht hatten, an neuer Waffen- und Energietechnik gearbeitet wurde, dann unter größtem Druck und höchster Priorität – wie etwa im V2-Werk in Peenemünde, wo zahlreiche Häftlingsarbeiter ihr Leben ließen. Eine Bastlertruppe wie Schaubergers Sonderkommando mit seinen sonntäglichen Ausflügen macht dagegen eher den Eindruck, als hätte sich ein mittlerer SS-Charge den Luxus erlaubt, einem befreundeten Tüftler und Kameraden eine Experimentierwiese zuzuschanzen. Von einer Schuld und Verstrickung in NS-Verbrechen, wie sie einem Wernher von Braun und den anderen Leitern der Peenemünder Versuchsanstalt vorzuwerfen ist, kann in Sachen Schauberger nach Lage der Akten also keine Rede sein.³

Nach dem Tod seines Förderers Professor Forchheimer publizierte Schauberger vor allem in der aus der Schweizer Reformbewegung hervorgegangenen Zeitschrift »Tau«. Diese »Monatsblätter für Verinnerlichung und Selbstgestaltung, für Erkenntnis und Tat«, die über Themen wie vegetarische Ernährung, östliche Philosophie, Ökologie, zinsloses Geld, Bio-Landwirtschaft und dergleichen berichteten, räumten

---

³ In der Akte Schauberger des Archivs in Ludwigsburg (»Zentralstelle der Landesjustizverwaltungen zur Aufklärung von NS-Verbrechen«) existiert eine Kopie der Liste der Effektenkammer, auf der Gegenstände vermerkt sind, die an die Mitarbeiter des Sonderkommandos ausgegeben wurden. Viktor Schauberger hat den Empfang von 25 Schuß Gewehrmunition quittiert. Ob er als SS-Oberscharführer jemals geschossen hat, ist nicht überliefert – angesichts von Czernys eher idyllischem Bericht wäre das aber eher unwahrscheinlich. Unwahrscheinlich scheint freilich auch die naive Opferrolle, in der ihn seine Biographen, und er sich später wohl auch selbst, gerne gestellt haben. Ohne eigenes Zutun stieg man nicht in einen solchen SS-Rang auf; wie zuvor mit dem Fürsten und später mit den Bauunternehmern hatte sich Schauberger um der Realisierung seiner Entdeckungen willen offenbar auch mit dem Nazi-Regime arrangiert. Ihm daraus heute einen Strick »politischer Uncorrectness« zu drehen wäre nicht nur selbstgerecht, sondern auch unsinnig, denn auch mit diesem »Partner« – immerhin waren seit der Audienz bei Hitler elf Jahre vergangen – war Schauberger nicht entscheidend vorangekommen. Nicht weil der Führer kein offenes Ohr gehabt hätte – die natur- und erdverbundenen Gedanken dieses Waldmenschen aus seiner Heimat mögen durchaus mit Hitlers veget/arischer Blut-und-Boden-Ideologie konveniert haben –, sondern weil sich die Wissenschaft auch im III. Reich die ehernen Gesetze der Thermodynamik nicht einfach von einem hinterwäldlerischen Förster und seiner »Forellenturbine« widerlegen lassen wollte. Zumal dieser nicht müde wurde, gegen die »akademische Todestechnik« und ihre fatalen umweltzerstörerischen Auswirkungen zu poltern – auch als die grün-romantische Schollen- und Natur-Ideologie der Braunen schon längst der irrwitzigen Rationalität einer industriellen Kriegsmaschinerie gewichen war. (Für Kopien der Archivunterlagen danke ich Martin Weinmann.)

Schauberger von 1935 bis zu ihrer Einstellung Ende der 30er Jahre ein regelmäßiges Forum ein. Größere Publizität in der Nachkriegszeit verschaffte ihm erst in den 50er Jahren die Veröffentlichung »Implosion statt Explosion« des aus esoterischen Kreisen kommenden Autors Leopold Brandstätter. So gut gemeint dieses auf zahlreichen Gesprächen mit Schauberger beruhende Werk gewesen sein mag, legte es doch mit seinen Übertreibungen und Spekulationen den Grundstein für weiteres Unglück. Denn das mit Wasser und Luft betriebene Heimkraftwerk, das Brandstätter als quasi serienreife Rettung vor den heraufkommenden Gefahren des Atomzeitalters beschrieb, war über zwei Experimentalmodelle nicht hinausgekommen. Eines davon hatte nie funktioniert, und die positiven Versuchsergebnisse des anderen ließen sich nie zweifelsfrei reproduzieren. Zu wenig, um außer von Illustrierten und der Sensationspresse auch vom seriösen Fachpublikum wahr- und ernstgenommen zu werden. Zu wenig auch, um davon Modellbau, Versuchskosten, Patentrechte und Lebensunterhalt zu finanzieren. Wäre Schauberger mit seinem Sonderkommando am Kriegsende der Konstruktion eines Wirbelenergie-Motors wirklich nahe gekommen, hätten ihm die Amerikaner oder Sowjets sogleich ein unwiderstehliches Angebot gemacht – so aber saß er ohne einen Groschen da. Und gleichzeitig hatte in Hiroshima begonnen, was er mit der Gewinnung der Implosionskräfte der Natur unter allen Umständen verhindern wollte: das Atomzeitalter. Daß mit der Atomspaltung die »feuerspeiende Todestechnik« ihren fatalen Gipfelpunkt erreicht, davor hat Schauberger in seinen Schriften in den 30er Jahren sehr eindringlich gewarnt und als Alternative das Zeitalter der Biotechnik und die Nutzung der den Bewegungen des Wassers und der Luft innewohnenden Energie beschworen. Daß diese Energie vorhanden war und angesichts der atomaren Katastrophe geradezu nach Erforschung und Nutzung schrie, konnte man doch auf jeder Waldwiese sehen! Schauberger hat es in einer Betrachtung über den »Tautropfen« eindringlich beschrieben:

»Manche Menschen dürften schon die Beobachtung gemacht haben, daß die vor Sonnenaufgang bestehende Wärme einer auffallenden Kühle weicht, wenn die ersten Sonnenstrahlen auf Waldblößen fallen, der Wind umschlägt und sofort ganz andere Richtungsverhältnisse herrschen als vordem. Kommt die Sonne, so hat es den Anschein, als würden die auf Kahlschlag wuchernden Gräser wie auf Kommando zu weinen beginnen.

Zu Millionen stehen die Tautropfen wie Tränen auf den Spitzen der Gräser, die schon durch ihre Stellung allen bisher bekannten Schwerkraftgesetzen spotten, weil sie sich erst dann abwärts zu neigen beginnen, wenn diese Tautropfen warm, und dadurch, wie man allgemein annimmt, leichter werden.

Ob die Natur wirklich so boshaft ist, alles genau umgekehrt zu machen, als es unsere Gelehrten anzunehmen belieben, oder die Menschen so dumm sind, jedes Ding wirklich verkehrt zu behandeln, wird sich wohl erst entscheiden, wenn unsere Sachverständigen, die ja alles vorher messen und wiegen müssen, aufmerksam werden, daß auch die scheinbar unumstößlichen Gewichts- und Meßerscheinungen keine gleichbleibenden Fakten, sondern ewig wechselnde Funktionserscheinungen sind, die ständig nach Qualität ihre Quantitäten verändern.

Wie werden unsere Gelehrten die Köpfe hängen lassen, wenn sie einmal erfahren werden, warum die in der Kühle scheinbar schweren Tautropfen wie Kerzenflammen aufrecht stehen und sich schwer abwärts neigen müssen, wenn sie die Sonne erwärmt und sie, wie man doch annimmt, leichter werdend, jeden Halt verlieren, abfallen müßten.

Jede Quelle zeugt uns doch an, daß das Wasser um so frischer und gesünder aus ihr sprudelt, je schwerer es wird, und so wirken diese und hundert andere Beispiele wie eine einzige große Anklage oder als Beweis für den Unverstand der sogenannt wissenden Menschen. (…)

Streifen wir mit warmen und bloßen Füßen das durch levitierende und gravitierende Kräfte entstandene Wasser ab, so spüren wir ein angenehmes Prickeln, das alle Ermüdungserscheinungen in kürzester Zeit nimmt. Die sogenannte Kneipp- oder Prießnitz-Kur gibt uns doch den klarsten Beweis für die Heilkräfte des jungfräulichen Wassers, das keine abladenden Eisenleitungen berührt hat, den müden und kranken Körper gesünder macht als alle Medizinen zusammen.

Diese Tautropfen sind in Wirklichkeit unzählige Kraftquellen, die ihre organische Energie in die Luft oder in die Körper entladen, wenn sich Temperaturdifferenzen einstellen, die das Abfließen dieser Kräfte durch ein genau bestimmtes Gefälle ermöglichen (...)« (»Tau«, Nr. 151, 1936).

Wärme dehnt die Körper aus, Kälte zieht sie zusammen. Bei seinen Beobachtungen der schwebenden Forelle im Wasserfall, des schwebenden Buchenholzes, der senkrecht nach oben schwebenden Tautropfen hatte Schauberger gelernt, daß Wasser von diesem Grundsatz der Physik in entscheidender Weise abweicht: Es ist nicht bei 0 Grad, sondern bei 4 Grad am schwersten. Und es entwickelt in der Bewegung nicht nur nach außen gerichtete, zentrifugale Kräfte, sondern auch zentripedale, nach innen gerichtete. Diese Kräfte sorgen für das Temperaturgefälle und hielten den schweren Tautropfen oben, oder für den Sog, der die Forelle levitierte und meterweit fliegen ließ. Für den Naturmenschen Schauberger war diese Kraft klar, sichtbar und spürbar, der Praktiker und Naturwissenschaftler Schauberger aber, und dies mag seine Verbitterung mit zunehmendem Alter erklären, ist an der finalen Umsetzung und Übersetzung dieser Erkenntnisse gescheitert. Dies zuzugeben mindert seinen Rang als einer der größten Naturforscher dieses Jahrhunderts keineswegs. Die von Callum Coates 1996 vorgelegte Gesamtschau seiner Erkenntnisse und Forschungen belegt vielmehr, daß die Wissenschaft der Zukunft mit dem Werk dieses Weisen aus den Wäldern einen Schatz zu bergen hat. Und die Zeit scheint endlich reif dazu: Das Denken in offenen Systemen, die Prinzipien der Selbstorganisation, die Erforschung des dynamischen Chaos und der Turbulenz, die Gaia-Theorie von der Erde als Super-Organismus. Was dieser Förster zu Beginn des Jahrhunderts an den

Bergbächen der Alpen beobachtet und in eigenwilliger Terminologie beschrieben hat, steht heute in vielen wissenschaftlichen Fachgebieten im Zentrum des Interesses[4]:

- Die Lebensenergie, deren physikalische Auswirkungen Schauberger im Temperaturgefälle der Wasserwirbel entdeckt hatte, gilt längst nicht mehr als esoterisch-vitalistischer Hokuspokus, sondern findet auch in der westlichen Medizin, wo Akupunktur und Homöopathie selbstverständlich geworden sind, breite Anerkennung. Die erst seit den 70er Jahren mögliche Biophotonenmessung bestätigt Schaubergers Unterscheidung zwischen »lebendigem« und »totem« Wasser.[5]

- Die verborgene, »implodierende« Energie des Wassers, deren Quelle Schauberger in der Einrollbewegung der Materiewirbel sah und die er in seinen Heimkraftwerken reproduzieren wollte, ist mittlerweile als »kalte Kernfusion« experimentell bewiesen worden. Der Skandal, den zwei britische Forscher Anfang der 90er Jahre mit der »Kernfusion im Wasserglas« machten, ist nur unter den Teppich gekehrt, aber längst nicht beigelegt. Zwar haben sich die wichtigsten Organe des wissenschaftlichen Mainstreams und die meisten Medien geeinigt, die kalte Fusion als Ding der Unmöglichkeit zu betrachten, die Forschung aber geht verstärkt und erfolgreich weiter. 1994 haben 92 Forschungsteams in zehn Ländern die kalte Kernfusion reproduziert und dabei einen Energieüberschuß gemessen. Das

---

[4] *Callum Coates: Living Energies - Viktor Schaubergers brilliant work with natural energy (1996).*

[5] Seit 1988 sorgt der französische Biochemiker Jacques Beneviste mit Experimenten für Aufregung, die ein »Gedächtnis des Wassers« auch dann noch dokumentierten, wenn durch homöopathische Verdünnung statistisch kein Molekül der ursprünglichen Lösung vorhanden ist. Die Resultate schienen die Erfahrungen von Homöopathen zu bestätigen und hätten bei Anerkennung durch die Fachwelt eine Revision der biochemischen Grundlagenforschung bedeutet. Nach der Veröffentlichung eines ersten Fachartikels von Beneviste in *Nature* brach ein Sturm der Entrüstung los, kurz darauf sah sich die Zeitschrift bzw. die Resultate des angesehenen und hochqualifizierten Wissenschaftlers als »Betrug« zu entlarven. Vgl. *Michel Schiff: Das Gedächtnis des Wassers – Homöopathie und ein spektakulärer Fall von Wissenschaftszensur (1997).*

japanische Energieministerium stellte 25 Millionen Dollar für die weitere Erforschung zur Verfügung.[6]
- Die technische »Wasserbelebung«, die Schauberger erstmals praktizierte, wurde mittlerweile mit magnetischen Hochfrequenzspannungen optimiert. Die meßbaren Erfolge dieses belebten Wassers, das heute schon in einigen großen Industriebetrieben Anwendung findet, bedeuten einen weiteren technischen Durchbruch seiner Ideen. Die extreme Verbesserung des Korrosionsverhaltens und des mikrobakteriellen Klimas in Rohrsystemen durch Vorschaltung einer Apparatur zur Wasserbelebung ist vielfach nachgewiesen. Auch die erstaunlichen medizinischen Wirkungen »belebten Wassers« werden längst nicht mehr als Hokuspokus und Placebo-Effekt abgetan.[7]
- Die höhere Ordnung, die Schauberger in den scheinbar chaotischen Wasserbewegungen entdeckte, ist mittlerweile als »dissipative Struktur« allgemein anerkannt, obwohl sie gegen den Zweiten Hauptsatz der Thermodynamik verstößt. Diese »dissipativen Strukturen« sind in der Lage, auch äußerst unwahrscheinliche, unstabile Zustände über lange Zeit aufrechtzuerhalten, und das vom Zweiten Hauptsatz treffend vorausgesagte Anwachsen von Chaos in neue Ordnungsstrukturen umzusetzen. Wir haben gesehen, daß solche selbstorganisierten Strukturen überall auftauchen: im Wachstum

---

[6] Über das Wegerklären der vielfach reproduzierten »kalten Fusion«, mit der die Professoren Martin Fleischmann und Stanley Pons »Energie im Wasserglas« gewannen, vgl. *Richard Milton: Verbotene Wissenschaft (1994), S. 39 f.* Ähnlich wie die Debatte um das Wassergedächtnis, siehe Anm. 5, geht es bei dem Streit um die Möglichkeit kalter Fusion um einen Glaubenskrieg. Die unbestreitbaren Anomalien, die Fleischmann/Pons (und auch Beneviste) dokumentiert haben, müssen vom szientifischen Establishment als Betrug und pathologischer Unsinn wegerklärt werden, da ihre Existenz und weitere Aufklärung dem herrschenden Naturverständnis das Fundament entziehen würde.

[7] Vgl. *Hans Kronberger/ Siegbert Lattacher: Auf der Spur des Wasserrätsels (1995).* Die Autoren dokumentieren an vielen Beispielen die technischen und medizinischen Eigenschaften »belebten« Wassers.

von Zellen, Termitenbauten oder von Städten, bei der Bildung von Sternen und Galaxien oder der chemoelektrischen Signalübertragung des menschlichen Gehirns sowie natürlich in allen Fließbewegungen und Wirbeln.

Über das klotzmaterialistische physikalische Weltbild und sein Billardmodell der Atome, das zu Schaubergers Zeiten die physikalischen Lehrstühle dominierte, sind wir heute hinaus. Daß die Materie nicht fein säuberlich aus Quark-Legosteinchen aufgebaut ist, sondern aus chaotisch tanzenden Energiewirbeln; daß in diesem subatomaren Bereich eine (nach den Gesetzen der Relativitätstheorie unmögliche) Kommunikation in Überlichtgeschwindigkeit vonstatten geht; daß es ein solches vorauseilendes Medium sein muß, welches die Selbstorganisation von Wirbeln und Vogelformationen, von Zellverbänden und Blutkreisläufen sowie des gesamten Planeten ermöglicht – alle diese Erkenntnisse sind mittlerweile fester Bestandteil eines emergierenden neuen Weltbilds. Da zum Beispiel »dissipative Strukturen« eindeutig gegen den ehernen Zweiten Hauptsatz der Thermodynamik verstoßen, sollte es keinen Hinderungsgrund geben, Schaubergers Entdeckung der »zykloiden Raumkurvenbewegung« als legitimen Vorläufer anzuerkennen. Der Wirbel setzt den Zweiten Hauptsatz außer Kraft und »springt« in eine höhere Ordnung, die im Falle des Wasserwirbels in einer niedrigeren Temperatur und höherer Dichte besteht. Dieses Prinzip nach dem Motto »kapieren und kopieren« verstanden und mit seiner technischen Umsetzung begonnen zu haben, ist die fundamentale Pionierleistung des Viktor Schauberger. Er hat die »dissipativen Strukturen«, die magische selbstorganisierende Kraft der Natur nicht nur erkannt, sondern auch erfolgreich angezapft. Doch seine großen Erfolge beim Holztransport im Wasser- und Landbau und in vielen anderen Bereichen reichten nicht aus, seinen eigentlichen, revolutionären Erfindungen zum Durchbruch zu verhelfen. Dieses Schicksal teilt Viktor Schauberger mit zwei weiteren großen Pionieren seiner Zeit: Wilhelm

Reich und Nicola Tesla.[8] Wie er hatten sie bei ihren Experimenten »physikalisch unmögliche« Energien entdeckt – der Physiker Tesla im Makrobereich der Erdschwingungen, der Arzt Reich im Mikrobereich der lebenden Zelle – und waren am wissenschaftlichen Establishment (und am militärisch-industriellen Komplex) ihrer Zeit gescheitert. Schauberger brach Anfang der 50er Jahre zum letzten Abenteuer seines Lebens in die USA auf, wo er im Auftrag eines Industriellen und isoliert in einem texanischen Camp seine Implosionsmaschine bauen sollte. Schauberger überlebte seine Rückkehr nur wenige Tage. Krank und verbittert starb der Aquasoph und Wasserzauberer 1958 in Linz.

Bis heute harren Gesamtwerk und Pionierleistung des Naturforschers Schauberger der Entdeckung, und die Zeit scheint in der Tat reif, seine Erkenntnisse und Ergebnisse, vom Staub der Legende, des Mythos und der Verschwörungstheorien befreit, wieder zum Gegenstand ernsthafter Forschung zu machen. Aufgehört hat sie auch nach seinem Tod nicht; sein Sohn und viele andere von Schauberger inspirierte Geister haben sie fortgesetzt, doch über den Status einer Grenzwissenschaft ist diese Energieforschung bisher nicht hinausgekommen. Der Grund dafür liegt *nicht* darin, daß keine aufsehenerregenden und verblüffenden Resultate vorlägen, sie geht vielmehr zurück auf ein Diktum der französischen »Akademie der Wissenschaften«, die im Jahre 1775 dekretierte, daß ein Perpetuum mobile, »die Konstruktion einer perpetuellen Bewegung absolut unmöglich« sei und sie sich fortan »mit diesen Dingen nicht mehr beschäftigen« werde. An diesen Grundsatz der Energieerhaltung, der später im Zweiten Haupsatz der Thermodynamik zementiert wurde, halten sich bis heute alle Patentämter der Welt. Auch Schauberger ist mit dem Kernstück seines

---

[8] Vgl. *John O'Neill: Tesla – Das Leben des genialen Erfinders Nicola Tesla (1997), Wilhelm Reich: Die Bionexperimente – Zur Entstehung des Lebens (1995).*

Heimkraftwerks, dem Wendelrohr, bei den Patentämtern stets auf Schwierigkeiten gestoßen: Wenn diese Energieerzeugung aus der einrollenden Bewegung funktionierte, so argumentierte man, dann sei dieses Prinzip keine Erfindung im Sinne des Patentgesetzes, sondern die Entdeckung eines Naturgesetzes.

Die Anerkennung der lebenden Energie des Wassers, die Schauberger in den Wirbeln der Bergbäche und den Tautropfen der Wiesen entdeckt hat, wäre für die herrschende Lehrmeinung der Physik insofern kein Dammbruch, als sie nur nachvollzieht, was sich seit Heisenberg an ihren Grundlagen ohnehin schon vollzogen hat: ein Paradigmenwechsel.

Die konventionelle Grenze zwischen Geist und Materie hat begonnen, durchlässig zu werden, und sie deutet – gegen die starren, objektivistischen Konzepte ewiger Naturgesetze – auf etwas Neues hin: ein Netz aus lebendig fließender Energie. Schauberger ist dem Rätsel auf die Spur gekommen, woher die Natur dieses Reservoir an Energie schöpft. Es ist eine bestimmte, nach innen gerichtete, spiralförmige Bewegung, die von der Gestaltung der Sternenhaufen, über die Wasserläufe und Meere bis in den Teilchen-Tanz im subatomaren Bereich die dominierende Bewegungsform des Universums darstellt: der Wirbel.

»Zusammen gehören Ganzes und Nichtganzes, Übereinstimmendes und Verschiedenes, Einklang und Dissonanzen, und aus allem wird Eines und aus Einem alles«, schreibt Heraklit im 6. Jahrhundert v. Chr. »Über die Natur«. Von ihm stammt auch der Satz, der als Zen-Motto dieses Wasser-Rätsels gelten muß: »Man steigt nicht zweimal in denselben Fluß.« Warum? Weil der Fluß sich dauernd ändert. Weil er nicht mehr derselbe ist? Weil man selbst nicht mehr derselbe/dieselbe ist? »Alles fließt!«

»Wir haben bestimmte Vorurteile über unsere Lokalisierung im Raum, die von affenähnlichen Vorfahren an uns überliefert wurden.«

Sir Arthur Eddington

»Außer in der Musik ist uns beigebracht worden, Strukturen als etwas Festes zu denken. So ist es natürlich einfacher, aber das ist alles Unsinn.«

Gregory Bateson

4

Der Mond ist nicht da, wenn niemand hinsieht
Über Wissenschaft und Wirklichkeit
in einem beobachtergeschaffenen Universum

Im August 1986 wurde der Schriftsteller Robert Anton Wilson in Boulder (Colorado) eingeladen, einige »brain machines« auszuprobieren, Geräte, die mit elektromagnetischen, optischen oder akustischen Signalen auf die Gehirnwellen einwirken. Sie machen sich die Eigenschaft zunutze, daß das menschliche Hirn sich nach kurzer Zeit auf eine von außen vorgegebene Frequenz einschwingt und daß mit unterschiedlichen Hirn-Frequenzen unterschiedliche geistige Zustände einhergehen. So löst eine hohe Beta-Frequenz (um 40 Hertz) Euphorie aus, Alpha-Frequenzen (um 10 Hertz) wirken entspannend und beruhigend, eine Dominanz von Theta-Wellen (4 bis 8 Hertz) entspricht einem Zustand tiefer Meditation. Viele Probanden schlafen bei dieser Frequenz ein. Auch Wilson, angeschlossen an ein Gerät namens »Pulstar« und gleichzeitig an ein EEG, hatte im Theta-Bereich mit dem Schlaf zu kämpfen:

»Bei 7,5 Hertz befand ich mich in einem Zustand, den ich normalerweise nur mit großen Schwierigkeiten erreiche, einem entspannt-wachen Bewußtsein, das ein Zen-Meister einmal als ›ganz wie im gewöhnlichen Leben, aber ungefähr einen Fuß über dem Boden‹ beschrieben hat. Beim weiteren Absinken der Frequenz wurde ich immmer entspannter, aber immer weniger aufmerksam, und es war schwer, nicht einzudösen. Gleichzeitig begann ich ein Kaleidoskop vager psychedelischer Bilder zu sehen, in denen das Ich wie eine dauernd wechselnde Funktion erschien. Ich konnte den speziellen Vorwurf des Zen an den Buddhismus mit Händen greifen, der besagt, daß Reinkarnation (›sterben‹ und ›wiedergeboren‹ werden) etwas ist, das tausend Mal pro Sekunde stattfindet.

Bei 4,0 Hertz hatte ich eine klassische ›Out of Body‹-Erfahrung und fühlte mein Bewußtsein als beweglichen Punkt, der sich aus dem Labor bewegte, über die Rocky Mountains hoch an den Nordpol flog, über Island hinwegglitt und die Halbinsel Howth in Irland erforschte (wo ich fast das ganze Jahr verbracht hatte). Das Aufregendste an diesem Trip kam für mich, nachdem ich in das Labor ›zurückgekehrt‹ war. Michael Hercules hatte ein EEG gemacht: kein Alpha, kein Beta, kein Delta, kein Theta, keine einzige Gehirnwelle. Das EEG eines toten Mannes... Ich habe ›Out of Body‹-Erfahrungen seit 1963 und wußte nie genau, was ich davon halten sollte. Als ich mir die flache Linie, die ›toten‹ Gehirnwellen während meines Pulstar-›Ausflugs‹ anschaute, hatte ich das Gefühl, zwar mehr zu wissen, aber immer weniger zu verstehen. Was immer diesen Trip über den Pol nach Irland verursacht hat, mein Gehirn war offensichtlich nicht beteiligt.«[1]

Es geschah in einer Nacht Mitte der fünfziger Jahre: Robert Mon-

---

[1] *Robert Anton Wilson:* Adventures with Head Hardware, in: *Magical Blend, 23/1989*; ein Bericht Wilsons (Meine Erfahrungen mit Brainmachines) findet sich auch in: *Lutz Berger, Werner Pieper (Hrsg.):* Brain Tech, Mind Machines & Bewußtsein (1989); alles weitere zum Thema Brain Tech bei *Michael Hutchinson:* Mega Brain – Geist und Maschine (1989); alles weitere zum Thema Wilson in: ders.: Cosmic Trigger (1982) und Der neue Prometheus (1989).

roe, Leiter einer großen Produktionsfirma, hatte sich in letzter Zeit etwas seltsam gefühlt. Immer wieder spürte er merkwürdige kleine Vibrationsstöße, die wie schmerzlose Elektroschocks durch seinen Körper hindurchschossen. Auch jetzt, im Bett neben seiner schlafenden Frau, hinderten sie ihn am Einschlafen. Um sich nicht weiter zu ängstigen, richtete er seine Gedanken auf den nächsten Tag, da stieß seine Schulter plötzlich an einen harten Gegenstand. Er drehte sich um und streckte die Hand aus, um den Gegenstand zu befühlen, und stellte fest, daß er unter der Zimmerdecke schwebte: Zwei Gestalten lagen da unten auf dem Bett. Die eine war seine Frau. Ein komischer Traum, dachte Monroe, mit wem liegt sie denn da im Bett? Er sah genauer hin: Der Mann im Bett war er selbst.

Zum Glück war Bob Monroe kein Wissenschaftler, sonst hätte er seine erste Reise außerhalb des Körpers vermutlich als rein »subjektive« Halluzination abgetan und nicht weiter ernst genommen. Er war auch keine empfindsame Persönlichkeit, die das Ereignis als Trauma aufgefaßt und beim Psychiater Rat gesucht hätte, und zum Glück auch kein spirituell oder mystisch bewanderter Mensch, dem dieser Zustand als selbstverständliche »Astralreise« vorgekommen wäre. Monroe war ein bodenständiger amerikanischer Unternehmer, der beschloß, der außergewöhnlichen Sache auf den Grund zu gehen und – nach dem Motto: »Wenn's funktioniert, nehmen wir's« – etwas Praktisches daraus zu machen. Er versuchte die Vibrationen, die sich oft vor dem Einschlafen einstellten, zu kontrollieren und lernte, sich gezielt in diesen »zweiten Zustand« zu versetzen. Seine Erlebnisse auf diesen Reisen notierte er in einem Tagebuch, und nachdem er sie vielfach wiederholt hatte und überzeugt war, daß er nicht an Halluzinationen litt oder sonst irgendwie verrückt war, berichtete er Freunden davon. Anfang der 70er Jahre veröffentlichte Monroe ein erstes Buch über seine Erfahrungen und gründete ein Institut, an dem er die Möglichkeit der Induzierung seiner außerkörperlichen Erfahrungen durch akustische Schwingungen untersuchte. Diese, so hoffte er, könnten vielleicht zu den Vibrationen führen, die für ihn wie eine Startbahn zum Verlassen des Körpers fungierten. 1975 wurde ein am Monroe-Institut entwickeltes Verfahren patentiert, mit dem das Gehirn über Klänge aus einem Stereokopfhörer auf bestimmte Frequenzen eingeschwungen werden kann; durch Schwingungen im Theta-Bereich, so fand man heraus, werden außerkörperliche Erfahrungen wesentlich erleichtert. Diese Entdeckung brachte für das Institut den Durchbruch. Für Robert Monroe hat es nicht nur »funktioniert«, er hat auch etwas Praktisches aus seiner Erfahrung gemacht und ist heute ein erfolgreicher »Bewußtseins-Unternehmer«. Und immer noch, seit jener Nacht in der Fünfzigern, ein anderer Mensch. Einer, der am Eingang seines High-Tech-Ashrams in Virginia in Jeans und kariertem Farmer-Hemd freundlich die Reporter empfängt, von denen er weiß, daß sie ihm seine Geschichte garantiert nicht glauben. »Sie wollen uns doch nicht im Ernst weismachen, daß jeder Mensch lernen kann, seinen Körper zu verlassen und in diesen Parallel-Welten herumzureisen?« »Es ist ganz leicht, Sie werden ja sehen«, sagt Monroe – und lächelt.[2]

Im selben Augenblick, als John und Lisa in einem Hotel in San Diego mit dem Liebesakt begannen, schlug fünf Meilen entfernt, in einem Labor in der Innenstadt, ein Zeiger aus. Er gehörte zu einem Meßgerät, das die elektrische Aktivität einer Lösung weißer Blutkörperchen überwachte, die Lisa einige Stunden vorher dort gespendet hatte. Nach Beendigung der Zärtlichkeiten im Hotel gehen die Fluktuationen in der elektrischen Spannung zurück. In der Nacht,

---

[2] *Robert Monroe: Der Mann mit den zwei Leben – Reisen außerhalb des Körpers (1981)* und *ders.: Der zweite Körper (1987)*. Auf die Frage, ob es sich bei dem Raum, in dem er seine Reisen außerhalb des Körpers unternehme, nur um einen mentalen und nicht den physikalischen Raum handele, antwortet Monroe: »*Ich stimme zu, daß dies eine Möglichkeit sein könnte, außer bei bestimmten Dingen. Wie könnte ich im ›out-of-body‹-Zustand jemanden in 200 Meilen Entfernung besuchen und ihn ›kneifen‹ ... und er hat später genau an derselben Stelle einen blauen Fleck?*« Aus einem Interview mit Nevill Drury, in: *Nevill Drury: The Visionary Human – Mystical Consciousness & Paranormal Perspectives (1991)*.

während die beiden schlafen, zeigt der Ausdruck keinerlei Aktivität, um dann wieder abrupt anzusteigen – genau zu dem Zeitpunkt, als sich das Versuchspaar der sexuellen Morgengymnastik hingibt.

Was klingt wie der Anfang einer Science-Fiction-Story gehört zum Laboralltag im Institut von Cleve Backster. In den 60er Jahren war Backster ein hoher Angesteller der amerikanischen Regierung; er hatte den Polygraphen mitentwickelt, ein als »Lügendetektor« bekannt gewordenes Gerät, das Veränderungen des elektrischen Widerstands der Hautoberfläche registriert. Als führender Experte auf diesem Gebiet unterrichtete er Polizei- und Sicherheitsbeamte aus aller Welt im Gebrauch von Lügendetektoren, so auch an jenem Tag im Jahr 1966, der sein Leben von Grund auf verändern sollte. In seinem Büro am New Yorker Times Square hatte er die Elektroden eines Lügendetektors an die Blätter einer Zimmerpflanze angeschlossen und einen Ausschlag registriert, als er nur daran *dachte*, die Pflanze zu gießen. Sie zeigte dieselben Reaktionen wie ein Mensch, der bei einem Lügentest eine starke Emotion empfindet. Um sicherzugehen, führte Backster sofort ein weiteres Experiment durch: Er beschloß, eines der Pflanzenblätter mit einem Streichholz zu verbrennen. In dem Moment, als er diesen Entschluß faßte und bevor er ein Streichholz greifen konnte, sprang die Spannungskurve steil nach oben. Der Lügendetektor-Experte hatte den »Backster-Effekt« entdeckt, die sinnliche Wahrnehmungsfähigkeit von Pflanzen, und er gab seinen Job auf, um zu einem Erforscher der Biokommunikation zu werden. Zahlreiche Experimente in den vergangenen 25 Jahren haben Backsters erstaunliche Resultate bestätigt, viele davon beschreiben Peter Tompkins und Christopher Bird in ihrem klassischen Buch »Das geheime Leben der Pflanzen«, ohne dabei zu verschweigen, daß diese Experimente bei einigen Forschern absolut nicht funktionieren wollten. Zwar führen Backster und seine Kollegen dies auf mangelnde Einfühlung gegenüber den Pflanzen zurück, weil aber »Empathie«, »Gefühl« oder »Liebe« als Parameter naturwissenschaftlicher Experimente nicht zugelassen sind, ist der »Backster-Effekt« heute kein Hauptfach der Botanik, sondern gilt nach wie vor als Parapsychologie.³

»*Übersinnliche Wahrnehmung und Ähnliches ist in meinen Augen mit Wissenschaft grundsätzlich unvereinbar. Sie ist so indiskutabel, daß für mich Leute, die ihre Zeit damit verbringen, sie zu erforschen, von Wissenschaft nicht viel verstanden haben. Und daher habe ich auch keine Geduld mit ihnen. Anstatt sie in wissenschaftliche Gesellschaften aufzunehmen, würde ich sie lieber rauswerfen.*« (Douglas Hofstadter)

»*Die Ergebnisse der in diesem Buch sorgfältig und deutlich beschriebenen telepathischen Experimente stehen sicher weit außerhalb desjenigen, was ein Naturforscher für denkbar hält. Andererseits aber ist es bei einem so gewissenhaften Beobachter und Schriftsteller wie Upton Sinclair ausgeschlossen, daß er eine bewußte Täuschung der Leserwelt anstrebt. (...) Keinesfalls also sollten die psychologisch interessierten Kreise an diesem Buch achtlos vorübergehen.*« (Albert Einstein)

Der amerikanische Schriftsteller Upton Sinclair veröffentlichte 1930 ein Buch über die telepathischen Fähigkeiten seiner Ehefrau, *Mental Radio (Radar der Psyche)*. Daß Albert Einstein, ein Freund der Familie, ein Geleitwort dazu schrieb, war mehr als nur ein Freundschaftsdienst. Er hatte sich selbst von Craig Sinclairs merkwürdigen Fähigkeiten überzeugt. Und er zeigte sich ihnen gegenüber ebenso interessiert und aufgeschlossen wie einige Jahre später gegenüber der Katastrophen-Theorie des Kosmologen Immanuel Velikovsky (siehe Kapitel 8). Während das amerikanische Wissenschafts-Establishment Velikovskys Verlag unter Druck setzte, um das Erscheinen seines Buchs (»Welten im Zusammenstoß«) zu verhindern, trat der Physiker mit ihm in einen ausführlichen Briefwechsel. Auch wenn Velikovskys

---

³ Die Geschichte von John und Lisa erzählt Brian O'Leary: *Exploring Inner and Outer Space (1989)*; das Experiment beschreiben Cleve Backster/Stephen G. White: *Biocommunications Capability: Human Donors and In Vitro Leukocyts*, in: International Journal of Biosocial Research, Vol 7. (1985).

These die allgemein anerkannte Evolutionsgeschichte der Erde auf den Kopf stellte – Neugierde und Offenheit waren für einen Naturforscher wie Einstein selbstverständlich. Eine neue Generation von Wissenschaftlern hält das indessen nicht davon ab, Querdenker wie Velikovsky nach wie vor als »Störer« zu empfinden und, wie Douglas Hofstadter, für Rausschmiß zu plädieren. Ob es nun eine Theorie über die Zusammenstöße mit Himmelskörpern oder die Wahrnehmungsfähigkeit von Pflanzen, ob es die Gedankenübertragung von Menschen oder die Reisen in einem zweiten Körper betrifft – wenn etwas über den Tellerrand des »Normalen« hinausgeht, bleibt nichts anderes, als den Gordischen, nein, natürlich den *Goedelschen Knoten* »sauber durchzuhauen«; auf daß die Wissenschaftler-Welt fein sauber und weiterhin mit ein paar Logeleien und Paradoxerchen kolumnenweise erklärbar bleibe. »Ich bin nicht offen für das Paranormale«, erklärt Hofstadter, »hier offen zu sein ist meiner Meinung nach ebenso falsch wie die Frage, ob die Nazis im Zweiten Weltkrieg sechs Millionen Juden umgebracht haben.« Der Psychologe und Schriftsteller Wilson, der Unternehmer Monroe, der Polizeibeamte Backster, der Gewerkschaftler Sinclair, der Jude Einstein – alle eine Art »Auschwitzlügner«? Wer mit solchen Totschlagargumenten operiert, entlarvt sich selbst als Phänotyp eines Rationalismus, der in seinem Glauben an die Absolutheit der bekannten Naturgesetze der Irrationalität verfallen und gegenüber der eigenen Skepsis unskeptisch geworden ist.[4]

Über der Eingangstür zum Landhaus des Quantenphysikers Niels Bohr war ein Hufeisen an die Wand genagelt. Einen Besucher regte dies zu der Frage an, ob der Professor im Ernst daran glaube, daß ein

---

[4] *Douglas Hofstadter: Metamagicum – Fragen nach der Essenz von Geist und Struktur (1988)*, die Ausfälle des Einfallsreichen finden sich auf *Seite 119 ff.*; Upton Sinclair: *Radar der Psyche (1990)*; einen Überblick über die Velikovsky-Affäre gibt *Alfred de Grazia: Immanuel Velikovsky – Die Theorie der kosmischen Katastrophen (1979)*; der Briefwechsel Einstein/Velikovsky in: *Neues Lotes Folum 2 (1976)*. Zur Velikovsky-Affäre siehe Kapitel 8.

Hufeisen über der Haustür Glück bringe. »Nein«, war die Antwort Bohrs, »ich halte bestimmt nichts von diesem Aberglauben. Aber wissen Sie«, fügte er hinzu, »man sagt, es bringt auch dann Glück, wenn man gar nicht daran glaubt.«

Seit den Entdeckungen von Planck, Einstein, Heisenberg und Bohr, die in den 20er Jahren dieses Jahrhunderts die Quantentheorie begründeten, ist die Physik in einer ähnlichen Lage wie dieses Hufeisen. Sie »funktioniert«. Neben ihrer erstaunlichen Fähigkeit, subtile Angelegenheiten des Lichts und der Atomstruktur vorherzusagen, hat die Quantentheorie einen ganzen Berg philosophischer Probleme aufgeworfen oder besser gesagt: ins Rutschen gebracht. Denn die Physiker haben darüber ihre Grundlage verloren, den Halt in der Wirklichkeit. Sie wurden aus einem jahrtausendealten dualistischen Denkmuster gerissen, der Annahme einer außerhalb des Menschen existierenden »objektiven Realität«. Die realitäts-nostalgischen Beschwörungen Albert Einsteins – »Wirklichkeit ist das wirkliche Geschäft der Physik« – halfen nichts, die Quantentheorie war keine kurzfristige, bizarre Verirrung, sie wurde wieder und wieder bestätigt. Daß dies den Physikern das Geschäft mit der »wirklichen« Wirklichkeit grundlegend verdorben hat, ist eines der bestgehüteten Geheimnisse der Wissenschaft.[5]

»Das Atom ist kein Ding!« – 1927 hatte Werner Heisenberg entdeckt, daß die Bahn eines Elementarteilchens erst dadurch entsteht, daß man nach ihr Ausschau hält. Sucht der Beobachter statt dessen nach einer Frequenz, verhält sich das »Teilchen« plötzlich als »Welle«, als eine im Raum ausgebreitete Schwingung oder Frequenz, die über keinen definierbaren Ort, geschweige denn eine exakte »Bahn« verfügt. Dieser fundamentale Unterschied aber – und dies brachte den Berg ins Rutschen – liegt nicht im Quantenstoff selbst begründet, son-

---

[5] Vgl. Nick Herbert: *Quantenrealität – Jenseits der neuen Physik (1990)*.

dern in dem, was der Beobachter zu sehen beliebt. Im unbeobachteten Zustand existieren sowohl Teilchen als auch Wellen in einer Art »Wahrscheinlichkeitswolke«, einem virtuellen Set von Möglichkeiten, aus dem sich erst dann eine Wirklichkeit kristallisiert, wenn ein Beobachter Maß nimmt. Dieser erkenntnistheoretische Schock – »Wer von der Quantentheorie nicht entsetzt ist, hat sie nicht verstanden« (Niels Bohr) – wird auch noch nach 60 Jahren in leutseliger Form als »Meßproblem« an den Mann gebracht: Die subatomaren Ereignisse seien eben so subtil, daß unsere groben Instrumente sie zwangsläufig beeinflußten, in der makrokosmischen Welt hingegen sei alles nach wie vor in bester Newtonisch-Einsteinscher Ordnung.[6]

Tatsächlich kann von einer Welt »da draußen« nicht mehr die Rede sein: Auch Lastwagen oder Wolkenkratzer zeigen im Prinzip Quanteneigenschaften, nur machen ihre kurzen Wellenlängen es unmöglich, diesen Effekt zu beobachten. Über das, was »da draußen« wirklich ist, kann die Physik keine eindeutige Antwort geben, selbst wenn es sich um gewöhnliche, materialistische Objekte wie Wolkenkratzer handelt: Unbeobachtet können sie nicht als Objekt, sondern nur als Welle von Möglichkeiten beschrieben werden, ein vibrierendes Potential »zwischen Idee und Faktum« (Heisenberg), das erst im Augenblick der Be-

---

[6] Sir Karl Popper etwa sieht keinen Grund, »von der klassischen, naiven und realistischen Auffassung abzuweichen, daß Elektronen und andere subatomare Partikel eben nichts anderes sind als Partikel (Teilchen)...« *(Karl Popper: »Ausgangspunkte« (1979), S.132)* – was aber nur bedeutet, daß dem »Kritischen Rationalismus« allenfalls noch soviel Sympathie gebühre wie einem zurückgebliebenen Verwandten, der seine Zeit überlebt hat. Über den Rückschritt, den Poppers irr(atio)naler Rationalismus gegenüber den in den 20er Jahren von Bohr und Heisenberg entwickelten erkenntnistheoretischen Positionen bedeutete, vgl. *Paul Feyerabend: Irrwege der Vernunft (1989), S. 236 ff.* Daß die »Poppersche Pidgin-Wissenschaft« (Feyerabend) zu philosophischen Groß-Ehren gelangte, während Bohrs »Kopenhagener Deutung« als fixe Idee weg»rationalisiert« wurde, lag an dem Erkenntnis-Schock der Quantenrealität selbst: Wer diesen doppelten Boden der Tatsachen noch »kritisch-rationalistisch« beschreiben wollte, mußte reden wie ein Mystiker oder Irrer. Weiter »Realist« zu bleiben und »kritisch-rationalistische« Diskurse zu führen, ging nur um einen Preis: Die Wissenschaft hatte den Boden der Naturtatsachen zu verlassen und dem *Glauben* zu verfallen, etwa dem Dogma, daß Teilchen eben Teilchen sind und sonst gar nichts.

obachtung aus seinem halb-realen Dämmerzustand in eine konkrete Form springt.[7]

Hätten wir mehr Zeit, wäre es durchaus möglich, die Quantensprünge eines Granitmassivs zu beobachten: »Selbst die starrsten Materialien können ihre Formen oder ihre chemischen Strukturen nicht über (lange) Zeiten erhalten ... In einem Zeitraum von 10^{65} Jahren verhält sich jedes Felsstück wie eine Flüssigkeit und nimmt unter dem Einfluß der Gravitation Kugelform an. Seine Atome und Moleküle werden endlos damit fortfahren, wie die Moleküle in einem Tropfen Wasser herumzuschwirren«, schreibt der Kosmologe Freeman Dyson (»Zeit ohne Ende – Physik und Biologie in einem offenen Universum«, 1989), und Rolf Herken fügt im Nachwort diese Überlegungen hinzu: »Als Individuen verfügen wir niemals über ausreichend Zeit. Daher können unsere Reisen eigentlich nur phantastisch sein – eine Form des Reisens, die heute eher in Vergessenheit zu geraten scheint, und deren Aufleben nicht gerade in der exakten Naturwissenschaft erwartet wird. Aber den Gesetzen der Relativitätstheorie zu gehorchen, stellt einen zeitaufwendigen Luxus dar, den sich das bewußte Denken nicht leisten kann.«

Mit Chuck Berry zu sprechen: »Roll over Einstein ... and tell Podolsky the News« – zusammen mit seinen Kollegen Boris Podolsky und Nathan Rosen hatte Einstein 1935 versucht, die Quantentheorie und ihre Behauptung, daß physikalische Realität erst durch einen Beobachter geschaffen wird, ad absurdum zu führen. Das unter dem Namen Einstein-Podolsky-Rosen-Paradox berühmt gewordene Experiment war kein praktischer Versuch, sondern ein Gedankenexperiment: Zwei Lichtteilchen (Photonen) werden in einem verwickelten Zustand, den man »parallele Polarisation« nennt, in entgegengesetzte Richtungen des Universums geschleudert. Weil ihre Phasen miteinander verwickelt sind, hängt die Phase jedes Photons davon ab, was das

---

[7] Vgl. *P.C.W. Davies/J.R. Brown: Der Geist im Atom (1988).*

andere gerade macht. Nach der Quantentheorie besitzt im unbeobachteten Zustand keines der Photonen eine bestimmte Polarisation, befindet sich also in einem Zustand der Unbestimmtheit. In dem Moment aber, wo die Polarisation des einen Photons verändert wird, verändert sich automatisch auch die des anderen Photons, selbst wenn sie Lichtjahre voneinander entfernt sind. Daß ein solcher Spuk unmöglich sein müßte, war Einsteins feste Überzeugung, doch die Ergebnisse zeigten das Gegenteil: Die »geisterhafte Fernwirkung« existierte, zwischen den Photonen scheint eine überlichtschnelle, quasi telepathische Verbindung zu bestehen. Dreißig Jahre lang haben Physiker und Philosophen sich daran die Köpfe wund gestoßen, bis John Bell 1965 mathematische Klarheit in die Sache brachte. Bells Theorem löste das Einstein-Podolsky-Rosen-Paradoxon so, »wie es sich Einstein am wenigsten gewünscht hätte« (Bell): Es bewies die logische Notwendigkeit nichtlokaler Wechselwirkungen, d.h. »natürlicher« Informationsübertragungen, die nicht an die gültige Raum-Zeit gebunden sind. (Vgl. P.C.W. Davies/J.R. Brown: »*Der Geist im Atom*«, *1988*.) In den 80er Jahren gelang es dem französischen Physiker Alain Aspect, diese geisterhafte Fernwirkung auch experimentell nachzuweisen. Seitdem zeichnen sich Physikertagungen zur Frage »Was ist Wirklichkeit?« durch einen Glaubensstreit und die frappante Ähnlichkeit mit den »Kongressen mittelalterlicher Theologen« (Nick Herbert) aus: Die Physik hat ihren Halt an der Realität verloren.

»Der Mond ist nicht da, wenn niemand hinsieht« – was wie der Titel eines phantastischen Kindermärchens klingt, ist die Pointierung einer Konsequenz (»Bewußtsein erzeugt Realität«), die einige Theoretiker aus dem Quanten-Dilemma gezogen haben. Etwa der strenge Logiker John von Neumann – viele halten ihn für *das* mathematische Genie des Jahrhunderts –, der sich nach den Ableitungen seiner »Mathematischen Grundlagen der Quantenmechanik« (1955) plötzlich auf einer erkenntnistheoretischen Linie mit dem idealistischen Bischof Berkeley sah. Erzürnt über die sich ausbreitende Uhrmachersicht des Universums hatte der philosophierende Gottesmann dem mechanistischen 18. Jahrhundert die Formel »Esse est percipii« (»Sein heißt wahrgenommen werden«) entgegengestellt: »All die Körper, die das große Gefüge der Welt bilden, haben ohne einen Verstand keine Substanz.« Ganz so weit gehen selbst die extremsten Vertreter der »beobachtererzeugten Realität« heute nicht, eine »Substanz« gestehen sie der unbeobachteten Welt durchaus zu; wenn auch nur als ein Bündel koexistierender Zustände, aus dem erst das menschliche Bewußtsein konkrete Attribute herauszieht. Kaum 25 Jahre, nachdem Einstein den Äther abgeschafft hatte, war plötzlich ein noch viel mysteriöseres Fluidum in die Naturwissenschaft eingezogen: die Kraft des Bewußtseins, der Geist, als konstituierendes Moment jeder Wirklichkeit. Verglichen damit war der wundersame Äther, den man vor Einstein für alle möglichen Merkwürdigkeiten verantwortlich gemacht hatte, relativ harmlos: Im beobachterabhängigen Quanten-Universum befinden sich die Menschen in einer ähnlichen Rolle wie der legendäre König Midas, der alles, was er berührte, in Gold verwandelte: Sobald unser Bewußtsein Maß nimmt, verwandelt sich die *Möglichkeits*-Welt der Quanten in die *Wirklichkeits*-Welt der Materie.[8]

Mit der Bellschen Ungleichung war Einsteins berühmte Formel $e=mc^2$ obsolet geworden – ein Schock, von dem sich das 20. Jahrhundert bis heute nicht erholen konnte: Es hat ihn noch kaum zur Kenntnis genommen. Alle lieben Einstein, keiner kennt John Bell – auch wenn namhafte Kollegen seine Arbeit als die bedeutendste wissenschaftliche Entdeckung der letzten Zeit bezeichnet haben. Dies hat mit dem erwähnten Berg von philosophischen Problemen zu tun, den die Quantentheoretiker schon in den 20er Jahren aufgeworfen hatten und den

---

[8] Die vom Beobachter-Bewußtsein erzeugte Wirklichkeit ist *eine* Variante der von Niels Bohr in den 30er Jahren entwickelten Kopenhagener Deutung der Quantenmechanik, deren Kernaussage (»Es gibt keine tiefe Realität«) heute von den meisten Physikern geteilt wird. Die Realitäts-Modelle, die sie daraus entwickelt haben, unterscheiden sich allerdings erheblich, gemeinsam ist ihnen nur die zentrale Bedeutung des Beobachters sowie die Tatsache, daß sie dem sogenannten gesunden Menschenverstand allesamt unzumutbar erscheinen. (*Nick Herbert, ebenda, S. 193 ff.*)

Bells Theorem Mitte der 60er Jahre zementierte – ein bizarres Gebirge, dessen Abtrag den höchsten Preis fordert, der überhaupt entrichtet werden kann: die Aufgabe unseres Konzepts von Realität ... Daß es hinter dieser unheimlichen Welt der Quanten letztlich doch nach den Gesetzen der klassischen Physik zugehen würde und die Naturgesetze nur scheinbar außer Kraft gesetzt sind, diese Hoffnung Einsteins ist durch Bells Theorem und Aspects Bestätigung widerlegt. Mit ihm ist Fiction anscheinend endgültig mit Science verschmolzen: Physiker haben die bizarrsten Spekulationen in den Bereich des Faktischen gerückt, die Überlegung, daß es »Informationen ohne Transportsystem«, nichtmaterielle Kommunikation sein könnte, die alles Geschehen regiert, gehört noch zu den einleuchtendsten Schlußfolgerungen. Telepathie, Telekinese, Ufos, Zeitreisen und weitere Paranormalitäten hätten auf diesem Hintergrund einer völligen Neubewertung bedurft – und so nimmt es nicht wunder, daß Bells Entdeckung bis heute eher im verborgenen blüht. Zumal es ihm selbst sehr viel lieber gewesen wäre, wenn seine Berechnungen zu dem Ergebnis geführt hätten, das Einstein sich seinerzeit wünschte: die Quantenmechanik ad absurdum zu führen. Doch er hat sie bestätigt und ihren Merkwürdigkeiten noch eins draufgesetzt. Es gibt Interaktion in Überlichtgeschwindigkeit – fertigmachen zum Beamen!

Schrödingers Katze und Einsteins Maus

Niels Bohr entwickelte an seinem Institut in der dänischen Hauptstadt in den 30er Jahren jene Interpretation der Quanten-Widersprüche, die heute als Kopenhagener Deutung von den meisten Physikern anerkannt wird. Das Problem, das Bohr und seine Kollegen so entsetzte, war das mysteriöse Doppelgesicht der subatomaren Vorgänge: Betrachtete man sie als Phänomen gewöhnlicher Teilchen, ließen sich diese Teilchen auch lokalisieren, betrachtete man sie aber als Welle, besaßen sie plötzlich Welleneigenschaften und breiteten sich überall aus. Wie aber kann etwa das

Licht einerseits aus einzelnen Partikeln (Photonen) bestehen und gleichzeitig als durchgehendes Wellenband existieren? Dem mit den Daten der Makrowelt gefütterten gesunden Menschenverstand scheint das unmöglich, doch in der Mikrowelt verhielt es sich nun einmal so – Niels Bohr löste das Dilemma mit einem radikalen Entweder-Oder: Licht verhält sich, wie jedes Elektron auch, entweder wie ein Teilchen oder wie eine Welle, aber niemals wie beide zugleich. Was Licht, was die aus Elektronen bestehende Materie, was Wirklichkeit ist, entscheidet die Wahrnehmung, der Aufbau der Meßinstrumente – die ganze Wirklichkeit können wir nie auf einen Blick erkennen, sie hat immer eine verborgene, komplementäre Seite. Je genauer wir etwa den Ort eines Teilchens ermitteln, desto weniger wissen wir über seine Welleneigenschaften – und umgekehrt. Dieses von Bohr eingeführte Prinzip der »Komplementarität« stellt seit über 50 Jahren so etwas wie die philosophische Grundlage der Quantenmechanik dar. Zwar mußten sich die Physiker damit abfinden, daß für sie immer nur eine Teilwahrheit beobachtbar war, dafür aber konnten sie mit Bohr sicher sein, daß hinter dieser Beobachtung keine unbekannte »tiefe Realität« lauerte, sondern nur die in einem zweiten Meßakt prompt zu ermittelnde komplementäre Teilwahrheit.

Das Paradebeispiel für die paradoxe Welt, die hinter diesem Teilwissen steckt, ist Schrödingers Katze. In einem Gedankenexperiment hatte der Quantenphysiker und Nobelpreisträger Erwin Schrödinger 1935 eine kleine »Höllenmaschine« konstruiert: eine Katze, eine Quanten-Meßeinrichtung und ein einzelnes Elektron werden in eine Kiste gesperrt. Registriert die Meßeinrichtung das Elektron an einem bestimmten Ort, wird durch einen Mechanismus Gift freigesetzt, das die Katze tötet. Nach der Kopenhagener Deutung existiert das Elektron in dieser Kiste nicht an einem bestimmten Ort, sondern überall – die Wahrscheinlichkeit einer Registrierung (mit anschließendem Katzentod) ist an jedem Punkt der Kiste gleich groß: 50 zu 50. Erst in dem Moment, wenn ein Beobachter nachsieht, wo das Elektron sich befindet, nimmt es auch einen festen Platz, seine Rolle als Teilchen, ein. Erst wenn die

Kiste geöffnet wird, kann also eine Aussage darüber getroffen werden, ob die Katze lebt oder nicht – zuvor schwebt sie in einer Wahrscheinlichkeitswolke zwischen Existenz und Nicht-Existenz. Die halb tote und halb lebendige Katze Schrödingers hat als Metapher für die Paradoxa der Quantenwelt seitdem eine große Karriere gemacht und wurde zur Heldin verschiedener Romane und Sachbücher. Oft zusammen mit Einsteins Maus, die von ihm als polemische Frage ins Spiel gebracht wurde: Wenn es so wäre, wie die »Kopenhagener« behaupteten – daß eine Realität im unbeobachteten Zustand schlicht nicht vorhanden ist –, dann könnte doch eine kleine Maus den Mond (der unbeobachtet und deshalb nicht vorhanden ist) dadurch erschaffen, daß sie einfach hinsieht![9]

Der »tote« Robert Anton Wilson fliegt von Colorado nach Irland. Ein amerikanischer Elektroingenieur schwebt an der Decke. Zimmerpflanzen lesen Gedanken. Es kann nicht darum gehen, rätselhafte Ereignisse wie diese mit den rätselhaften Merkwürdigkeiten der Quantenphysik weiter zu verrätseln. Wer aber diese Merkwürdigkeiten, das Bodenlose hinter der Frage »Was ist Wirklichkeit?«, ernst nimmt, kann den Riß nicht immer nur nach einer Seite, der Seite zu altem mechanischem Materialismus hin, zu stabilisieren versuchen; mit dem Argument, der »Einbruch des Irrationalen« auf der anderen Seite brächte die Brücke endgültig zum Einsturz. Sie ist, spätestens seit Heisenberg, zusammengestürzt. Und sie wird sich auch mit immer kleineren Teilchen nicht wieder aufbauen lassen – die Realitätskrise der Physik wird nicht in den Beschleunigertunneln, den Rennstrecken der Quarks und Hadronen, behoben. Das Universum ist mehr als die Summe seiner materiellen Teile – die Quantenphysik entdeckte wieder, was die Mystik aller Zeiten immer behauptet hat: die integrale Rolle des Bewußtseins im physikalischen Universum. An diesem Punkt wird auch der aggressive Dogmatismus ver-

---

[9] Vgl. *John Gribbin: Schrödingers Katze und die Suche nach Wirklichkeit (1996).*

ständlich, mit dem moderne Rationalisten wie Hofstadter ihre »saubere« Wissenschaft verteidigen: Wo im Zentrum des naturwissenschaftlichen Weltbilds plötzlich ein empirisches Unding wie »Bewußtsein« steht, ist dem Obskurantismus Tür und Tor geöffnet – und dem klassischen Empiristen bleibt nichts anderes als der blinde Rundumschlag gegen jede Art von Eindringling. Daß dabei die Suche nach Wahrheit nur zu leicht einem Festhalten an Vorurteilen geopfert wird, liegt auf der Hand.

Als der Freud-Schüler Wilhelm Reich behauptete, die Psychoanalyse heile nicht von selbst, sondern müsse durch »Körperarbeit« ergänzt werden, wurde er nur aus der psychoanalytischen Vereinigung ausgeschlossen. Als er, in die USA emigriert, in den 50er Jahren behauptete, er habe eine Art Bio-Energie, das sogenannte *Orgon*, entdeckt, die von immenser Bedeutung für das Wohlbefinden nicht nur des Körpers, sondern der gesamten Natur sei, startete man eine Verleumdungs-Kampagne gegen ihn. Als er begann, mit seinen Orgon-Apparaturen Regen zu machen, stürmten Polizeiagenten sein Institut, sämtliche Schriften wurden beschlagnahmt und verbrannt, seine Laborausrüstung mit der Axt zerschlagen und Reich ins Gefängnis gebracht, wo er nach wenigen Monaten starb. Seine Experimente hat man nie ernsthaft überprüft. Reich wurde zum Opfer eines Einschüchterungsverfahrens, das sich weder in der Geisteshaltung noch in den Umgangsformen von der Inquisition des Mittelalters unterschied. Angeführt wurde die Kampagne seinerzeit von Martin Gardner, Hofstadters Vorgänger als Kolumnist des »Scientific American«, einem hochgebildeten Intellektuellen, der seine Leser jederzeit auch gern mit paradoxen Bizarrerien bekanntmacht – solange sie sich im keimfreien Bereich abstrakter Mathematik abspielen.[10]

---

[10] Weitere aufgeklärte Liberale, die sich in Sachen Wissenschaftshygiene gebärden wie ein Lynchmob in Mississippi, finden sich in: *Robert Anton Wilson: Die neue Inquisition – Irrationaler Rationalismus und die Zitadelle der Wissenschaft (1992)*. Reichs Spätwerk konnte erst jetzt in sechs Bänden erscheinen – darunter Arbeiten zur Wetterbeeinflussung, Ufo-Beobachtungen und zu allgemeiner Orgonomie (Werkausgabe bei Zweitausendeins, 1997). Details zum Publikationsverbot und der Verfolgung Reichs finden sich bei *Jerome Greenfield: USA gegen Wilhelm Reich (1996)*.

Wirklichkeit ist ein dynamischer Prozeß: Sie entsteht jeden Augenblick neu. Und legt man die neuesten Erkenntnisse der Neurowissenschaften und der Kognitions-Forschung zugrunde, ist das menschliche Gehirn kein passiver Empfänger dieses Prozesses, sondern ein Organ zur Erzeugung von Echtzeit-Simulationen. Die *Farbe* des Apfels ist keine Eigenschaft des physikalischen Universums, sondern die von meinem Gehirn produzierte Eigenschaft eines inneren *Modells* des Apfels: In der Welt »da draußen« existieren keine Farben. Genausowenig wie dort »Teilchen« und/oder »Wellen« existieren – Unschärfe und Undeterminiertheit der Quantenphysik haben ihren Ursprung im menschlichen Gehirn und Nervensystem. Wahrnehmung, so der Kognitions-Forscher Francisco Varela, ist keine widerspiegelnde *Repräsentation*, sondern *aktive Inszenierung*. Der Physiker David Bohm hat es so ausgedrückt: »Raum und Zeit werden von uns zu unserer Bequemlichkeit konstruiert ... es sind Konventionen.« Keine starren Naturgesetze, sondern Konventionen – Gewohnheiten des Bewußtseins, Realitäts-Tunnel. Ist die Schwerkraft ein Glaubenssystem? Ist die Entfernung zwischen Boulder (Colorado) und Howth (Irland) nur eine dem Verstand dienstbare Fiktion? Ist der Lauf der Zeit nicht mehr als eine schlechte Angewohnheit? Ist der Tod nicht wirklich, sondern nur ein Fake, ein »Kunstgriff, um viel Leben zu haben«, wie Goethe sagt? Hängt am Ende alles von uns selbst ab?

Als C.G. Jung seine Theorie der Archetypen entwickelte, warnte ihn Freud vor der »Schlammflut des Okkulten«, die das hehre Haus der Wissenschaft überschwemme. Es ist bis heute sauber geblieben – man erforscht die »Einheit der Vernunft in der Vielheit ihrer Stimmen« (Habermas) und wundert sich ernsthaft darüber, warum der esoterische Büchertisch in der Mensa immer länger wird. William S. Borroughs hat diese kulturellen Sehgewohnheiten einmal mit einem Autofahrer verglichen, der dauernd in den Rückspiegel schaut. Die Rückspiegelseher haben sich angewöhnt, alles Neue erst einmal gar nicht wahrzunehmen; wenn es sich dann partout nicht mehr vermeiden läßt, erklären sie es erst einmal für unwichtig. Dummerweise hindert das aber die neuen Ideen und Gegenstände nicht am Erscheinen und auch nicht am Wachsen. Am Ende, wenn sie sogar im Rückspiegel unübersehbar geworden sind, werden diese Leute sagen: »Aber was wollt ihr denn, das ist ja gar nichts Neues!«[11]

Heute stimmen nahezu alle Naturforscher überein, daß der Kern aller Dinge im Akt der Beobachtung liegt, aber sie weigern sich, die Schlußfolgerung daraus zu ziehen, sich nämlich dem zuzuwenden, was da beobachtet: dem Bewußtsein; sich selbst. »Bewußtsein ist ein Singular, dessen Plural wir nicht kennen« (Erwin Schrödinger) – man kann es nicht in verschiedenen Exemplaren draußen erforschen, sondern nur innen, auf der Wildbahn der eigenen Psyche. Es geht nicht um die Erforschung des Paranormalen, es geht um das Abenteuer der Selbstentdeckung; nicht um eine neue Wissenschaft, sondern um neue Wissenschaftler, Experimentatoren, die Teil des Versuchs werden.

Als der Bewußtseinsforscher John C. Lilly 1973 den Quantenphysiker Richard Feynman kennenlernte, führte er sich mit der Bemerkung ein: »Der Beobachter ist der große Unsichtbare in der Physik, sie sollten den Beobachter erforschen – und ich habe die Methode dazu.« Lilly hatte einen Isolations-Tank entwickelt, der die »Beobachtung des Beobachters« durch außerkörperliche Erlebnisse wesentlich erleichterte. Als ihm Feynman nach einigen Sitzungen ein Exemplar seiner berühmten »Lectures on Physics« mit der Widmung »Thanks for the hallucinations« schenkte, schoß Lilly sofort zurück: »Danke für das Buch, aber Du hast in dem Moment aufgehört Wissenschaftler zu sein, als Du das Wort ›Halluzinationen‹ verwendet hast.« Es entspann sich eine 14jährige Diskussion und Freundschaft, bei der es Lilly frei-

---

[11] Das Interview mit David Bohm in: *Ken Wilber (Hrsg.): Das holographische Weltbild (1990);* zur Erweiterung und Vertiefung empfiehlt sich grundsätzlich *Michael Talbot: Das holographische Universum (1992);* über die Zirkularität zwischen erkennendem Subjekt und erkanntem Objekt: *Francisco Varela/Evan Thompson: Der Mittlere Weg der Erkenntnis (1992).*

lich nicht gelang, den Nobelpreisträger von seiner Methode der Meta-Programmierung des Gehirns durch veränderte Bewußtseinszustände zu überzeugen.[12]

Drei Revolutionen – die Relativitätstheorie, die Entdeckungen der Quantenphysik und die Prinzipien der Selbstorganisation – haben zu einer Grundlagendebatte in der Naturwissenschaft geführt, die alle Anzeichen einer fundamentalen Wende trägt. Vor diesem Hintergrund scheint die Kosmologie eines Stephan Hawking (»Eine kurze Geschichte der Zeit«, 1988), mit der reinen Singularität eines Schwarzen Lochs am Anfang und am Ende, wie das letzte Aufbäumen einer überkommenen Vorstellung: der guten alten Weltmaschine, deren definitive Formel denn auch alsbald gefunden sein soll. Daß ein Wissenschaftler mit der Behauptung, kurz vor der Entdeckung der Weltformel zu stehen, auf so phänomenalen Zuspruch beim Publikum stößt, zeigt, wie wenig sich seit den Zeiten verändert hat, als die Alchemisten noch dem Stein der Weisen auf der Spur waren. Hawking kann denn auch als Rückspiegel-Beschwörer der alten, objektivistischen Konzepte, der ewigen Naturgesetze, gelesen werden, während die drei Revolutionen unübersehbar auf etwas Neues deuten: die Dynamik eines Naturgeschehens, das von den Wirbeln der Galaxie bis in die Psyche des Einzelmenschen ineinander verschränkt ist.

---

[12] Der Mediziner John Lilly (geb. 1915), den die *New York Times* wegen seiner bedeutenden Beiträge zur Psychologie, Neurologie, Delphinforschung, Interspezies-Kommunikation und Computertheorie als »wandelndes Kompendium der westlichen Zivilisation« bezeichnet, beschreibt sich selbst als »Studenten des Unerwarteten«, *Francis Jeffrey/John Lilly: John Lilly, so far...(1990)* – ein Astronaut im Weltraum der Seele, der stets die Füße auf dem Boden behält, Pionier einer neuen, nicht nur transdisziplinär, sondern auch transpersonal forschenden Wissenschaft. Vgl. *John C. Lilly: Man and Dolphin (1961), Programming and Meta-Programming in the Human Biocomputer (1967), Das Zentrum des Zyklon (1981), Der Scientist (1984), Simulationen von Gott (1986), Das tiefe Selbst (1988)*: »In der Provinz des Geistes, der im Tank isoliert ist, ist das, was man für wahr hält, entweder wahr, oder es wird innerhalb bestimmter Grenzen wahr. Diese Grenzen müssen experimentell oder durch Erfahrung gefunden werden. Dann wird man feststellen, daß es nur weitere Überzeugungen sind, die transzendiert werden müssen. Die Provinz des Geistes kennt keine Begrenzungen...«; zur Methodologie der neuen »Innen-Wissenschaft«: *Ken Wilber: Die drei Augen der Erkenntnis (1988)*.

»Ich ist ein Anderer«
　　　　　　　Arthur Rimbaud

»Ich ist ein Verbum«
　　　　　　　Buckminster Fuller

5

Der Kosmos im Kopf
Über das Gehirn
und die Stufen des Bewußtseins

Die Griechen vor 2500 Jahren hatten noch gar keinen Namen dafür. »Enkephalos« – »das, was im Kopfe ist«, nannte Homer jene rätselhafte Masse unter der Schädeldecke, die wir heute als Gehirn bezeichnen. Mit dem Denken wurde das Gehirn damals nicht identifiziert und schon gar nicht wie heute als Zentralorgan des menschlichen Körpers betrachtet – Herz und Zwerchfell galten als Ort des Verstands. Vor allem wegen des christlichen Sezier-Tabus dauerte es bis 1543 – das Jahr, in dem Kopernikus seine revolutionäre Theorie veröffentlichte –, bis das Anatomie-Lehrbuch des Andreas Vesalius, des Leibarztes von Karl V., halbwegs Licht unter die Schädeldecke brachte. Wie die dort entdeckte Apparatur funktionieren könnte, darüber machte sich 100 Jahre später René Descartes Gedanken. Mit seiner als »Cartesischer Schnitt« bekanntgewordenen Gedanken-Operation teilte er »res cogitans« und »res extensa«, Geist und Materie, in zwei verschiedene Welten, die nichts miteinander zu tun haben sollten. Der Körper, so Descartes, sei als Teil der Materie zunächst nichts als ein Automat, belebt werde er erst durch den »Lebensgeist«, der durch die Nervenröhren strömt; bei den Tieren wie von selbst, beim Menschen gelenkt und geleitet von der unsterblichen Seele, die Gott, tief verborgen im Gehirn, in der Zirbeldrüse installiert habe. Descartes Idee der Seelen-Drüse wurde schneller verabschiedet als sein konsequenter Dualismus von Geist und Materie, den erst die moderne Quantenphysik ins Wanken brachte. Im 19. Jahrhundert entdeckte der französische Chirurg Paul Broca, daß eine Beschädigung des linken Stirnlappens zum Verlust des Sprechvermögens führt, was aber rückgängig gemacht werden kann, wenn auch die entsprechende Partie des rechten Stirnlappens zerstört wird. Wenig später fand der Anatom Carl Wernicke in der linken Gehirnhälfte ein weiteres Sprachzentrum, womit deutlich schien, daß sich das spezifisch Menschliche (Intellekt, Sprache, Seele) in der linken Hirn-Hemisphäre konzentrierte. So blieb die rechte Hälfte für fast 100 Jahre ein mehr oder weniger unerforschter Kontinent, bis Roger Sperry am California Institute of Technology in den 60er Jahren die Verbindung zwischen der rechten und linken Hirnhälfte einer Katze durchtrennte. Sperry und seine Mitarbeiter hatten mit Komplikationen gerechnet, die sich jedoch nicht einstellten: Die Katze arbeitete nun mit zwei einträchtig nebeneinander liegenden Gehirnhälften. Nachdem der Neurochirurg Joseph Boden diese Methode erfolgreich zur Behandlung bestimmter Epilepsie-Arten eingesetzt hatte, verfügte die Wissenschaft nun über eine neue Informationsquelle: Menschen mit »zwei Gehirnhälften«. Die seitdem entdeckten Eigenschaften der jeweiligen Hemisphären sind mittlerweile fast schon Klischees: Rationalität links, Intuition rechts bzw. objektiv/subjektiv (Schopenhauer), sekundär/primär (Freud), seriell/simultan (Luria), positivistisch/mythisch (Levi-Strauss), digital/analog (Bateson), Yang/Yin (I Ging). Die Liste ließe sich fortsetzen – die aktuelle Hirnforschung unterdessen betont die Trennung der Hemisphären heute nicht länger, um Verallgemeinerungen vorzubeugen und um bei der Wahrheit zu bleiben. Zwar läßt sich die linke Hälfte als Instrument der linearen, seriellen Informationsverarbeitung begreifen und die rechte als das der visuellen, gestalthaften Wahrnehmung – doch zum einen weiß man mittlerweile, daß jede Hirnhälfte im Notfall die Aufgabe der anderen übernehmen kann. Und zum anderen entsteht das, was wir Bewußtsein nennen, nicht in streng dualistischer Arbeitsteilung, sondern in einem komplexen, chaotischen Zusammenspiel.

Was da alles zusammenspielt, um uns denken, fühlen, leben zu lassen, übersteigt quantitativ das Maß jeder Rechenkunst: Jeder Mensch besitzt mindestens 10, manche Forscher meinen sogar 100 Milliarden Nervenzellen, von denen jede bis zu 10 000 Synapsen anderer Neuronen kontaktiert. Die Anzahl der möglichen Verbindungen ist größer als die sämtlicher Atome des Alls, und insofern stellen diese drei Pfund quarkartiger Masse vermutlich den höchstorganisierten Materiehaufen des bekannten Universums dar. Die Komplexität, auf welche die Neurologie in dem Materieklumpen namens »Gehirn« stieß, ist nicht nur so ungeheuer groß wie die von der modernen Astronomie erforschte Weite des Weltraums. Sie ist auch so rätselhaft wie das Wimmeln des Mikrokosmos, dessen Sprunghaftigkeit die Physik zu Beginn dieses Jahrhunderts entdeckte. Die Entdeckung der kleinsten Wirkeinheit in diesem hochgradig vernetzten Bio-Computer – winzige chemische Botenstoffe (Neurotransmitter), die den Kontakt unter den Nervenzellen herstellen – hat die Lage nicht vereinfacht: Ging man in den 70er Jahren noch davon aus, daß etwa zwanzig solcher Botenstoffe existieren, sind es inzwischen über hundert, und es werden nahezu wöchentlich neue entdeckt.

Unsere Stimmungen und Befindlichkeiten sind abhängig von einer komplizierten Choreographie verschiedenster Neurotransmitter und deren elektrochemischer Performance. Zu den wichtigsten Neurotransmittern werden die Endorphine gezählt, körpereigene (endogene), opiatähnliche Stoffe (Morphine), denen nicht nur eine Schlüsselfunktion bei der Schmerzverarbeitung zukommt. Endorphine, so hat man in neuerer Zeit entdeckt, steuern auch das körpereigene Belohnungssystem. Die Neurologin Candace Pert, die 1973 den Opiat-Rezeptor im Gehirn entdeckte, hält die Endorphine für eine Art Filtersystem: Es selektiert die eintreffenden Signale aller Sinnesorgane und hält einen Teil davon ab, zu den höheren Bewußtseinsebenen durchzusickern, indem es z.B. die Eindrücke verstärkt, die für das Überleben wichtig sind: Bei einem drohenden Unfall auf einer Küstenstraße zum Beispiel sind alle unsere Sinne auf diese Situation gerichtet. Das Meerespanorama und die Musik im Autoradio sind augenblicklich aus dem Bewußtsein verschwunden. Ein anderes Beispiel sind die »Heureka«-Erlebnisse, die wir immer wieder an uns selbst beobachten können: Man geht aus dem Haus und hat das Gefühl, irgend etwas vergessen zu haben: den Hausschlüssel, die Kochplatte, den Wasserhahn??? Plötzlich fällt uns die Antwort ein: Es ist der Brief, der noch zur Post sollte. Das Aha-Erlebnis, der Geistesblitz, ist begleitet von Erleichterung und Entspannung – über Millionen von Synapsen hat sich zur Belohnung ein kleiner Endorphin-Schauer ergossen: Wir haben das Richtige gefunden. Lust und Lernen, Gedächtnis und Belohnung, so die Erforschung des Endorphin-Systems in jüngster Zeit ergeben, hängen anscheinend untentwirrbar zusammen.

Der Name »Geistesblitz« deutet schon an, was auch unser Gefühl bei solchen Erlebnissen sagt: daß sich das Bewußtsein plötzlich anders strukturiert, der Geist unvermittelt in einen anderen Zustand übergeht. Um zu erklären, wie diese blitzschnellen Sprünge von chaotischer Grübelei zu geordneter Klarheit vor sich gehen, haben auch die Neurowissenschaftler mittlerweile auf Prigogines Theorie der »dissipativen Strukturen« zurückgegriffen. Auch das Gehirn ist ein offenes, dissipatives System, seine Aktivitäten verlaufen nicht linear, sondern sprunghaft, ein winziger Impuls reicht, um das ganze System ins Chaos zu stürzen oder eine komplexere, höhere Ordnung zu etablieren. Am

EEG hat man beobachtet, welche elektrochemischen Vorgänge das Aha-Erlebnis des Geistesblitzes begleiten: Jedem erlösenden »Ich hab's« ging eine Dominanz von Alpha-Wellen (eine Frequenz von ca. 10 Hertz) voraus, eine Schwingung, die in der Grübelphase zuvor blockiert war. Sämtliche Nervenzellen tauschen winzige elektrische Impulse aus und erzeugen ein elektromagnetisches Feld mit einer Frequenz zwischen einer und 30 Schwingungen (Hertz) pro Sekunde. Neben den Alpha-Wellen (8 bis 12 Hz), die charakteristisch für einen entspannten Zustand sind, kennzeichnen andere Schwingungen ebenfalls bestimmte Bewußtseinszustände: Beta-Wellen (13 bis 30 Hz) sind charakteristisch für eine nach außen gerichtete Konzentration – vom logisch-analytischen Denken bis zur angespannten Alarmbereitschaft, Theta-Wellen (4 bis 7 Hz) kennzeichnen bestimmte Schlafphasen, Zustände tiefer Meditation, aber auch viele Geisteskrankheiten. Sie werden mit gesteigerter Kreativität in Verbindung gebracht. Delta-Wellen (1 bis 3 Hz) treten meist im Tiefschlaf auf.

Eine weitere Entdeckung, die Eigenschaft des Gehirns, sich nach kurzer Zeit auf eine von außen verstärkte Frequenz einzuschwingen, macht sich eine neuartige Methode der Gehirn-Erforschung und -Veränderung zunutze: die Stimulation durch Brain-Machines. Diese Geräte stimulieren die Gehirnwellen mit fein-elektrischen, akustischen und optischen Reizen und ermöglichen es, Dominanzen einer bestimmten Hirnfrequenz zu erzeugen. In den USA und Japan hat der Effekt der Hirn-Maschinen als »Instant Meditation« Furore gemacht. Wie früher auf die Sonnen- oder Fitneß-Bank legen sich streßgeplagte Manager ein halbes Stündchen aufs Sofa, um, angeschlossen an die Brain-Machines, ihren grauen Zellen eine Fitneß- und Entspannungskur zu gönnen. Auch zur Steigerung des Lernwachstums werden die Geräte eingesetzt. Da man festgestellt hatte, daß bei Verstärkung der Theta-Wellen die Aufnahmefähigkeit des Gehirns steigt, nutzten zum Beispiel Sprachschüler die Theta-Stimulation und lernten nicht nur doppelt so viele Vokabeln wie eine Kontrollgruppe, sondern behielten sie auch viel länger im Gedächtnis. Daß der ebenfalls von einem Endorphin-Ausstoß begleitete Effekt der Theta-Wellen tatsächlich mit dem Gedächtnis zu tun haben könnte, belegt auch eine Alltagserfahrung, die viele Menschen machen: Kurz vor dem Einschlafen, wenn die wache Alpha-Frequenz in den Theta-Bereich sinkt, hat man oft die besten Einfälle. Bilder, Erinnerungen steigen auf, doch unglücklicherweise sorgt die Theta-Dominanz in den meisten Fällen dafür, daß wir einschlafen.[1]

Mit der Entdeckung der Endorphine und der elektrochemischen Spannungszustände des Bewußtseins sind die Geheimnisse des Gehirns in keiner Weise entschlüsselt – *wie* das Ganze im Detail abläuft, ist den Neurowissenschaftlern nach wie vor ein Rätsel. Funktioniert unser Gehirn tatsächlich wie ein Radioempfänger, bei dem man nur die Frequenz ein wenig ändert, und schon läuft ein anderes Programm? Die Brain-Machines machen in der Tat nichts anderes als die Gehirnwellen durch rhythmische Licht- und Toneffekte oder durch elektrische Schwingung zu manipulieren und dadurch die Produktion bestimmter Neurotransmitter anzuregen: Stoffe wie die Endorphine, die sowohl im Gehirn als auch in anderen Regionen des Körpers wirksam werden können und ganz direkt auf den emotionalen Haushalt wirken. Bleiben die körpereigenen Opiate aus, verfällt das Bewußtsein in tiefe Depression, werden sie dagegen reichlich produziert, machen wir sogenannte Spitzenerfahrungen: Es läuft uns in wohligen Schauern die Wirbelsäule rauf und runter. Der Pharmakologe Avram Goldstein hat das »musikalische Kribbeln« untersucht, das sich einstellt, wenn Musik uns emotional ergreift, und stellte fest, daß jeder Schauer durch die Freisetzung von Endorphinen ausgelöst wird. Daß einige Rock-Stars (wie Pete Townsend und Keith Richards) auf Brain-Machines schwören, hat unterdessen einen anderen Grund: Sie kurierten mit

---

[1] Vgl. *Michael Hutchinson: Mega Brain – Geist und Maschine (1989).*

Hilfe der »Black Box« von Dr. Margaret Patterson vor einigen Jahren ihre Heroinsucht.[2]

Die Begeisterung über die neuen Möglichkeiten der High-Tech-Meditation verursacht nicht wenigen Zeitgenossen eine Gänsehaut vor technischen Apparaten und kalten Maschinen, die das Herzstück des Menschen, das Gehirn, manipulieren und steuern. Wozu? Damit in Japan schon die Schulkinder in der Mittagspause daran angeschlossen werden, um ihre Lern- und Gedächtnisleistungen (und den Vorsprung im Bruttosozialprodukt) zu steigern? Entspannend und nicht in eine Horror-Science-fiction mündend bleibt jede Bewußtseins-Technologie nur, wenn eine Grundvoraussetzung gegeben ist: daß sie bewußt und gerichtet erfolgt, nicht von einer Instanz gesteuert, sondern vom Individuum selbst. Dann könnte sie vielleicht dazu beitragen, daß in Selbst-Erforschung langsam entdeckt wird, was immer noch, trotz der revolutionären Erkenntnisse der Hirnforschung in den vergangenen 30 Jahren, ein weißer Fleck auf der Landkarte der Wissenschaft ist: die Funktionsweise des menschlichen Geistes. Und nichts scheint angesichts globaler Krisen dringender geboten, als dieser endlich auf die Schliche zu kommen – denn eine Bedienungsanleitung für den formidablen Bio-Computer Hirn hat der Schöpfer dummerweise nicht beigelegt ...

---

[2] Eine israelisch-amerikanische Untersuchung stellte in Gehirnen von Selbstmordopfern vier- bis neunmal so viele Endorphin-Rezeptoren fest wie bei natürlich gestorbenen Personen. Die Forscher vermuten, daß das Gehirn auf das Ausbleiben von Endorphinen mit der Produktion zusätzlicher Rezeptoren reagiert. *(New Scientist, Nr.1742, November 1990)* Bei *Hutchinson, Mega Brain, 1989, S. 153 ff.* heißt es dazu: »Je größer der Gänsehaut-Quotient, desto größer auch die Menge der in unserem Körper freigesetzten Endorphine. Am wichtigsten dabei ist, daß man den Gänsehaut-Quotienten auch als groben Indikator einer bestimmten Art des Lernens verwenden kann. Dieser Schauer ist die Reaktion auf ein plötzliches *Begreifen*, ein Gefühl des Wissens, das nicht auf klarer Logik und Rationalität basiert, sondern ›aus dem Bauch‹ kommt. ... Es ist eine einfache Gleichung. Endorphine belohnen Verhalten, das zu unserem Überleben als Gattung beiträgt. Überleben erfordert heute mehr Intelligenz. Deshalb werden Lernen und Intelligenzwachstum belohnt. Mit anderen Worten: Mentales Wachstum, mentale Evolution wird honoriert.« Vgl. *M. Patterson: Der sanfte Entzug (1986).*

Ob wir, was die Bedienungsanleitung angeht, überhaupt jemals fündig werden? In den letzten Jahrzehnten haben wir mehr über das Gehirn gelernt als in den 2 000 Jahren davor (von denen allerdings gut zwei Drittel durch die diktatorische Gedankenpolizei und das Sezierverbot der Christenheit völlig ungenutzt verstrichen). Die von der heutigen Neurowissenschaft beschriebenen Vorgänge im Gehirn, das Wissen über die chemoelektrischen Reaktionen eines selbstorganisierten Netzwerks und die beginnenden Versuche, es zu nutzen, bedeuten allerdings noch längst nicht die Antwort auf die Frage, was Bewußtsein eigentlich ist. Es ist wieder das alte methodische Problem: Um Bewußtsein zu erforschen, muß ich bewußt sein, also welches haben, wenn ich aber schon welches habe, wie will ich es dann objektiv, neutral erforschen? Es ist genau umgekehrt wie bei der Erforschung einer fremden Kultur – dort kann nach Ansicht der Ethnologen nur die teilnehmende Beobachtung – das Sich-Einlassen auf das Fremde, ein Abbau der Distanz – brauchbare Forschungsergebnisse erbringen. Ein Gehirn, das über sich selbst nachdenkt, braucht dagegen so etwas wie eine nicht-teilnehmende Beobachtung, denn ihm fehlt jede Distanz; es müßte, um harte wissenschaftliche Informationen über sich selbst zu erhalten, außer sich geraten.

»Objektive« Bewußtseinsforschung kann nur von einem erweiterten Bewußtsein aus erfolgen. Von außen sozusagen. Und tatsächlich, der erste entscheidende Schritt in der Bewußtseinsforschung in diesem Jahrhundert, die Entdeckung des Unbewußten durch Sigmund Freud, wurde dadurch getan, daß er einen Bereich analysierte, der außerhalb unseres Alltagsbewußtseins liegt: die Träume. Freuds Schüler C.G. Jung entdeckte, daß die unbewußten Teile der Psyche, die sich in den Traum-Inszenierungen offenbarten, eine immer gleiche Symbolik aufwiesen, und vermutete, daß das Individuum über das Unbewußte auf transpersonale, über das Individuum hinausgehende Informationen zurückgreift, das kollektive Unbewußte. Den orthodoxen Naturwissenschaften widersprach die Existenz eines solchen über-persönlichen

Bewußtseins, und entsprechend wenig Beachtung fand Jungs Hypothese – mittlerweile hat sich das etwas geändert. Die modernen Psychotherapien haben mehr mit Jung und Reich als mit ihrem Lehrer Freud zu tun – statt als abgeschlossenen Psycho-Kasten sehen sie das Bewußtsein eher als nach oben offene Spirale an, als ein energetisches Etwas, das, über welche Frequenzen auch immer, im Prinzip mit dem ganzen Universum in Kontakt ist. Um dies zu verstehen, müssen wir uns nur die Entdeckungen vergegenwärtigen, die die moderne Physik in diesem Jahrhundert gemacht hat und die ebenfalls nur von einem erweiterten Bewußtsein aus verstanden werden können. Fassen wir die oben grob skizzierten Ergebnisse der Quantenphysik zusammen, ergibt sich folgendes Bild: Es gibt keine objektive Realität, die unabhängig vom Bewußtsein besteht, sie existiert nur als eine »Wahrscheinlichkeitswolke«, als ein Ensemble von Möglichkeiten, aus dem sich eine Wirklichkeit erst im Akt der Beobachtung kristallisiert. Darüber hinaus ist alles mit allem auf eine noch unbekannte Weise verknüpft, in einem unteilbaren ganzheitlichen System von Wechselwirkungen, dessen Funktion nicht aus seinen Einzelteilen erklärt werden kann – je tiefer ins immer Kleinere die Naturwissenschaften vorstießen, je genauer sie die immer winzigeren Bausteine der Materie unter die Lupe nahmen, desto unschärfer wurde das Ganze, und desto klarer wurde, daß die Funktion dieser Bausteine nur durch eines erklärt werden kann: Bewußtsein. »Alles, was wir sind, ist das Resultat dessen, was wir gedacht haben. Unsere Existenz basiert auf Gedanken.« Dies ist ein Satz des Buddha, doch er könnte durchaus von einem Quantenphysiker stammen – wie Nils Bohr oder Erwin Schrödinger haben viele im Zuge ihrer Beschäftigung sich dem Denken des Buddhismus angenähert, denn in ihren Forschungseinrichtungen hatten sie nichts anderes entdeckt als das buddhistische All-Eine, den alle Materie zusammenhaltenden Geist. Wie haben wir uns das Bewußtsein vorzustellen?

In den Anfangstagen der Neurowissenschaften hatte Carl Lashley, besessen von dem Gedanken, dem Phänomen des Gedächtnisses und der Erinnerung auf die Spur zu kommen, fast 30 Jahre lang Rattengehirne untersucht und nichts gefunden. Keine Prägungen, keine geistigen Spuren – Gedächtnis schien nicht lokalisierbar zu sein. Einer seiner Studenten, Carl Pribram, stellte später bei Wahrnehmungsversuchen mit Affen fest, daß sie sich an Bilder viel schneller erinnern, als sie das nach dem Fluß ihrer Gehirnströme eigentlich können – das Gedächtnis schien auf merkwürdige Weise über das gesamte Gehirn verteilt. Dies blieb Pribram so lange ein Rätsel, bis er im »Scientific American« auf einen Artikel über die Erfindung der Holographie stieß. 1947 war der Physiker Dennis Gabor auf die Idee gekommen, einen Gegenstand durch Spaltung eines Lichtstrahls quasi stereo zu fotografieren, so daß man dadurch das ganze Bild und nicht nur eine zweidimensionale Vortäuschung zu sehen bekam. Das Bild nannte er Hologramm, den Effekt erklärte er mit den Interferenzwellen der beiden Lichtstrahlen. Praktisch nutzbar wurde seine Idee erst mit der Erfindung des Laserlichts, das im Unterschied zu normalem Licht nur auf einer Wellenlänge schwingt. Dieser Strahl wird geteilt und auf einen Film gelenkt, wobei der eine direkt dahin zielt und der andere über einen Spiegel und das Holo-Objekt umgeleitet wird. Das Interferieren der beiden Wellen wird auf ein Dia gebannt, das vor einem Laser-Projektor als dreidimensionales Abbild des Objekts im Raum erscheint. Soweit das Wunder der Technik. Das Entscheidende für den Gehirnforscher Pribram war die Art, wie ein Hologramm die Information über sein Objekt verarbeitet. Zerschneiden wir ein normales Dia, sehen wir nur noch die Hälfte der Landschaft, zerschneiden wir es noch einmal, enthält der Schnipsel nur noch ein Viertel der ursprünglichen Projektion. Bei einem zerschnittenen holographischen Dia zeigt jedes einzelne Teil weiterhin das gesamte Bild, nur wird die Projektion langsam unschärfer. Pribram war von diesem Speichermechanismus deshalb wie elektrisiert, weil damit erstmals ein überzeugendes Modell über die Grundprozesse des Denkens und die Speicherung von Bewußtseinsinhalten vorlag. Wie machen wir uns ein Bild? Nach Pribrams Vorstellung eines holographischen Gehirns funktioniert Wiedererkennen dadurch, daß das holographische Bild durch dasselbe Sinnesereignis erregt wird, durch das es zuvor ausgebildet war. Die Dendriten, feinverästelte Nervenzellen, nehmen das Bild auf und geben es durch Ausstrahlung von Wellen an eine zweite Gruppe von Neuronen weiter, die den visuellen Input brechen und auf mathematische Serien analysieren. Eine dritte Gruppe von Nervenzellen nimmt die Ergebnisse und prägt sie in Proteine, die wie fotografische Platten als Träger der Information dienen. Damit war zumindest in Grundzügen der Sprung von der Mechanik der Sinneswahrnehmung zu ihrem Produkt, dem oft noch nach Jahrzehnten detailgenauen Bild, geklärt. Und auch ein Problem, auf das Carl Pribram und sein Mitarbeiter Nico Spirelli bei ihrem Ratespiel mit Affen gestoßen waren, die Informationen über eine gezogene Karte schienen im Affengehirn schneller anzukommen und bearbeitet zu werden, als sie eigentlich durften. Das Modell der holographischen Speicherung barg auch dafür eine Lösung: Nicht nur die »Grafikabteilung«, sondern jedes einzelne Neuron des Gehirns ist über das gesamte Bild informiert. Selbst ein winziges Teilstück des Hologramms kann immer noch den gesamten Seheindruck rekonstruieren. Die ungeheure Speicherkapazität des Gehirns fand mit diesem Modell ebenso eine Erklärung wie das Phänomen des fotografischen Gedächtnisses oder das der Phantomschmerzen an abgetrennten Gliedern. Wenn das Gehirn über ein holographisches Bild der Körperdimensionen verfügt, ist auf dieser Ebene der *ganze* Körper noch vorhanden – und weiterhin in der Lage, aus amputierten Teilen Reize zu empfangen. Seit Pribram 1966 seine ersten Überlegungen über das holographische Gehirn veröffentliche, ist das Modell von vielen Forschern aufgegriffen worden – noch ist es umstritten und keineswegs die einzige Theorie über die Funktionsweise des Gehirns, doch ist sie in der Lage, auch die Paradoxien der Quantenphysik und des gesamten Bereichs des sogenannten Übernatürlichen mit einzubeziehen. Die weitreichenden Konsequenzen eines »Holographischen Universums« hat Michael Talbot in seinem gleichnamigen Buch anschaulich beschrieben:

»*Wenn das Bild der Wirklichkeit in unserem Gehirn gar kein Bild ist, sondern ein Hologramm, wessen Hologramm ist es dann? Das Dilemma, das in dieser Frage steckt, ist vergleichbar einer Situation, in der man eine Polaroidaufnahme von einer Menschengruppe macht, die an einem Tisch sitzt und bei der Entwicklung des Bildes feststellt, daß statt der Personen nur verschwommene Interferenzmuster um den Tisch angeordnet sind. In beiden Fällen kann man mit Recht fragen: Welches ist die wahre Realität – die scheinbar objektive Welt, die der Beobachter bzw. Fotograf wahrnimmt, oder das Gewirr von Interferenzmustern, das die Kamera bzw. das Gehirn registriert? Mit anderen Worten, Pribram wurde folgendes klar: Wenn man das holographische Modell zu Ende denkt, ergibt sich die Möglichkeit, daß die objektive Realität – die Welt der Kaffeetassen, Berge, Bäume und Tischlampen – überhaupt nicht existiert, zumindest nicht in der Form, die wir für gegeben halten. Könnte es sein, fragte er sich, daß das wahr ist, was die Mystiker jahrhundertelang für wahr erklärt hatten, nämlich daß die Wahrheit Maya ist, also eine Illusion, und daß die Außenwelt eine unermeßliche, in Schwingungen versetzte Symphonie aus Wellenformen darstellt, einen »Frequenzbereich«, der sich erst in die uns bekannte Welt verwandelt, nachdem er von unseren Sinnen aufgenommen worden ist?*«[3]

Wie kommt es, daß ohne Computerwerkzeuge (und ohne Tier- und

---

[3] Vgl. *Michael Talbot: Das holographische Universum – Die Welt in neuer Dimension (1992), S. 41.* Michael Talbot gibt einen guten Überblick über die Arbeiten Pribrams und anderer Forscher, wie etwa des Physikers David Bohm, dessen Quantenmodell einer »impliziten Ordnung« perfekt zu holographischen Theorien zu passen scheint. Präkognition, Telepathie, Psychokinese, Selbstheilung und andere »übernatürliche« Phänomene finden mit dem holographischen Weltbild einen wissenschaftlichen Erklärungshintergrund, auf dem weitere interdisziplinäre Forschungsarbeiten zu einer grundsätzlichen Klärung führen werden. Eine gute Einführung in das holographische Weltbild gibt auch *Franz Moser: Bewußtsein in Beziehungen – Die Grundlagen einer holistischen Ethik (1991).*

Menschenversuche) ein paar Wandermönche und Yogis vor Jahrtausenden über das Gehirn und seine Bilder schon das entdeckten, was unseren fortgeschrittensten Neurowissenschaftlern eben erst dämmert? Sie haben von innen entdeckt, was wir uns mit Skalpell und Elektroschock mühsam von außen erarbeiten, und ihr Werkzeug hieß Bewußtsein. Jene Software, die den holographischen Frequenzcomputer Gehirn erst zum Leben erweckt.

Die höheren Schaltkreise des Bewußtseins und die entsprechenden Zustände wurden lange Zeit als pathologisch eingestuft, erst der Psychiater Richard M. Bucke sorgte als Pionier der Bewußtseinsforschung und Tiefenpsychologie mit seiner Studie »Kosmisches Bewußtsein« Anfang des Jahrhunderts für eine nüchterne Betrachtungsweise. Warum erwähnt Homer in seinem Epos über die Reisen des Odysseus nicht ein einziges Mal die Farbe des Himmels, wo das grandiose Blau über den Küsten Griechenlands und Kleinasiens doch geradezu danach schreit? Warum taucht die Farbe des Firmaments in der Rig Veda und anderen östlichen Mythen genausowenig auf wie in der Bibel, deren über 400 Himmelsbeschreibungen allesamt farblos blieben? Bewußtseins- und Sprachhistoriker haben für das Rätsel eine einfache Erklärung gefunden: Die Farbe Blau war vor einigen tausend Jahren, als diese Mythen entstanden, einfach noch unbekannt, ebenso wie die meisten anderen Farben auch. Für die ersten mit Sprache und damit menschlichem Intellekt ausgestatteten Primaten machte das Blau des Himmels, das Grün der Wiesen, das Braun der Erde oder das Rot des Sonnenuntergangs keinen Unterschied – sie hatten keine Worte dafür. Der sich herausbildende Farbsinn kannte zu Anfang nur zwei Unterscheidungen, »Schwarz« und »Rot«, wobei »Schwarz« alle Blau- und Grüntöne und »Rot« das Spektrum von Weiß bis Gelb mit einschloß. Erst in den letzen 2 500 Jahren ist aus dieser ursprünglichen Farbenblindheit die ganze Facette von Farbnuancen hervorgegangen, die unsere Sinne heute wahrnehmen und unterscheiden können.

Dieses Beispiel stellte Bucke seiner Arbeit über die Evolution des menschlichen Geistes voran. Kosmisches Bewußtsein hat für ihn weder mit Okkultem oder Mystik zu tun, noch tut er die Erleuchtungs-Erlebnisse als Halluzinationen ab. Vielmehr behandelt er das Phänomen als einen klar definierbaren psychisch-geistigen Zustand, das »plötzliche Erwachen eines neuen, nämlich kosmischen Sinnes«. Das sich aus dem einfachen Bewußtsein der höheren Tiere entwickelnde Ichbewußtsein des Menschen, der selbstreflektierende Geist, ist für Bucke nicht der Endpunkt der Evolution, sondern der Ausgangspunkt einer höheren Bewußtseinsstufe, auf die sich die gesamte Menschheit zubewegt – und die von den Erleuchteten aller Zeiten als Vorläufer bereits erreicht wurde. Als Indiz für die Realität der neuen Sinneswahrnehmung wertet Bucke die Tatsache, daß die Berichte über die Erfahrung des kosmischen Bewußtseins in ihren wesentlichen Zügen vollkommen übereinstimmen, gleich ob sie von Moses oder von Sokrates, von Jesus oder von Francis Bacon, von Buddha oder von Dante stammen.[4]

Während Richard Nixon im Oval Office die Abhöraktionen politischer Gegner organisierte, entwickelte Timothy Leary 1975 als Gefangener des Folsom State Prison ein Modell des Bewußtseins. Es mag der Reputation unserer Darstellung Abbruch tun, sich im folgenden statt auf den Kanon der akademisch sanktionierten Literatur auf einen »unseriösen« Ex-Harvard-Professor, Drogenfreak und Knastbruder zu berufen – doch zum einen ist Leary als Opfer der »Leviten« (siehe Seite 230 ff) über jeden Zweifel an seinen intellektuellen Fähigkeiten erhaben, und zum anderen deckt sich seine Darstellung durchaus mit den

---

[4] Vgl. *R.M. Bucke: Kosmisches Bewußtsein – Die Evolution des menschlichen Geistes (1993)*. Der Begriff wird später von *Teilhard de Chardin, Der Mensch im Kosmos (1959)* aufgegriffen. Auch Teilhard sieht ein Wachstum des Bewußtseins auf höhere, ganzheitliche Ebenen, die er »Noosphäre« nennt und auf deren Zentrierung, den Punkt Omega, die gesamte Evolution hinausläuft. Die »biologische Philosophie« Teilhards stieß nach ihrer posthumen Veröffentlichung in den 50er Jahren auf harsche Kritik der orthodoxen Naturwissenschaft. Erst im Zuge des Paradigmenwechsels der Selbstorganisation in den 80er Jahren wurde sie neu entdeckt.

avanciertesten Modellen der heutigen Bewußtseinsforschung und hat darüber hinaus den Vorteil, von jemandem zu stammen, der weiß, worüber er spricht. Leary schlägt vor, das Bewußtsein der Einfachheit halber in acht Schichten oder Schaltkreise zu unterteilen[5]:
- Der erste und älteste ist der Bio-Überlebensschaltkreis. Er entstand, wie alles ursprüngliche Leben, im Wasser und kennzeichnet das amöboide Wesen, das nach vorne blickt und ein Verbindungsglied zum Überleben im Wasser darstellt. Der erste Schaltkreis läuft von Geburt an automatisch: die Suche nach Nahrung, Wärme und Nähe der Mutter und die Vermeidung von allem, was dem Bio-Überleben gefährlich werden könnte. Dieses Bewußtsein entstand vor Milliarden Jahren in den ersten wirbellosen, vegetativen Organismen – es ist das, was wir umgangssprachlich »Bewußtsein« nennen: hier und jetzt, in diesem Körper und auf das Überleben ausgerichtet. Wenn dieser Schaltkreis betäubt oder abgeschaltet ist, sind wir bewußtlos und lassen ärztliche Eingriffe oder Angriffe von Feinden zu.
- Der zweite, gefühlsterritoriale Schaltkreis wird geprägt, wenn das Kind anfängt zu krabbeln und in der Familie Räume erobert und Machtansprüche zu stellen beginnt. Dieses Schaltkreisprogramm, das bei allen Säugetieren anzutreffen ist, vermittelt die territorialen Spielregeln, die emotionalen Tricks, die Hackordnung, die Statusanerkennung im Rudel. Diese höhere Form von Bewußtsein entstand evolutionshistorisch zum Zeitpunkt des An-Land-Kriechens und Aufrichtens der Lebewesen vor etwa 500 Millionen Jahren, als sich die ersten Wirbeltiere entwickelten – in der heutigen Gesellschaft domestizierter Primaten wird es umgangssprachlich »Ego« genannt.
- Der dritte, semantische Bewußtseins-Schaltkreis wird dann aktiviert, wenn das Kind zu sprechen beginnt. Er ordnet und klassifiziert

---

[5] Vgl. *Timothy Leary: Neuropolitk (1986), S. 107 ff.* Zu Learys Modell der Bewußtseinsstufen vgl. auch *Robert Anton Wilson: Der neue Prometheus (1987)*. Zusammengefaßt sind Learys Ideen und sein z.T. nur noch antiquarisch greifbares Gesamtwerk auch in *Timothy Learys Totenbuch (1998)*.

seine Umgebung mit Hilfe von Symbolen und entstand erstmals an jenem Punkt der Evolution, als es den Hominiden gelang, Kehlkopfsignale zu senden und zu empfangen und die Sprache sie – von »Ich Tarzan, du Jane« zu »$e = mc^2$« – aus dem Primaten-Pool hinauskatapultierten. Dieser Bewußtseinszustand wird üblicherweise als Verstand/Geist (mind) bezeichnet.

• Der vierte, sozio-sexuelle Schaltkreis wird von den ersten Orgasmus-Erfahrungen in der Pubertät geprägt und von den jeweils herrschenden Stammestabus konditioniert. Er beherrscht nicht nur die Empfindungen Lust/Unlust, sondern auch die moralische Unterscheidung falsch/richtig. Diese Bewußtseinsstufe entstand, als sich hominide Gruppen zu Gesellschaften zusammenschlossen und spezifische Geschlechterrollen festlegten.

Die Entwicklung dieser vier Schaltkreise des menschlichen Bewußtseins vollzieht die Evolution von den Anfängen bis heute nach: von der untersten Stufe des Bewußtseins, dem Milliarden Jahre alten Sinn für das Überleben des Körpers, über das territoriale Ego-Bewußtsein der höheren Tiere, das Rudel- und Stammesverhalten, bis hin zu dem, was wir als evolutionäre Eigenschaft des Homo sapiens vorfinden – soziales, selbstreflektives, ethisches Bewußtsein. Angesichts von Kriegen und dem allgemein »unmenschlichen« Verhalten unserer Gattung könnte man einwenden, daß es mit diesem vierten, »moralischen« Schaltkreis noch nicht so weit her ist. Dennoch ist er fraglos vorhanden – nur ist es eben so, daß sobald ein niedriger Schaltkreis ein Alarmsignal empfängt, alle höheren ausgeschaltet werden. Wenn ich meine Haut, das Bio-Überleben, retten muß, spielt alles andere augenblicklich keine Rolle mehr – Panik und Fluchtverhalten sind die Folge. Wenn mir jemand körperlich auf die Pelle rückt und das Territorial-Bewußtsein »Alarmstufe Rot« meldet, werden die höheren Schaltkreise unterdrückt: Das Problem wird dann nicht im sprachlichen oder sozialen Kontext (»zivilisiert«) gelöst, sondern handgreiflich. Ein Alarm auf der dritten Bewußtseinsstufe, ausgelöst durch einen Angriff auf der symbolischen, sprachlichen Ebene, schaltet die Stufe 4, unser soziosexuelles Rollenbewußtsein ab: Wir werden, wie die Umgangssprache es ausdrückt, »ausfallend«.

Während des jüngsten Kriegs gegen Irak ließ sich das Ineinandergreifen der Bewußtseins-Schaltkreise gut beobachten anhand eines unglaublichen Vorgangs im Februar 1991: Der US-Verteidigungsminister Richard Cheney und sein Stabschef Collin Powell signierten Bomben, die auf Bagdad gerichtet waren. Laut amerikanischen Presseberichten schrieb Cheney beim Besuch einer US-Basis in Saudi-Arabien auf eine Bombe: »Für Saddam, in Liebe.« Powell vermerkte: »Für Saddam, Du gingst nicht, also verlierst Du es.« Schon im Zweiten Weltkrieg gehörten handsignierte Bomben zu den Reflexhandlungen, mit denen die Piloten ihr todbringendes Geschäft als Silvesterscherz kaschierten. Ob auch damals schon die obersten Heeresführer und Minister selbst Hand anlegten, ist nicht belegt. Kumpanei mit dem Rudel, die Herstellung von Stallgeruch, gehört für Alpha-Männchen, die Anführer von Primatenbanden, ebenso zu den Machtstrategien wie das Setzen von Duftmarken gegen Feinde. Cheneys Autogramm steht in dieser klassischen Schaltkreis-2-Tradition: Die ersten Alpha-Männchen steckten ihre Territorien mit Exkrementen ab. Entstand Streit über das Territorium, bewarfen sie sich damit und beschimpften sich als »dreckige Scheißer«. Der »Prozeß der Zivilisation« (Norbert Elias) hat zwar die stinkenden Häufchen in sterile Megatonnenbomben verwandelt, das Schimpfwort aber ist insgeheim dasselbe geblieben. Nur öffentlich darf der Schaltkreis-4-Primat es nicht kundtun: Seine Bömbchen (frz. pétard, engl. fart, dtsch. Furz) schickt er dem Feind mit ironischer Duftmarke: »In Liebe«. »Du dreckiger Scheißer« könnte ein Verteidigungsminister heute nicht mehr auf eine Bombe schreiben, ohne seinen Job zu riskieren. Diese Kulturleistung immerhin haben 50 000 Jahre Primatenevolution erbracht. Wäre da nicht die gesteigerte Tötungseffizienz der Mittel, man könnte fast von »Fortschritt« sprechen.

Diese vier Bewußtseins-Schaltkreise, die Leary als irdische bezeichnet hat, umfassen normalerweise sämtliche vom Gehirn aktivierten Bereiche. Bei der Ausbildung dieser Bewußtseinsebenen durchläuft das Kind alle Stufen der Evolution, und die Prägungen, die es hier erhält, bestimmten meist zeitlebens sein Verhalten. Urgefühle von Angst und Sicherheit, Tendenzen zu Selbstbewußtsein oder Unterwürfigkeit, sexuelle Signale und Verhaltensmuster werden durch diese Prägungen zu automatischen Reflexen eingefroren, die als Bestandteil des neurochemischen Skripts in der Folge instinktiv und roboterhaft ablaufen. Nicht nur die Graugans, die sich, wie Konrad Lorenz gezeigt hat, auf einen Tennisball als Mutterersatz prägen läßt, auch das menschliche Gehirn verfügt über erstaunliche Prägungsmöglichkeiten. Wie das Balzverhalten von Rotkehlchen durch Zweige- und Blättersammeln bestimmt ist, kennzeichneten zum Beispiel »eindeutige männliche Überlegenheit, Strumpfhalter, Alkohol, schwarze Spitzenhöschen und cooler Jazz« eine bestimmte Prägungsgruppe domestizierter Menschen, während eine andere Gruppe bei ihren Werbungsritualen auf »möglichst große äußere Ähnlichkeit, lange Haare, Gras, Schlafsack und Rock 'n' Roll« Wert legte: »Arbeitsteilung, weitgefächerte Unterschiede im kulturellen Stil und die erstaunliche Fähigkeit des Nervensystems, fast alles als Prägung anzunehmen, hindern domestizierte Menschen an der Erkenntnis, daß ihre sozialisierten sexuellen Verhaltensmuster genauso mechanisch wie die der Ameisen und Schnabeltiere ablaufen«.[6]

● Wenn nun der sechste Sinn des Menschen tatsächlich auf die Wahrnehmung eines spirituellen Kosmos, auf das »Lächeln des Weltalls« (Dante) ausgerichtet ist, warum wurden die 2500 Jahre seit Buddha nicht genutzt, diesen Sinn so zu entwickeln wie etwa die Farbwahrnehmung? Wir haben im Moment noch so wenig Worte dafür wie un-

---

[6] T. Leary: Neuropolitik (1986), S. 109.

sere archaischen Vorfahren für das Blau des Himmels. Doch Pioniere im Weltraum der Seele wie Timothy Leary geben uns mit ihren Modellen zumindest eine grobe Vorstellung: Der fünfte, neurosomatische Schaltkreis manifestiert sich nicht bei allen Menschen und ist im Alltagsbewußtsein nicht ständig präsent, von ihm werden Phänomene gesteuert, die wir allgemein als »Ekstase« bezeichnen. Wie alle höheren Schaltkreise ist dieses »fünfte Gehirn« viel jünger als die anderen Bewußtseinsschichten. Zur Aktivierung dieses Schaltkreises mußten die Menschen lernen, das Betriebssystem des Normalgehirns zu verändern. Am einfachsten geschieht dies durch bestimmte Yoga-Atemtechniken oder psychoaktive Pflanzen. Die Schamanen und Priesterinnen aller Kulturen waren die ersten Techniker dieses fünften Schaltkreises – sie veränderten die neurochemische Hardware des Bio-Computers und benutzten dazu außer bestimmten Körpertechniken vor allem geistbewegende Pflanzen. Nach der weiter unten dargelegten Geburtsgeschichte der Metaphysik (vgl. Kapitel 7) war es die Vernetzung mit der Pflanzenintelligenz – die in den »Diskettenschacht« geratene Alkaloid-Software der Pilze –, die die höheren Schaltkreise auf dem hominiden Betriebssystem erstmals zum Laufen brachte. Dieser fünfte Schaltkreis steht nach Leary für »neurosomatische Intelligenz«, das heißt »die Fähigkeit, alle früheren Prägungen als direkte körperliche Sinneswahrnehmungen aufzuheben, zu ergänzen, neu zu verbinden und hedonistisch zu steuern«. Das, was wir heute unter ganzheitlicher Medizin verstehen, zielt ganz allgemein gesprochen auf die Aktivierung dieses Schaltkreises, der auch für Effekte wie Gesundbeterei, Placebo-Heilung und andere kleinere »Wunder« zuständig ist. Von Hanf-BenutzerInnen wird dieser Bewußtseinszustand mit Begriffen wie »high« oder »Angetörntsein« beschrieben.

• Der sechste, neuroelektrische Schaltkreis entspricht einem Nervensystem, das sich seiner selbst bewußt wird. Es ist der Spiegel der Zen-Buddhisten: Bewußtsein, das sich selbst reflektiert. Es ist die Bewußtseinsebene, die die Gnostiker »Seele« nennen, die Chinesen »Wu-

Shin« (Nicht-Geist), die Tibeter »das weiße Licht der Leere«. Der Bewußtseinsforscher John Lilly, der sich in einem Isolationstank mit starken Psychedelika auf die Reise machte, nennt dies den Zustand des »Metaprogrammierens«, d.h. ein Bewußtwerden des Programmierens der eigenen Programmierung. Verfahren zur Öffnung und Prägung dieses Schaltkreises wurden erstmals im 1. Jahrtausend v. Chr. in Nordindien und China mit den Techniken des Tantras und Hatha-Yogas entwickelt. »Das Öffnen des sechsten Schaltkreises ist für die jeweiligen Erwartungen des irdischen ersten bis vierten Schaltkreises so alarmierend, daß es von jeher in paradoxen, fast absurden Metaphern beschrieben wird: Nicht-Selbst, Nicht-Mind. (...) Ohne wissenschaftliche Disziplin und Methodologie können nur wenige mit Erfolg die oft erschreckenden (aber philosophisch entscheidenden) metaprogrammierenden Signale des sechsten Schaltkreises entschlüsseln.« Daß ein plötzliches, unvorbereitetes Öffnen dieser Bewußtseinsebenen ein äußerst schmerzhaftes, an den Rand des Wahnsinns führendes Ereignis sein kann, hat Gopi Krishna in seiner Autobiographie sehr eindrucksvoll beschrieben.[7]

• Der siebte, »neurogenetische« Bewußtseins-Schaltkreis ist kollektiv, er enthält das gesamte evolutionäre Drehbuch, das Archiv der DNS-Erinnerung, das, was Sheldrake als »Gedächtnis der Natur« bezeichnet. Er tritt dann in Aktion, wenn das Nervensystem Signale aus dem Inneren der einzelnen Neurone empfängt, sich also in den bio-

---

[7] *Gopi Krishna: Kundalini – Erweckung der geistigen Kraft im Menschen (1968).* In der indischen Tradition wird das Anspringen höherer Bewußtseins-Schaltkreise als Erwachen der Kundalini-Energie, der Schlangenkraft, beschrieben, die eingerollt am unteren Ende der Wirbelsäule ihrer Erweckung harrt. Als Gopi Krishna, ein hinduistischer Beamter, in den 40er Jahren bei seinen morgendlichen Yogaübungen von einem plötzlichen Ausbruch dieser Energie überrascht wurde, konnte er allerdings keinen Lehrer finden, der ihm bei den damit verbundenen dramatischen körperlichen und geistigen Problemen helfen konnte. Als er nach langen, leidensreichen Jahren selbst herausgefunden hatte, mit dieser bewußtseinserweiternden Energie umzugehen und schmerzhafte Nebenwirkungen zu vermeiden, gründete er in Nishat (Kashmir) das Research Center for Kundalini.

photonischen Informationsstrom des Lebens selbst einklinkt. Die Griechen nannten diesen Zustand die »Vision des Pan«, die Chinesen »Tao«, die Hindus »Atman«. Leary schreibt über die Erfahrungen mit diesem Zustand: »Die ersten, die eine solche Mutation erlebten, sprachen von ›Erinnerung an vergangene Leben‹, ›Reinkarnation‹, Unsterblichkeit. Daß diese Adepten von etwas Realem berichten, ist durch die Tatsache erkennbar, daß viele unter ihnen (speziell Hindus und Sufis) tausend oder zweitausend Jahre vor Darwin wunderbare, zutreffende poetische Schilderungen der Evolution verfaßten und lange vor Nietzsche das Phänomen des Übermenschen prophezeiten. Die ›Akasha‹-Chronik der Theosophen, das ›kollektive Unbewußte‹ von Jung, das ›phylogenetische‹ Unbewußte von Grof und Ring sind drei Metaphern für diesen Schaltkreis. (...) Der spezifische Neurotransmitter des siebten Schaltkreises ist natürlich LSD, aber auch Peyote und Psilocybin erzeugen Erfahrungen dieses Schaltkreises.«[8]

• Der achte, »nicht-örtliche Quanten-Schaltkreis« – Leary nennt ihn »neuroatomares Bewußtsein« – kann uns, nachdem wir von Bells Theorem gehört haben, nicht mehr überraschen: Wenn jedes Teilchen des Universums in Kontakt mit jedem anderen steht, besteht das Universum in gewisser Weise auch aus einem einzigen Punkt, der All-Einheit. Reisen jenseits von Raum, Zeit und Kausalität, von denen die Schamanen aller Zeitalter berichten, sind auf dieser Ebene nichts Besonderes: Das Bewußtsein ist in der Lage, den Grenzen des Nervensystems völlig zu entfliehen. John Lilly, der sich in diese Bereiche des

---

[8] Leary ordnet den acht Bewußtseins-Schaltkreisen Substanzen zu, die diese Bewußtseinszustände aktivieren. 1. Schaltkreis: Opiate (Wärme, Schmerz-, Angstfreiheit), 2. Schaltkreis: Alkohol (Emotion, Territorium), 3. Schaltkreis: Stimulantia (Sprache, Intellekt), 4. Schaltkreis: »Keine Macht den Drogen«, Prozac, Beruhigungsmittel, Fernsehen (sexuelle Domestikation, kollektiver Konformismus), 5. Schaltkreis: Cannabis, Ecstasy (Hedonismus, Sensualismus), 6. Schaltkreis: LSD, Psilocybin (Quantenrealität), 7. Schaltkreis: hochdosiertes LSD, Psilocybin (DNA/Gaia-Bewußtsein), 8. Schaltkreis: DMT, hochdosiertes Ketamin (Fusion, »Tod«, post-biologisches Leben). Vgl.: *Neuropolitik (1986), S. 107 ff, Timothy Learys Totenbuch (1998), S. 91 ff.*

außerirdischen Unbewußten vorwagte, berichtet vom Kontakt mit Wesenheiten, die denen entsprechen, über die wir im Schaltkreis 3 unsere Witze machen: Außerirdische, Elfen, Engel. Leary ist der Ansicht, »daß der achte Schaltkreis buchstäblich neuroatomar ist – infra-, supra- und meta-physiologisch – ein quantenmechanisches Kommunikationssystem, das keinen biologischen Behälter erfordert.«[9]

Wie Learys Freund und Kollege Robert Anton Wilson schreibt, beschäftigt sich die gesamte okkulte Literatur, »abgesehen von den 95% reinen Schwachsinns«, mit nichts anderem als Methoden und Techniken, diese höheren Bewußtseins-Schaltkreise zu öffnen: »Wir sind alle Riesen, die zu Zwergen erzogen worden sind und uns deshalb angewöhnt haben, stets mit einem Buckel herumzulaufen.« Ein Buckel, der uns auch die Überwindung dessen erschwert, was heutzutage in den Sackgassen der Therapie- und Psycho-Kultur steckengeblieben ist. Nicht weil es sich dabei per se um Scharlatanerie und Kurpfuscherei handelt – die gibt es bei Psycho-Gurus und Geistheilern ebenso wie bei den zugelassenen Weißkitteln der Ortskrankenkasse –, sondern weil die Evolution des Bewußtseins zu einem bloß affirmativen spirituellen Fitneß-Programm verkommen ist. Wenn Rückgewinnung des Körperbewußtseins, von ozeanischen Gefühlen, von vorgeburtlicher Erinnerung usw. auf diesen Ebenen steckenbleibt, also nur noch Fühlen, Körperbewußtheit, sinnliche »awareness« gepflegt wird, wird das kleine schmutzige Ego nur übertüncht. »Schlimmstenfalls«, meint Leary, »wird man ein selbstgerechtes und blasiertes New-Age-Arschloch.« So notwendig es ist, sich auch über die unteren zellularen, körperlichen, emotionalen Schaltkreise bewußt zu werden, so wenig ist allein damit getan. Das Schaltkreis-3-Ego, das um Macht und Territorium kämpfende Primaten-Ich, muß, so paradox es klingt, gleichzeitig behalten und überwunden werden. Genauso wie die Vernunft

---

[9] *T. Leary, Neuropolitik, S. 95 f.* Vgl. auch *Timothy Learys Totenbuch (1998), S. 111 ff.*

erhalten bleiben muß und gleichzeitig das sogenannte Irrationale via Quantenphysik Einzug in die heiligen Hallen der Wissenschaft hält. Ich glaube nicht, daß eine höhere, transpersonale Bewußtseinsstufe bis übermorgen allgemein erreicht sein wird – und 2020 wäre übermorgen, wenn man bedenkt, daß Gaia 4 Milliarden Jahre geschuftet hat, um uns nur an den Punkt zu bringen, an dem uns unser Bewußtsein überhaupt bewußt wurde. Das animalische Bewußtsein ist also gerade erst aus seinem Tiefschlaf erwacht. Dennoch spricht vieles für eine Beschleunigung – nicht zuletzt die Werkzeuge zur Informationsübertragung, die wir uns in jüngster Zeit geschaffen haben. Wir sind über die »Halbzeit der Evolution« – wie Ken Wilber seine Arbeit zur Bewußtseinsgeschichte genannt hat – vielleicht schon ein bißchen hinaus.[10]

Daß Leary im Gefängnis Anfang der 70er den definitiven Sprung des allgemeinen Bewußtseins in die Abteilung »ewiges Leben« bereits für die 90er Jahre prophezeite, ist seinem unverbesserlichen Optimismus und dem kalifornischen Hang zum »Just do it«-Aktionismus geschuldet. Seinem Modell der Bewußtseinsstufen tut das keinen Abbruch. Es fußt einerseits auf der Tradition der »Philosophia perennis«, der Ewigen Philosophie, deren westliche Linie von Anaximander und Heraklit über Platon und Plotin zu Meister Eckhart, Paracelsus, Spinoza, Autoren wie Goethe, Schelling und Schopenhauer, bis hin zu Quantenphysikern wie Albert Einstein und Erwin Schrödinger reicht und die im Osten den Kern der taoistischen, hinduistischen, buddhistischen, sufistischen Lehren bildet. Andererseits hat Leary seine Erkenntnisse über die Funktionsweise des Bewußtseins eben nicht allein

---

[10] *Ken Wilber, Halbzeit der Evolution – Der Mensch auf dem Weg vom animalischen zum kosmischen Bewußtsein (1988).* Mit *Eros, Kosmos, Logos – Eine Vision an der Schwelle zum nächsten Jahrtausend (1997)* hat der Bücherwurm und Zen-Schüler Wilber in seinem Opus magnum die Evolutionsgeschichte des Bewußtseins im Lichte der alten Weisheitslehren und der modernen Naturwissenschaften zusammengefaßt. Zur Philosophia perennis vgl. *Aldous Huxley: Die ewige Philosophie – Texte aus drei Jahrtausenden (1987).*

aus Büchern oder aus der Kontemplation gewonnen, sondern mit den modernsten empirischen Werkzeugen gearbeitet, die zu seiner Erforschung zur Verfügung standen. Daß die meisten seiner Zeitgenossen die Ergebnisse seiner Entdeckungen für »verrückt« halten, eint diesen »durchgeknallten Professor« mit Pionieren wie Leeuwenhoek oder Galilei, deren Arbeit mit neuen Werkzeugen ebenfalls untragbare Weltbilder hervorbrachte.

Neben den mächtigen Katalysatoren aus dem Pflanzenreich, die dem menschlichen Bewußtsein von jeher den Sprung in die Transzendenz eröffneten, sind in neuerer Zeit auch einige andere empirische Möglichkeiten aufgetaucht, dem Geist auf die Spur zu kommen. Und es scheint sich bei der Erforschung des Bewußtseins zu wiederholen, was wir schon bei der Erforschung von Gaia gesehen haben: Um uns ein angemessenes Bild von der Erde zu machen, mußten wir sie tatsächlich erst verlassen – und so können wir auch ein angemessenes Bild unseres alltäglichen Bewußtseins nur gewinnen, wenn wir es verlassen.

Als Ärzte in Long Island eine 70jährige Frau nach einer schweren Herzattacke wiederbelebt hatten, staunten sie nicht schlecht: Die Patientin beschrieb nicht nur lebhaft, was während ihres Herzstillstands um sie herum geschehen war, sondern konnte auch die benutzten medizinischen Geräte und ihre Farben detailliert schildern. Der Doktor, so sagte sie, hätte einen blauen Anzug getragen, als er mit der Wiederbelebungsmaßnahme begann. Obwohl den Medizinern aus den Berichten wiederbelebter Patienten derart merkwürdige Wahrnehmungen bekannt waren, schien dieser Fall außerordentlich: Die alte Dame war seit ihrem achtzehnten Lebensjahr blind. Seit über 50 Jahren hatte sie weder irgendeine Farbe gesehen, noch hatte zum Zeitpunkt ihrer Erblindung eines jener medizinischen Geräte existiert, die sie jetzt so genau beschreiben konnte und mit deren Hilfe sie in ihr (nach wie vor blindes) Leben zurückgeholt worden war.

Dies ist einer von über tausend Fällen, die der amerikanische Mediziner Raymond A. Moody seit 20 Jahren erforscht und für die er den Terminus »Near Death Experience« (NDE) geprägt hat. Sein erstes Buch »Life after Life« setzte Ende der 70er Jahre so etwas wie ein neues Paradigma: Es klassifizierte das Phänomen, grenzte es von anderen außersinnlichen Wahrnehmungen ab und brachte das Nah-Todes-Erlebnis auf einen wissenschaftlich handhabbaren Begriff. Moody hatte nichts Neues entdeckt, Berichte von Jenseits-Reisen sind aus allen Kulturen und Völkern überliefert, doch er gab den Anstoß zur ihrer wissenschaftlichen Wiederentdeckung. Dies hat sich nicht nur in zunehmendem Interesse an der medizinisch-psychiatrischen Erforschung, sondern auch in Diskussionen über spirituelle Sterbehilfe niedergeschlagen und zuletzt zu Hollywood-Thrillern wie »Flatliners« oder »Ghost« geführt. Eine Gallup-Umfrage fand Mitte der 80er Jahre heraus, daß 5 Prozent der amerikanischen Erwachsenen (also ca. acht Millionen Menschen) ein Nah-Todes-Erlebnis hatten; bei den nach Moodys Einteilung abgefragten Elementen dieses Erlebnisses gaben 26 Prozent an, sich außerhalb ihres Körpers befunden zu haben. 23 Prozent verfügten über eine genaue visuelle Wahrnehmung, 17 Prozent hörten Geräusche und Stimmen. Die drei häufigsten Erfahrungen, die knapp ein Drittel aller Befragten nannten, waren ein Rückblick auf ihr Leben, Schmerzlosigkeit und Frieden sowie das Gefühl, in einer anderen Welt zu sein. 23 Prozent berichten, daß sie andere Wesen getroffen hätten – gestorbene Verwandte oder Freunde oder ein strahlendes »höheres« Wesen.

Vor allem diese »Gotteserfahrung« hat die Skeptiker auf den Plan gerufen: Hier werde deutlich, so die Kritik, daß es sich um religiös-kulturell gespeiste Halluzinationen handele. Spielt also die Hirnchemie automatisch ein friedvolles Traumvideo ein, um den Schrecken des Todes zu mildern? Moody verweist in diesem Zusammenhang nicht nur auf die flache EEG-Kurve der Kurzzeit-Gestorbenen – die scheinbare Abwesenheit jeglicher Gehirn-Aktivität –, sondern auf die erstaunlichen Berichte, die sein Kollege Melvin Morse[11] gesammelt hat: die Nah-Todes-Erlebnisse von Kindern. Diese von religiösen Prägungen und Einflüssen nur wenig beeinflußten Zeugen berichten von ähnlichen Tunnelflügen, Lichterfahrungen und Kommunikationen wie die von Göttern, Engeln und Paradies-Vorstellungen vorbelasteten Erwachsenen. Die These, daß es sich bei den Nah-Todes-Erfahrungen nicht um ein rein subjektives Erleben, sondern um eine objektive Erfahrung handelt, die Menschen in allen Kulturen teilen, wird seit einem Vierteljahrhundert Forschung mit vielen Fallbeispielen unterstützt. Interessant in unserem Zusammenhang sind vor allem die Wirkungen und Verhaltensänderungen, die die Jenseitsreisen bei den ins Leben Zurückgeholten auslösten. David Lorimer unterscheidet in seiner Zusammenfassung der zahlreichen Untersuchungen der jüngsten Zeit acht Kriterien:

1. die Überwindung der Angst vor dem Tod, verbunden mit der festen Überzeugung eines Weiterlebens des Bewußtseins nach dem Tod
2. eine höhere Wertschätzung des Lebens, der Wunsch, ganz in der Gegenwart zu leben
3. ein nachdrückliches Eintreten für bedingungslose Liebe, der Wunsch, anderen zu helfen
4. gesteigerte Sensibilität im Umgang mit anderen Menschen und der Natur, ein deutliches Gefühl für die Verbundenheit aller Dinge
5. nachlassendes Interesse an äußeren Werten (Karriere/Wohlstand), Abkehr von der »Existenzweise des Habens« (Erich Fromm)
6. religiöse Neuorientierung, inneres Leben wird wichtiger als äußere Rituale
7. ein Bewußtsein vom Sinn und Ziel eines »wahrhaftigen« Lebens

---

[11] Vgl. *Melvin Morse/Paul Perry »Zum Licht – Was wir von Kindern lernen können, die dem Tode nahe waren« (1992).*

8. der Wunsch, Leben und Tod zu verstehen, ein brennnendes Verlangen nach geistiger Erkenntnis und Weisheit.[12]

In den meisten Punkten überschneiden sich diese Punkte mit jenen Kriterien, die Walter Pahnke und Rick Doblin bei dem Karfreitags-Experiment zur mystischen Erfahrung ermittelten – und in gewisser Weise auch mit jenen Andeutungen von Überwältigung, die uns die in Eleusis Initiierten mitteilen (vgl. Kapitel 7). Dies hat damit zu tun, daß das Bewußtsein der Initianten in der eleusischen Höhle und in der Kapelle von Harvard offenbar genau dieselben Regionen bereist, die sich auch im Moment des physischen Todes öffnen. Der Zen-Kalauer von Wolfgang Neuss – »Man kann heute sterben und anschließend in die Disco« – drückt genau dies aus: daß es mit psychedelischen Substanzen möglich ist, den Körper zu verlassen, virtuell zu sterben und nahtodesähnliche Erfahrungen zu machen. Und weil Neuss die psychedelische Geschichte der Griechen zwar nicht kennt, über das Mutterkorn aber an den Geist von Gaia angeschlossen ist, ergänzt er diese Aussage auch mit genau dem, was sich in Eleusis an das Erlebnis der geistigen Wiedergeburt anschloß: »Disco«, der Tanz des Lebens.

Die Wissenschaft vom Tod rüttelt am Fundament aller Fragen, an der Basis aller Weltbilder und Lebensentwürfe – was seit Tausenden von Jahren eine Sache des Glaubens (und damit letztlich der Beliebigkeit) war, rückt in die Sphäre des Wissens, der harten Fakten, der Naturtatsachen. Und droht hier nahezu alles, was sich an Aufklärung über die Frage »Was ist Leben?« angesammelt hat, wenn nicht über den Haufen zu werfen, so doch grundlegend zurechtzurücken. Es ist abzusehen, daß diese Art von Jenseits-Wissenschaft, die bisher noch einigen Pionieren und Außenseitern vorbehalten ist, in den kommenden

---

[12] Vgl. *Raymond Moody: Leben nach dem Tod (1977)*, sowie *Kenneth Ring: Den Tod erfahren – das Leben gewinnen (1984)*. Eine systematische Darstellung der NDE und der philosophischen Diskussion geben *Carol Zaleski: Nah-Todeserlebnise und Jenseitsvisionen (1993)* und *David Lorimer: Die Ethik der Nahtodeserfahrung (1993)*.

Jahrzehnten zu einem dramatischen Paradigmenwechsel des herrschenden szientistischen Weltbilds führen wird. Das Dampfmaschinenzeitalter der Aufklärung, das sich aufmachte, mit einem Kessel voll Halbwissen und lauter Druckpfeife die Welt zu erobern, geht im Zuge einer auch noch den letzten Flecken Erde niederwalzenden Globalisierung ebenso definitiv zu Ende wie das Zeitalter der pseudo-eschatologischen Messias-Religionen, deren Anhänger ihren lang erwarteten Terminator schon deshalb nicht erleben können, weil sie zuvor ihre Lebensgrundlage auf diesem Planeten eliminiert haben werden. Daß das Jüngste Gericht nichts ist, was von außen kommt, sondern ein inneres Erleben, die im Nah-Todes-Stadium wie ein Dokumentarfilm ablaufende Lebensrevision; daß das »Reich Gottes« keine außerirdische Nation ist, die irgendwann das Ruder übernimmt und das T*R*aumschiff Erde auf Kurs bringt, sondern eine Entität, die *in uns* ihrer Entdeckung harrt; daß der Mensch kein Gen-Baukasten aus dem biologischen Legoland, sondern eine Logosynthese aus Geist und Licht ist, all dies werden experimentelle Theologie, praktische Thanatologie, teilnehmende Transzendentalkunde und analytische Psychonautik – die Jenseits-Wissenschaften – künftig aus dem Wunderhorn subjektiver Erfahrungen auf den Seziertisch objektivierbarer Tatsachen und damit in den Bereich des Allgemeinwissens bringen.

Eng verbunden mit den Nah-Todes-Erlebnissen, wenn auch weniger dramatisch, ist eine weitere Art von Entweichen des Bewußtseins aus dem Körper, die sogenannte »Out-of-Body«-Experience (OOBE), die nicht mit dem Tod verbunden ist. Sie kann sich zufällig ereignen, wie das erste Mal bei Robert Monroe (siehe Seite 110 f.), aber auch geübt und trainiert werden. Wer aber nach drei Monaten schon multidimensionale Abenteuer in den Anderswelten à la Monroe erhofft, erwartet mit Sicherheit zuviel. Dennoch bieten auch diese Techniken der Wissenschaft ein Forschungswerkzeug, mit dem sie das Innen von außen betrachten und verstehen lernen kann. Ich selbst verdanke meine erste OOBE einer Blinddarmoperation, beziehungsweise der

Äthermaske, die zu Betäubungszwecken 1961 noch üblich war. Wenn diese übergestülpt war, mußte man laut zählen, ich schaffte es bis acht, bevor ich auf dem Operationstisch das Bewußtsein verlor – um mich im selben Augenblick im Weltraum zu befinden. Ich schwebte in einer Art Rhönrad im Raum und sah unter mir die Erde – als ich viel später zum erstenmal die berühmte Anatomie-Zeichnung von Leonardo sah, die einen Menschen mit gespreizten Armen und Beinen in einem Kreis stehend zeigt, kam mir das sofort bekannt vor: So bist du im Weltraum geflogen! Kein anderer Kindheits»traum« war so intensiv wie diese Erfahrung, von der ich nicht definitiv behaupten kann, daß sie eine echte OOBE war – meinen zum Aufschneiden auf dem Operationstisch liegenden Körper habe ich nicht beobachtet und auch keine Erinnerung an den Wiedereintritt in den Körper. Deutlich war aber das Heraustreten des Bewußtseins, das wie in einem Rutsch geschah: Zuerst setzte ein leichter Schwindel ein, dann begann die Besinnung zu schwinden, und als ich die Anstrengung, anwesend zu bleiben, aufgab und losließ, wurde ich mit einem Schwupp in den Hyperspace »gebeamt«. Vermutlich dauerte dieser Ausflug nur wenige Sekunden, aber es waren die intensivsten meines bis dahin 7jährigen Lebens. Vier Jahre zuvor war der russische Sputnik erstmals ins All geflogen, »Weltraum« war Ende der 50er ein großes Thema und sicher typisch für die Träume kleiner Jungen. Ich hatte vor diesem Erlebnis auf die Frage, was der kleine Mann denn mal werden wolle, immer schon »Astronaut« geantwortet, und der Märchenfilm »Peterchens Mondfahrt« hatte mich schwerst beeindruckt, in meinem Traumarsenal war der Weltraum zu diesem Zeitpunkt also nichts Unbekanntes mehr. Doch diese Erfahrung war deutlicher, prägnanter, anders – ich umkreise etwas, das ich noch nie gesehen hatte: die Erde von außen. Nicht mehr, aber auch nicht weniger, der Eindruck war weder mystisch oder in irgendeiner Weise sakral, noch brachte er irgendeine Erleuchtung. Es war eher ein entspanntes Staunen und ein wacherer, klarerer Zustand, als ich ihn aus meinen Träumen kannte. Andere außerkörperliche Erfahrungen, die ich später machte, liefen nicht so traumhaft und angstfrei ab – OOBEs können hochdramatisch und der reine Horror sein, wenn man Angst hat, nicht mehr zurückzukommen – so daß ich mir nicht sicher bin, ob es sich bei dieser Weltraumfahrt nicht vielleicht auch um einen Klartraum gehandelt hat.

Die Forscher streiten sich noch um die Terminologie, doch ob man den Klartraum »lucid dream« oder »high dream« nennt, über die Bedingungen herrscht weitgehend Einigkeit:

- Der träumenden Person ist vollkommen klar, daß sie träumt.
- Ihr Bewußtseinszustand ist verglichen mit dem Wachzustand in keiner Weise eingetrübt, oft sogar besonders klar, alle fünf Sinne funktionieren dem subjektiven Erleben nach genauso gut wie im Wachzustand.
- Man erinnert sich an das bisherige Wacherleben und an alle Klarträume. Es existiert ein klares Bewußtsein von der eigenen Entscheidungsfreiheit.

Das luzide Träumen ist ein jahrtausendebekanntes Phänomen, das jede/r lernen kann. Die einfachste Methode ist, täglich 10-15 mal einen Realitäts-Check durchzuführen: d.h. sich zu vergewissern, daß man eindeutig wach ist, z.B. an einem Tisch sitzt, Kaffee trinkt und alles ganz normal zugeht. Wenn einem diese Zustandsüberprüfung in Fleisch und Blut übergegangen ist, wächst die Wahrscheinlichkeit, daß man einen solchen Check auch einmal im Traum durchführt und dann eben feststellt, daß man träumt. Mit diesem Bewußtwerden, einem »Aufwachen«, während der Körper weiterschläft, beginnt der Klartraum – und damit die Möglichkeit, Personal und Handlung des Traumgeschehens selbst zu bestimmen. Soviel Geduld es kostet, das Klarträumen zu erlernen, so leicht ist es, einen Klartraum zu beenden: Wenn der Klarträumer seine ausgestreckten Hände oder irgendeinen anderen Gegenstand fixiert, wird die Phase des Rapid Eye Movement beendet, und man wacht auf. In den USA wurde in den 80er Jahren erstmals ein aufsehenerregendes Experiment durchgeführt, das seitdem vielfach wiederholt und verfeinert worden ist: Ein Klarträumer gab den Live-Bericht seines Traums durch eine zuvor mit Augenbewegungen einstudierte Morseschrift durch. Detektoren auf den Lidern des Schlafenden empfingen die Signale.

Warum eine solche Technik für die Zukunft der Psychotherapie wichtig sein könnte, zeigt zum Beispiel ein Volksstamm in Malaysia, der normale Realität und die Traum-Realität als völlig gleichberechtigt betrachtet. Die Kinder werden dort von klein auf zum Klarträumen angehalten und müssen jeden Morgen berichten, was sie nachts denn so getrieben haben. Ihnen wird zum Beispiel beigebracht, daß sie, wenn sie im Wachleben einen Tiger sehen, sofort wegrennen und das Dorf vor ihm warnen müssen, begegnet er ihnen aber im Traum, sollen sie stehenbleiben, den Tiger scharf anschauen und ihn zwingen, ihnen Geschenke zu bringen. Die Ethnologen berichten, daß in dieser Gesellschaft Gewaltverbrechen so gut wie kaum vorkommen und Geisteskrankheiten nahezu unbekannt sind. Das ist kein Wunder: Wer ein solches somnambules Doppelleben führt, kann schlafend bei völlig klarem Bewußtsein all das ausleben, was tagsüber aufgrund der Gesetze der Schwerkraft und des Sozialen völlig unmöglich ist.[13]

Deshalb wäre es sinnvoll, die Erlernung der Klartraum-Technik schon an Grundschulen einzuführen; wie schwierig es ist, als »trainingsfauler« Erwachsener die Übernahme der Traumregie zu lernen, habe ich selbst erfahren. Einmal saß ich im Traum mit zwei Freunden in unserem Wohnzimmer, und wir führten ein Gespräch. Das Thema unseres Gesprächs habe ich mittlerweile vergessen, aber ich wollte dazu mit dem Zitat aus einem Buch beitragen und ging in das Nebenzimmer, um es zu holen. Dort angekommen, blieb ich überrascht in der Tür stehen: Die Bücherregale und der Schreibtisch waren ver-

---

[13] Vgl. *J. Gackenbach/S. LaBerge (Hrsg.) Conscious Mind – sleeping brain (1988), S. LaBerge: Lucid dreaming (1985), P. Tholey: Schöpferisch träumen (1991).*

schwunden, das Zimmer war leer, nur eine Leiter stand in der Ecke. »Was ist denn hier los?« dachte ich. »Seit wann wird denn hier renoviert, in meinem Zimmer, das müßte ich doch wissen, vor einer Stunde war doch noch alles da!« Während ich mich weiter wunderte und auf der Türschwelle stand, fiel auf einmal der Groschen, der Traum ging in einen Klartraum über: »Du träumst!« dachte ich und ging ein paar Schritte ins Zimmer hinein und sah mich um. Ich klopfte an die Wand, sie war hart, ging zur Leiter und prüfte sie, ebenfalls hart; die Aussicht aus dem Zimmer: wie immer – aber trotzdem war mir vollkommen klar, daß ich alles nur träumte. Kleine, typische Flecken an der Wand fehlten, die Leiter war nicht unsere, der Fußboden sah anders aus. »Ein Klartraum, endlich, mein erster«, dachte ich und begann zu überlegen, was ich jetzt machen sollte. Die Stimmen aus dem Wohnzimmer waren weiter zu hören. Eigentlich wollte ich ja das Buch holen, fiel mir ein, aber das Regal war weg. An dieser Stelle machte ich wohl den entscheidenden Fehler – statt ungestört in meinem leeren Zimmer noch ein bißchen zu zaubern, zum Beispiel die Bücherregale wieder heraufzubeschwören, konnte ich die brandheiße Neuigkeit meines Klartraumzustands nicht für mich behalten, sondern wollte sie mit meinen Freunden teilen. »Ich gehe jetzt rüber und kläre sie darüber auf, daß sie nur Traumfiguren sind und jeden Moment weggezaubert werden können, die werden staunen«, nahm ich mir vor, doch beim Eintreten ins Wohnzimmer – ich wollte zur Verkündigung der frohen Botschaft gerade ein triumphierendes »Leute, wißt ihr was?« anstimmen – jagte diese Begeisterung wohl einen zu kräftigen Adrenalinstoß durch meinen Körper: Ich lag wach in meinem Bett. Natürlich gelang es nicht, in diesen »Film« wieder hereinzukommen, und überhaupt ist es mir danach nur noch zweimal gelungen, zum Klartraumzustand zu erwachen, doch beide Male bin ich vor jeder Aktivität aus lauter Aufregung wieder ganz aufgewacht. Professor Paul Tholey, Traumforscher an der Universität Frankfurt, erklärte mir, daß dies Anfängern öfter passiert. Je öfter man den Zustand aber erlebt, desto unaufgeregter geht man damit um. Geübten Klarträumer/innen gelingt es dann relativ einfach und regelmäßig, sofort mit dem Einsetzen der Traumphase innerlich »aufzuwachen« und die Regie in ihrem Traum zu übernehmen. Insofern wird uns das psychologische Fanal dieses Jahrhunderts, Freuds im Jahr 1900 erschienene »Traumdeutung«, nicht noch weitere 100 Jahre begleiten, die Bibel der Filmkritik ist Vergangenheit, die Zukunft gehört den Regie-Handbüchern – nicht der nachträglichen Deutung, sondern der aktiven Inszenierung der Traumhandlung.

»Geht man den Dingen auf den Grund, dann sind Magie, Religion und Wissenschaft nichts weiter als erdachte Theorien; und wie die Wissenschaft ihre Vorläufer ersetzte, mag auch sie selbst eines Tages von einer perfekteren Hypothese abgelöst werden, vielleicht von einer völlig neuen Art und Weise, die Phänomene – oder die Schatten auf dem Schirm – zu betrachten, von der wir uns in unserer Generation noch keine Vorstellung machen können.«

Sir James Frazer, «Der goldene Zweig»

6

Wundersam erleuchtete Amphitheater
Über eine unheimliche Begegnung
im Jahre 1768 und Außerirdische
von unserem eigenen Planeten

»Wir waren zur Allerheiligsten-Pforte hinausgefahren und hatten bald Hanau hinter uns, da ich denn zu Gegenden gelangte, die durch ihre Neuheit mein Aufsehen erregten, wenn sie auch in der jetzigen Jahreszeit wenig Erfreuliches darboten. Ein anhaltender Regen hatte die Wege äußerst verdorben, welche überhaupt noch nicht in den guten Stand gesetzt waren, in welchem wir sie nachmals finden; und unsere Reise war daher weder angenehm noch glücklich. Doch verdankte ich dieser feuchten Witterung den Anblick eines Naturphänomens; denn ich habe nichts Ähnliches jemals wieder gesehen, noch auch von anderen, daß sie es gewahrt hätten, vernommen. Wir fuhren nämlich zwischen Hanau und Gelnhausen bei Nachtzeit eine Anhöhe hinauf, und wollten, ob es gleich finster war, doch lieber zu Fuße gehen, als uns der Gefahr und Be-

schwerlichkeit dieser Wegstrecke aussetzen. Auf einmal sah ich an der rechten Seite des Wegs, in einer Tiefe eine Art von wundersam erleuchtetem Amphitheater. Es blinkten nämlich in einem trichterförmigen Raume unzählige Lichtchen stufenweise übereinander, und leuchteten so lebhaft, daß das Auge davon geblendet wurde. Was aber den Blick noch mehr verwirrte, war, daß sie nicht etwa still saßen, sondern hin und wieder hüpften, sowohl von oben nach unten, als auch umgekehrt und nach allen Seiten. Die meisten jedoch blieben ruhig und flimmerten fort. Nur höchst ungern ließ ich mich von diesem Schauspiel abrufen, das ich genauer zu beobachten gewünscht hätte. Auf Befragen wollte der Postillon zwar von einer solchen Erscheinung nichts wissen, sagte aber, daß in der Nähe sich ein alter Steinbruch befinde, dessen mittlere Vertiefung mit Wasser angefüllt sei. Ob dieses nun ein Pandämonium von Irrlichtern oder eine Gesellschaft von leuchtenden Gestalten gewesen, will ich nicht entscheiden.« [1]

Das »Naturphänomen«, von dem Goethe im sechsten Buch seiner Autobiographie berichtet und das ihm auf einer nächtlichen Kutschfahrt von Frankfurt nach Leipzig erschien, entspricht ziemlich genau dem, was wir heute Unidentifiziertes Flug Objekt, Ufo, nennen würden. Die »Irrlichter«, die Goethe bei seinem Identifizierungsversuch als mögliche Verursacher in Erwägung zieht, sind mittlerweile als natürliche Gase identifiziert, die sich aufgrund klimatischer Bedingungen selbst entzünden und wie ein Feuerball durch die Luft schweben – sie kommen als Ursache des beschriebenen »Pandämoniums« nicht in Frage. Alles spricht dafür, daß es sich bei dem Erlebnis des Studenten Goethe um eine »Begegnung der zweiten Art« handelt: die Sichtung einer gelandeten oder über dem Boden schwebenden Untertasse. Zu einem Kontakt mit den »leuchtenden Gestalten«, einer unheimlichen Begegnung der dritten Art, wie sie Steven Spielberg in sei-

---

[1] *Johann Wolfgang von Goethe: Dichtung und Wahrheit, Weimarer Ausgabe, Bd. I. 27, S. 45 f.*

nem Film beschreibt, ist es wohl nicht gekommen – die Details des Lichterphänomens aber lesen sich wie eine Regieanweisung dazu. Sie gleichen aufs Haar den zahlreichen Zeugenaussagen, auf die sich die moderne Ufo-Literatur und im übrigen auch Spielberg beruft, der seinen Film als Dokumentation verstanden wissen wollte. »Wundersam erleuchtetes Amphitheater« – ein treffenderer Ausdruck für ein Ufo ist im 18. Jahrhundert kaum denkbar. Alles spricht dafür, daß es sich bei diesem »trichterförmigen Raum«, der »stufenweise« flimmert, nicht um einen im vorelektrischen Zeitalter schwerlich zu simulierenden Trick handelt – genausowenig wie um eine ambulante (Amphi-)Theater-Truppe, die auf dem Land zwischen Hanau und Gelnhausen gastierte –, sondern um ein schwebendes Lichtobjekt mit außergewöhnlichen Eigenschaften. Was für heutige technische Verhältnisse noch einigermaßen selbstverständlich erscheint, muß im Zeitalter von Öllampen und Kerzen ziemlich sensationell gewirkt haben, und der Bericht läßt an der Ungewöhnlichkeit der Erscheinung keinen Zweifel. Daß es sich bei Goethe nicht nur um einen poesiebegabten Dichter, sondern um einen der bedeutendsten Naturbeobachter und -forscher seiner Zeit handelte, macht diese Aufzeichnungen zusätzlich interessant. Auch wenn Goethe als junger Jura-Student zum Zeitpunkt dieser unheimlichen Begegnung den Rätseln des Lichts und der Farbe noch keine umfangreichen Studien gewidmet hatte – daß das scheinbar beiläufige Ereignis später in seinen Lebensbericht aufgenommen wurde, zeigt die Bedeutung, die der Autor ihm zumaß.

Dem zur Beurteilung des Phänomens herangezogenen Postillon fällt die klassische Rolle des aufgeklärten, gegen Unerklärliches und Übernatürliches immunisierten »Experten« zu: Zuerst streitet er grundsätzlich ab – er will von der Realität der Erscheinung »nichts wissen« –, und wenn das nicht mehr hilft, weil der Zeuge insistiert, werden rationalisierende Erklärungen nachgeschoben, in diesem Fall ein »mit Wasser angefüllter Steinbruch«. Daß jene Wasseroberfläche Licht reflektiert haben könnte, ist fraglos möglich. Doch gegen eine solche

Erklärung spricht nicht nur die trübe, regnerische Witterung dieser Septembernacht im Jahr 1768, sondern vor allem die Intensität und Regelmäßigkeit des Phänomens: »unzählige Lichtchen«, die »stufenweise übereinander« rhythmisch »hin und wieder hüpften« und so »lebhaft leuchteten, daß das Auge geblendet wurde«. Teiche oder Wasserlöcher veranstalten selbst in klaren Vollmondnächten keine derartigen Lightshows.

Die beiden Hinweise auf Goethes Zustand nach diesem »unerwartet glücklichen Ereignis« – einen »Schmerz« in der Brust, der »erst nach vielen Jahren mich völlig verließ«, und ein merkwürdiger hypnotisierter Zustand, »daß ich eigentlich im Gehen schlief« – deuten nicht auf eine jener vermeintlichen Entführungen (und operativen Eingriffe durch außerirdische »Ethnologen«), wie sie amerikanische Ufo-Forscher neuerdings zahlreich dokumentieren. Goethes Erklärungen für seinen schmerzenden »Verdruß« sind völlig plausibel: Auch damals ließ der Straßenzustand im Osten zu wünschen übrig (»durch Thüringen wurden die Wege noch schlimmer«), und bei Auerstädt blieb der Wagen stecken. Beim Anschieben »ermangelte (ich) nicht, mich mit Eifer anzustrengen und mochte mir dadurch die Bänder in der Brust übermäßig ausgedehnt haben.« Daß ihn nach solcher Anstrengung, »des Wachens und der Reisebeschwerden nicht gewohnt«, später im Gasthaus eine »unüberwindliche Schlafsucht« überfällt, als er gerade unterwegs ist, »die erhoffte Suppe zu beschleunigen«, scheint mehr als verständlich. Als Ahnherr der Ufo-Entführungsopfer, wie sie sich in den USA mittlerweile in Selbsthilfegruppen organisiert haben, kommt Goethe deshalb vermutlich nicht in Frage; auch wenn die »Abductees«, die den Psychiater meist wegen einer Erinnerungsblockade aufsuchen, die unter Hypnose bricht und (erschreckend übereinstimmende) Details von Entführungs-Erlebnissen und medizinischen Untersuchungen preisgibt, auch wenn diese Horror-Erlebnisse von den Patienten durchaus mit positiven »Bewußtseins-Transformationen« verbunden werden: Verwandlungen von Weltbild und Lebenseinstellungen in einer Art, wie sie »goethischer« nicht sein könnte: ganzheitlich, spiritualistisch, kosmisch.[2]

Für die Ufo-Forschung ist das Protokoll Goethes von großem Belang – es stammt nicht nur von einem glaubwürdigen Zeugen, sondern von einem der größten Licht-Experten seiner Zeit – Goethes nie akzeptierte »Farbenlehre« wurde erst in jüngster Zeit von der neuen Physik und Wahrnehmungsforschung im Grundsatz rehabilitiert, sie war dem mechanistischen Zeitalter Newtons 200 Jahre voraus. Wenn aber ein so deutlich als blinkende Untertasse identifizierbares »Amphitheater« bereits im 18. Jahrhundert landete, dann kann es sich weder um einen »modernen Mythus« handeln – als welchen C.G. Jung das Ufo-Phänomen klassifizierte – noch um geheimes militärisches »Stealth«-Fluggerät, mit dem nach Ansicht von Skeptikern Ufos seit 1946 meistens verwechselt werden. Vielmehr darf »mit Goethe« behauptet werden – ohne den E.T.-Archäologen v. Däniken zu einem weiteren Werk (»Waren die Dichter-Götter Astronauten?«) anregen zu wollen –, daß es »Untertassen« sehr wohl schon gab, bevor sie ihren Siegesflug durch die Yellow Press antraten. Die Spezies WEA – »Wundersam erleuchtete Amphitheater« – kann als legitimer Vorfahre der Gattung Ufo gelten.

Arthur Koestler zitiert die Wissenschaftsgeschichte der Meteoriten

---

[2] *Budd Hopkins: Eindringlinge (1991)* machte Mitte der 80er Jahre die amerikanische Öffentlichkeit erstmals auf das Phänomen der »UFO-Abductions« aufmerksam. Sein Buch stand zusammen mit *Communion* (dtsch. *Die Besucher, 1990*) von *Whitley Strieber* 1987 monatelang auf der Bestsellerliste der *New York Times*. Der Horror- und Science-fiction-Autor Strieber behauptet, mehrfach von kleinen Wesen entführt worden zu sein. Vgl. *Ed Conroy: Communion – The facts behind the most controversial true story of our time (1990)*. Skeptiker halten die meist unter Hypnose geschilderten Erlebnisse der Patienten – Entführungen durch kleine graue Wesen, medizinische Untersuchungen und Operationen an Bord eines Raumschiffs – für Selbst- oder Fremd-Suggestionen durch die Therapeuten. Vgl. auch *Ulrich Margin: Von Ufos entführt (1991), John.E.Mack: Entführt von Außerirdischen (1995)*. Zur Ufo-Thematik überhaupt: *Eberhard Sens: UFOs in der Dämmerung, in: Der Freibeuter, Nr. 43/Nr.44 (1990), Timothy Good: Jenseits von Top-Secret (1989), Illobrand von Ludwiger: Stand der UFO-Forschung (1992)*. Zur aktuellen Einführung in den Zirkus der Absurditäten, Verschwörungen, Fakes (und echten Rätseln), einschließlich praktischer Ratschläge für »Ufo-Jäger«: *Michael Hesemann: UFOs über Deutschland (1997)*.

– »Das Fallen von Steinen vom Himmel ist physikalisch unmöglich«, behauptete die Pariser Akademie der Wissenschaften – als Hinweis auf den Mißkredit, in dem heute die Beschäftigung mit fliegenden Untertassen steht: »Man kann sich unschwer vorstellen, daß Meteoriten für die Menschen des 18. Jahrhunderts nicht leichter zu schlucken waren als Ufos für uns. Daher auch das gleiche Gezänk.« In »Der Mensch – Irrläufer der Evolution« hat sich Koestler mit dem Ufo-Tabu und den staatlichen Desinformations-Kampagnen auseinandergesetzt und für das »Festival der Absurdität« plädiert, das mit der Akzeptanz der Außerirdischen unweigerlich Einzug hält: »Wir müssen immer damit rechnen, an den Grenzen der Wissenschaft – ob bei außersinnlicher Wahrnehmung, bei der Quantenphysik oder der Ufologie – auf Phänomene zu stoßen, die uns paradox und absurd erscheinen.« Weil aber akademischen Autoritäten bei der Beschäftigung mit Ufos Karriereabsturz droht, Ausschluß aus der »scientific community«, bleibt die Wahrheitsfindung Privatforschern überlassen und unerschrockenen Grenzgängern vom Schlage eines Arthur Koestler. »Wenn die parapsychologischen und außerirdischen Erscheinungen wahr oder auch nur plausibel wären, müßte man sich ihnen gänzlich, ohne einen Augenblick zu verlieren, widmen«, heißt es bei Jean Baudrillard. Der skeptische Simulations-Theoretiker der Postmoderne kommt mit seinem Realismus-Dogma freilich über das Niveau seiner Pariser Kollegen von 1772 nicht hinaus – denn was heißt schon »plausibel«?[3]

Als im Jahr 1950 die Ethnologen Marcel Griaule und Germain Dieterlen ihre Forschungsergebnisse über die Mythologie der Dogon, eines archaischen Wüstenvolks im heutigen Mali, veröffentlichten, wußten sie nicht, daß sie eine Sensation publizierten: »Ausgangspunkt der

---

[3] A. Koestler: *Der Mensch – Irrläufer der Evolution* (1989), S. 343 ff. Arthur Koestler (1905–1983), einer der großen Journalisten und Wissenschaftsautoren des Jahrhunderts, hat sich auf vorbildliche Weise mit paranormalen Erscheinungen beschäftigt. Vgl. *Der göttliche Funke* (1966), *Das Gespenst in der Maschine* (1968), *Der Krötenküsser* (1972), *Die Wurzeln des Zufalls* (1972), *Der Yogi und der Kommissar* (1980).

Schöpfung ist der als *Digitaria* bezeichnete Sirius-Begleiter, der den Sirius umkreist. Die Dogon betrachten ihn als kleinsten und schwersten aller Sterne. Er enthält die Keime aller Dinge. Seine Bewegung um seine eigene Achse und rings um den Sirius garantiert das Fortwirken schöpferischer Kräfte im Weltraum.« Daß Sirius als nächster (8,6 Lichtjahre entfernter) und hellster Fixstern am Himmel im Dogon-Mythos eine Rolle spielte, schien nicht weiter überraschend, auch für die alten Ägypter, die ihn Sothis nannten, war Sirius der Kalenderstern. Keine Frage aber verwandten die astronomisch laienhaften Afrika-Forscher darauf, ob ein solcher Begleiter des Sirius überhaupt existiert – sie waren nur erstaunt über die detaillierten Himmels-Kenntnisse der Dogon und darüber, »wie Menschen ohne astronomische Instrumente über Bewegungen und Eigenschaften von Himmelskörpern Bescheid wissen konnten, die kaum sichtbar sind«. Tatsächlich existiert ein Begleiter des Sirius, aber er ist nicht nur »kaum sichtbar«, er ist völlig unsichtbar. Erst Ende des vergangenen Jahrhunderts wurde die Existenz von »Sirius B« aus der Bewegung des Sirius-Hauptsterns überhaupt erschlossen und mit einem starken Fernrohr beobachtet, die erste astronomische Aufnahme des kosmischen Winzlings gelang 1970. Die Dogon kennen nicht nur diesen Stern seit Menschengedenken, sondern auch die Dauer seines Umlaufs um Sirius A (genau 50 Jahre) und seine nicht runde, sondern »eiförmige« Bahn. Zudem wissen sie, was zu den allerneuesten Errungenschaften der Astrophysik zählt: daß es sich bei Sirius B um einen sogenannten »Weißen Zwerg« handelt, das lichtschwache, von extremer Gravitation zusammengedrückte Endprodukt

---

Die meisten der von E. v. Däniken als Belege für Eingriffe prähistorischer Astronauten zitierten Phänomene und Rätsel dürften sich auf dem Hintergrund einer Neuschreibung der Prähistorie klären, nach der die Entstehung von Zivilisationen mit fortgeschrittener Technologie schon viele tausend Jahre früher als bisher angenommen stattfand. Fast alle Spuren dieser Zivilisation wurden wahrscheinlich durch eine globale Katastrophe ausgerottet. Vgl. u.a. *Charles Hapgood: The maps of the ancient sea kings (1966/1996), Rose & Rand Flem-Ath: When the sky fell – In search of Atlantis (1997), Martin Freska: Das verlorene Atlantis (1997), Eberhard Sens/Lothar Müller: Einige Anmerkungen zur Legende von Atlantis*, in: *Ästhetik & Kommunikation, Heft 64, (1986).*

eines ehemaligen Himmelskörpers – den »kleinsten und schwersten aller Sterne«. Wie kommt ein Naturvolk in der Wüste von Mali an ein derartiges Wissen? Die Dogon-Priester berichteten den Ethnologen, daß sie dieses Wissen und ihre gesamte Kultur den »Nommos« (den »Mahnern« oder »Unterweisern«) verdanken, amphibischen Wesen, die in einer drehenden und wirbelnden Arche vom Himmel gekommen seien – von einem Planeten, für den Sirius A und Sirius B eine »Doppelsonne« darstellten. Dieser Planet, dessen Größe und Bahn den Dogon bekannt ist, wurde bis heute nicht gesichtet – Zweifel sind deshalb angebracht, aber auch Zuversicht: Schließlich wußten sie schon lange von Sirius B, als bei uns noch niemand etwas ahnte. Zweifel hatte auch der Sanskrit-Forscher und Orientalist Robert K.G. Temple, als er 1976 in London »The Sirius Mystery« veröffentlichte: nicht an der Echtheit des völlig unverdächtigen Berichts der Ethnologen Griaule/Dieterlen und auch nicht an den amphibischen Kulturbringern, auf die er auch in babylonischen und ägyptischen Mythen gestoßen war. Er hatte vielmehr Angst, sich als Ufo-Obskurantist unmöglich zu machen. Doch das Gegenteil geschah: »Es wird schwerfallen, Temples Argumente zu zerpflücken«, schrieb die ehrwürdige »Times« und behielt bis heute recht – für sein Buch wurde der Autor zum Mitglied der »Royal Astronomical Society« ernannt. Das Sirius Mystery ist nach wie vor serious ... wie u.a. auch bei Doris Lessing (»The Sirian Experiments«, London 1982) nachzulesen ist.[4]

»Jede weit genug entwickelte Technologie ist von Magie nicht zu unterscheiden.« Robert Anton Wilson hat diesem Gesetz von Arthur C.

---

[4] Vgl. *Robert Temple: The Sirius Mystery (1976/1998) (dtsch. Das Sirius-Rätsel, 1987).* Das Rätsel hat sich seit dem ersten Erscheinen des Buchs nicht aufgelöst, sondern weiter verschärft: Die von Temple nach der Dogon-Astronomie vorhergesagte Existenz eines dritten Sterns im Sirius-System wurde 1995 bestätigt. Die französischen Astronomen Benest und Duvent hatten das Sirius-System jahrelang beobachtet und vermessen und kamen zu dem Schluß, daß seine Bewegungen eindeutig auf einen dritten Stern deuten. Dieser kleine »rote Zwerg« kann wegen seiner Lichtschwäche ebenfalls kaum beobachtet werden. *D. Benett/J.L.Duvent: Is Sirius a Triple-Star?,* in: *Astronomy & Astrophysics, Vol. 295, 1995, S. 621ff.*

Clarke noch einen Absatz hinzugefügt: »Jede genügend fortgeschrittene Parapsychologie ist noch viel weniger von Magie zu unterscheiden.« Als Wilson im März 1976 im »San Francisco Chronicle« in einer Rezension des eben erschienenen Buchs von Robert Temple von vorzeitlichen Besuchern aus dem System des Sirius las, war er »völlig perplex« – hier behauptete ein angesehener Astronom, daß ein Geschehen real und materiell stattgefunden habe, das er auf einer ganz anderen, nämlich parapsychologisch-halluzinatorischen Ebene vermutete: Wilson, der mit Yoga und anderen Bewußtseinstechniken experimentierte, bildete sich ein, 1973, erstmals am 23. Juli – dem Tag, an dem sich Sirius und Erde am nächsten sind –, und danach mehrfach bis Oktober 1974 telepathische Nachrichten von Wesen von einem Planeten des Sirius empfangen zu haben. Er hatte mit Halluzinations-Experten, Psychologen und Ufo-Forschern darüber gesprochen und interpretierte das Außerirdische eher als innerpsychische Angelegenheit und Kontakterlebnisse als Manifestation einer sich über den gesamten Kosmos erstreckenden telepathischen Kommunikation, die das kollektive Unbewußte in diesem Jahrhundert eben mit Ufo-Metaphern ausschmückt, während es früher Marienerscheinungen oder Tiergottheiten waren. »Wenn ein Verkäufer in West-Virginia und ein Student in West-Virginia die gleiche ›Halluzination‹ miteinander teilen können – beide wurden in einem Ufo ›schneller als das Licht‹ zu einem Planeten namens Lanalus entführt, wo alle nackt herumlaufen –, dann könnte es sich bei diesem Schulbeispiel möglicherweise um eine interstellare Mitteilung handeln«, meint Wilson.

Ufos also einerseits als grobstoffliche, hochtechnisierte Flugzeuge von anderen Sternen, andererseits als immaterielle, psychoide Überflieger einer höheren Bewußtseins-Dimension oder – und das könnte die komplexen Verwirrungen des Themas erklären – beides zusammen? Sicher nicht zufällig haben sich die zwei hervorragendsten Schüler Freuds, Wilhelm Reich und Carl Gustav Jung, intensiv mit den Untertassen beschäftigt. Während Jung sie als moderne Variante archetypischer, vom Unbewußten projizierter Bilder zu verstehen suchte, forschte Reich in eine ganz andere Richtung. Bei seinen Experimenten mit »Orgon«-Energie (in der er den kosmischen Treibstoff allen Lebens gefunden zu haben glaubte), erschienen ihm Ufos (Reich nannte sie EA – Energie Alpha-Primordial) eher als eine Art außerirdischer Vampire, die uns hienieden die Bio-Energie absaugen. Seine Kontakte mit dieser Energie hat Reich detailliert beschrieben, sein Buch »Contact with Space« wurde nach seiner Verurteilung in Amerika 1957 demonstrativ verbrannt. Erst jetzt, fast ein halbes Jahrhundert später, erscheinen die Bücher wieder, die Reich in den letzten 15 Jahren seines Schaffens geschrieben hat und die nahezu ausschließlich der Erforschung außerirdischer/innerpsychischer Energie galten.[5]

Spätestens seit der Schwabe Roland Emmerich als »Spielbergle« in Hollywood mit seiner Special-effects-Materialschlacht »Independence Day« die Kassenrekorde brach, sind Ufos und ihre außerirdischen Besatzungen vom Nischen- zum Mainstream-Thema geworden. Die Zahl der Ufo-Sichtungen hat in den USA deutlich zugenommen, und spätestens seit Übernahme der US-Fernsehserie »X-Files« blüht an deutschen Himmeln ähnliches. Wenn außerirdische Lebensformen mit uns Kontakt aufnehmen wollen, warum landen sie dann nicht einfach im Garten des Weißen Hauses, vor den Kameras von CNN? Seit v. Däniken die Berufs-Skeptikerfrage mit der Aufforderung konterte: »Stellen Sie sich vor, Sie müßten diplomatischen Kontakt mit Hühnern aufnehmen«, gilt es, zumindest einen Schritt weiter zu denken. Was wäre, wenn Ufos, Außerirdische, Engel nicht übernatürlich wären, sondern wir Menschen schlicht und einfach unternatürlich? Ein Planet von Hühnern, die sich für die Krone der Schöpfung halten und die sich doch nur permanent behacken, von höherer Intelligenz

---

[5] *C.G. Jung: Ein moderner Mythus - Von Dingen die am Himmel gesehen werden (1958).* Wilhelm Reichs Spätwerk ist erst in allerjüngster Zeit erschienen (Werkausgabe bei Zweitausendeins, 1994 ff.), die Auseinandersetzung um das Verbot seiner Schriften schildert *Jerome Greenfield: USA gegen Wilhelm Reich (1995).*

oder gar kosmischer Weisheit keine Spur. Im Moment könnten superintelligente Außerirdische mit dieser ziemlich dumpfen Hühnerrasse, die sich Homo sapiens nennt, wahrscheinlich wenig anfangen. Daß die Besucher aus dem All, wie die Ufolklore behauptet, ihre medizinischen Operationen wegen unserer Emotionalität treiben, die in ihrer eigenen, hyperrationalen Rasse (Mr. Spock läßt grüßen) auszusterben droht; daß sie deshalb Entführungsopfer schwängern und in geheimen unterirdischen Basen mit Menschenmaterial experimentieren – diese Vorstellung ist absolut typisch für die Hybris des humanoiden Hühnerhaufens: Wenn ausgerechnet dieser »bombensichere« Planet das letzte Refugium für Emotionen, Gefühle, Liebe im Kosmos sein soll, müßte es sich bei diesem Universum insgesamt um eine ziemliche Fehlkonstruktion handeln. So unwahrscheinlich es also ist, daß im Kosmos die Emotionen knapp werden und die Erdbewohner deshalb extraterrestrisch ausgesaugt werden, so wahrscheinlich ist das Ufo- und Außerirdischenphänomen sehr viel älter als jene fliegenden Scheiben, die der US-amerikanische Pilot Ken Arnold am 24. Juni 1947 sichtete. Genauer betrachtet, begleitet es die Menschheit von Anfang an. Nicht »Die Außerirdischen sind da ...!« ist die heißeste Nachricht in Sachen Ufos, sondern die Fortsetzung – »... und zwar schon immer!«

Für die Schulwissenschaft gibt es auf die Frage der Ufo-Sichtungen und -Kontakte in der Regel nur zwei Antworten, die man unter den Kategorien »Wetterballon« und »Verrückte« fassen könnte. Entweder wurde ein irdisches Flugobjekt für ein Ufo gehalten – oder der Beobachter ist verrückt. Der Astrophysiker Jacques Vallée gehört zu den wenigen Wissenschaftlern, die sich nicht mit dem Wegerklären des Ufo-Phänomens begnügt haben. Seit er einmal Zeuge davon wurde, wie in einem großen Observatorium Computerbänder vernichtet wurden, auf denen Sichtungen ungewöhnlicher Flugobjekte aufgezeichnet waren, hat er sich mit den Geheimnissen des Außerirdischen befaßt. In über 25 Jahren hat Vallée genügend Daten gesammelt, die bestätigen, daß das Phänomen real ist, und er glaubt, daß wir es bei dieser Frage

»mit einer der größten Herausforderungen zu tun haben, die je an die Wissenschaft, an unsere Phantasie und an die menschliche Vernunft gestellt wurde«. Eine definitive, umfassende Erklärung der mit Ufo-Erscheinungen verbundenen komplexen Probleme hat auch Vallée nicht, doch hat er mit seinen Arbeiten gezeigt, daß jede Erklärung, die erst 1947, bei der ersten modernen Untertassensichtung durch Ken Arnold ansetzt, zu kurz greift. Ufos sind kein Mythos des Medienzeitalters, sondern ein universelles historisches Phänomen, das als Kontakt mit geisterhaften, spirituellen Wesen zu den elementaren Menschheitserfahrungen zählt. In seinen Büchern belegt Vallée dies mit Beispielen aus vielen Kulturen und Zeiten. Um eine archetypische Entsprechung für Entführungen und genetische Experimente durch Außerirdische in unserem Kulturkreis zu finden, müssen wir zum Beispiel nur die von den Brüdern Grimm überlieferte Geschichte vom »Rumpelstilzchen« nachschlagen.[6]

Die arme Müllerstochter, die von ihrem Vater an den König verkuppelt wurde, weil sie angeblich Stroh zu Gold spinnen kann, wird von einem kleinen Außerirdischen aus ihrer Zwangslage gerettet: Er verfügt über die Spindel, die das Wunder vollbringt. In den modernen Ufo-Verschwörungstheorien gehört es zu den verbreiteten Annahmen, daß die US-Regierung schon seit Jahrzehnten mit etwa 1,40 Meter kleinen Außerirdischen in Kontakt ist, die sie mit technologischem Wissen versorgen und im Gegenzug die Erlaubnis haben, in supergeheimen, unterirdischen Militäranlagen wie der Dulce-Airbase mit Menschenmaterial zu experimentieren. Nichts anderes hat bekanntlich das Rumpelstilzchen vor: Als Gegenleistung für den Transfer von

---

[6] Vgl. J. Vallée: »*Dimensionen – Begegnungen mit Außerirdischen von unserem eigenen Planeten*« (1994), »*Konfrontationen – Begegnungen mit Außerirdischen und wissenschaftlichen Beweisen*« (1994). Vallée hat es sich mit beiden Lagern der Ufo-Forschung – dem esoterischen und dem materialistischen – verdorben, weil er einerseits auf die lange Geschichte der Menschheitskontakte mit höheren Sphären verweist, andererseits aber nicht bereit ist, sie deshalb einfach dem Bereich der Märchen, Mythen, subjektiven Phantasien zuzuschlagen.

High-Tech verlangt es »der Königin ihr Kind«. Der amerikanische Volkskundler Walter Evans-Wentz sammelte um die Jahrhundertwende Erfahrungsberichte und Geschichten der keltischen Feen- und Elfen-Tradition in der Bretagne und in Irland, die von ähnlichen Entführungsfällen wimmeln – nur daß die Außerirdischen bei den Kelten und ihren Nachkommen in der Regel »Elfen« heißen.[7]

Interessant ist noch der weitere Fortgang der Rumpelstilzchen-Geschichte. Der kleine Extraterrestrier ist bekanntlich kein Unmensch: Er gibt der mit seiner Hilfe zur Königin aufgestiegenen Müllerstochter eine Chance, ihr Kind zu behalten: wenn sie seinen Namen errät. Die darauf ausgesandten Spione finden zum glücklichen Ende dieses Geheimnis heraus, als sie das kleine Männchen bei einem Kreisritual beobachten, bei dem es tanzend das geflügelte Wort: »Ach wie gut, daß niemand weiß …« preisgibt. Die Kreistänze der Elfen sind nicht nur vielfach überliefert, noch Erasmus Darwin, der Großvater des Evolutionstheoretikers, widmete ihren Spuren 1789 ernsthafte Forschung: »Es gibt ein Phänomen, das elektrischer Natur sein soll, welches noch nicht geklärt ist; ich meine die sogenannten Elfenringe, die so oft im Gras erscheinen.« Darwin senior erklärt die kreisrunden Spuren durch Wolkenentladungen in »zylindrischer Form«, die einen »2 bis 10 Meter breiten Elektrizitätsstrom an die Erde (abgeben). Nur der äußere Teil verbrennt das Gras.« Vallée, der diese Stelle zitiert, fügt hinzu: »Eifrige Gelehrte sind sicher gern bereit, die Idee in Begriffen der modernen Plasmaphysik zu formulieren, doch sollten sie dabei den Durchmesser der Zylinder beachten, den der ältere Darwin nennt: »2 bis 10 Meter« – der Durchmesser durchschnittlicher Ufos[8]. Die Korn-

---

[7] Vgl. W. Evans-Wentz: The Fairy-Faith in Celtic Countries (1909/1990).
[8] J. Vallée: Dimensionen, S.75. Zu den aktuellen »Elfenringen« vgl. Pat Delgado & Colin Andrews: Kreise im Kornfeld (1990). »These circles are clearly no hoaxes«, schrieb der New Scientist, eine der angesehensten Wissenschaftszeitschriften der Welt, am 29. Juli 1989. Seit Anfang der 90er ein Kneipenwirt Medien und Forscher mit einigen nachgemachten Kornkreisen foppte, sind die Elfenringe wieder zum Un-Thema der Wissenschaft geworden – und zu einem Eldorado esoterischer Phantasten. Die Fragen von Darwin senior harren nach wie vor der Beantwortung …

kreise, die Anfang der 90er Jahre vor allem in England auftauchten und von denen einige mit spürbarem Aufatmen der Medien als Fälschung entlarvt wurden, scheinen daher sowenig ein Fake zu sein wie die paranormalen Erlebnisse der Ufo-Entführten – sie folgen einer Tradition im Kontakt mit anderen Dimensionen, die wahrscheinlich so alt ist wie die Menschheit. Wahre Legionen von Außerirdischen – von Elfen, Kobolden, Dämonen und Dschinns, von Satyrn, Faunen, Feen, Engeln und Pflanzengeistern – bevölkern die Zivilisationsgeschichte. Schon allein ihre schiere Menge wirft die Frage auf, warum die Menschheit im Corpus ihres Wissens über die Jahrtausende diese phantastische Menge Unfug transportiert. Sollte das damit zu tun haben, daß es sich gar nicht um Unfug handelt? Warum etwa verwandte Reverend Kirk aus Aberfoyle viele Jahre Zeit auf eine Arbeit, die Organisation und Methoden dieser seltsamen Wesen systematisch erfassen sollte und unter dem Titel »The Secret Commonwealth of Elves, Faunes and Fairies« (Die geheime Gesellschaft der Elfen, Faunen und Feen) 1691 erschien? Er wollte den schottischen Bauern, die von den Wesen geplagt wurden, rechtes Verständnis und rechten Umgang mit den »Luftgeistern« lehren. Auch wenn der brave Naturforscher Kirk später noch Professor in Edinburgh wurde, haben unsere heutigen Gelehrten für derlei Grundlagenforschung allenfalls ein mitleidiges Lächeln übrig. Dafür gibt es vor allem zwei Gründe: die Flüchtigkeit der Phänomene, die eine einfache Falsifizierung per Laborexperiment unmöglich macht, und Angst. Stellen wir uns einen ordentlichen Professor vor, der sein glückliches Ein- und Auskommen mit der Weitergabe abgesegneten Wissens gefunden hat und dem ein solches Wesen leibhaftig beggenet – und mit ihm spricht, wie der Elfenmann, den Walter Evans-Wentz Anfang des Jahrhunderts in der Gegend des irischen Bergs Ben Bulben traf: »Er war in Blau gekleidet und trug eine Kopfbedeckung, die, wie es schien, mit Rüschen besetzt war. Als er nahe heran war, sagte er mit süßer, schmeichelnder Stimme: ›Je seltener ihr in diese Berge kommt, mein Herr, desto besser, denn eine junge

Dame hier will euch mit sich nehmen.‹ Dann bat er uns, nicht zu schießen, denn das Elfenvolk haßte laute Geräusche. Er kam mir vor wie ein Soldat auf Wache. Als wir den Berg verließen, sagte er, wir dürften uns nicht umdrehen, und wir gehorchten.«[9]

Fände eine solche unheimliche Begegnung der dritten Art heute vor den Kameras von CNN statt und lägen zusätzlich ausreichende Beweise für die Echtheit der Aufzeichnung vor, würde schlagartig eine neue Weltreligion entstehen, und der Elfenmann (der kleine Graue, der E.T. aus dem Sternbild Reticula, die Jungfrau Maria, der Erzengel Michael) wäre, spätestens nach Vorführung einiger übernatürlicher Tricks, ihr Messias. Unser Professor hätte in diesem Fall das Glück, vom Zitierpapierfüllkünstler augenblicklich zum Statthalter und Papst der neuen Religion promoviert zu werden – doch wie schon die Eulen der Minerva auf der Suche nach Weisheit ihren Flug in die Dämmerung starten, so liegen auch die Schnittstellen zum Hyperraum, die Kontaktbereiche zu den anderen Dimensionen der Realität in der Unschärfe des Zwielichts und Halbdunkels. Ufos haben sowenig die Angewohnheit, vor den Scheinwerfern von Fernsehstudios aufzutauchen, wie Elfen auf den Marktplätzen der Städte Vorträge halten, und so wie schon Jahwe seine Donnerstimme nicht vor versammelter Mannschaft ertönen ließ, sondern Moses in der Einsamkeit eines Berggipfels heimsuchte, wird auch unserem Professor die Offenbarung vermutlich nicht im Labor oder vor 500 Zeugen und Kameras in einem Hörsaal zuteil. Und würde er nach einer Beobachtung wie der von Evans-Wentz Forschungsmittel dafür beantragen, das Erscheinen von blaugekleideten Außerirdischen mit rüschenverzierten Kopfbedeckungen zu untersuchen, drohte statt des Postens eines ersten Apostels einer neuen Wissenschaftsreligion der Abstieg zum letzten Mohikaner in der Klapsmühle.

Warum beginnen die heiligen Pilze, wenn ihre Rituale von ameri-

---

[9] zit. nach *Vallée: Dimensionen*, S. 60.

kanischen Touristen »kontaminiert« werden, auch für die Einheimischen Englisch zu sprechen, warum blieben die Elfen in Island auch nach der Reformation katholisch, warum berichten Ufo-Kontaktierte in Rußland von großen, metallischen Flugapparaten mit Rostspuren, denen drei Meter große E.T.s entsteigen, während in Kalifornien in aller Regel goethisch blinkende Objekte auftauchen, die von kleinen, mandeläugigen Besuchern gesteuert werden? Auch wenn sich diese Fragen wie ein Festival der Absurdität anhören, sie markieren den Punkt, das Ereignisfeld, an dem die eigentlichen Fragen aller Wissenschaft – wer wir sind, woher wir kommen, wohin wir gehen – entschieden werden. Die von der praktischen Raumfahrt und der Sciencefiction-Literatur genährte Annahme, daß es sich bei Ufos um Raumschiffe anderer Planeten handelt, ist dabei längst nicht verrückt genug, um die vorliegenden Fakten zu erklären. Ufos von anderen, weit entfernten Sternen verstoßen im Prinzip nur gegen eines der bekannten Naturgesetze, das universale Tempolimit der Lichtgeschwindigkeit, unter dem ihre Anreise zu einem Lichtjahre dauernden Unterfangen würde – Ufos aus anderen Dimensionen hingegen werfen eine ganze Reihe weiterer Grenzen der Naturgesetze über den Haufen. »Ich wäre enttäuscht«, faßt Jacques Vallée über ein Vierteljahrhundert Forschungstätigkeit zusammen, »wenn Ufos nicht mehr wären als Besucher von anderen Planeten. Wir haben es hier mit einer noch unerforschten Ebene des Bewußtseins zu tun, die unabhängig von uns Menschen, aber in enger Verbindung zur Erde existiert und die ganz eigene Beziehungen zu kosmischen Kräften unterhält.« Das Ufo-Phänomen wie Vallée auf unerforschten Ebenen des Bewußtseins anzusiedeln heißt nicht, es damit auf ein rein psycho-physiologisches Geschehen, auf Halluzinationen der Beobachter, zu reduzieren. Die physischen Spuren, die diese Erscheinungen hinterlassen, sind für ihn ebenfalls unübersehbar: »Wir wissen jetzt, daß sich Ufos wie ein Bereich des Raums verhalten, mit kleinen Abmessungen (etwa zehn Meter), in dem eine gewaltige Menge Energie gespeichert ist. Diese

Energie manifestiert sich in Form pulsierenden, farbigen Lichts und durch andere Art elektromagnetischer Strahlung. (...) Die Konfrontation mit diesem Phänomen führt zu Visionen, Halluzinationen, Desorientierungen in Zeit und Raum, physiologischen Reaktionen (darunter vorübergehende Blindheit, Lähmungen. Veränderungen des Schlafzyklus) und langfristiger Veränderung der Persönlichkeit.«

In einer Quantenwelt, die aus bewußtseinsgesteuerten Hologrammen besteht, ist die Frage von Materie oder Nicht-Materie ein Frequenzproblem und nicht eine Frage der Anwesenheit eines Stoffs. In einer solchen Welt – und die Quantenphysiker schwören Stein und Bein, daß wir in einer solchen Welt leben – sind physische Spuren psychoider Ufos kein Ding der Unmöglichkeit. Daß Gedanken oder Gebete physisch wirksam werden, daß Bewußtsein materielle Auswirkungen haben kann und seinerseits aus der Vernetzung von Materie entsteht, haben wir in den vorausgegangen Kapiteln bereits erörtert. Für die beobachtergeschaffenen Wirklichkeiten der Quantenwelt gilt: Ist eine maßnehmende Bewußtseinskraft stark genug, kann sie aus der »Wahrscheinlichkeitswolke« der Quanten jede beliebige Form herauskristallisieren und in unserer Welt wahre Wunder bewirken: physikalisch unmögliche Flugbewegungen am Himmel, in der Wüste Wasser in Wein verwandeln oder wie Sai Baba, einer der lebenden Wundermänner Indiens, einfach nur durch das Verstreuen von Asche und die Bonbonproduktion für Kinder.[10] Dank Uri Geller, dem notorisch als

---

[10] Vgl. *Erlendeur Haraldsson: Sai Baba – Ein modernes Wunder (1988), David Ash & Peter Hewitt: Wissenschaft der Götter – Zur Physik des Übernatürlichen (1991).* Das Hervorbringen von Vibuti, »heiliger Asche«, und Leckereien gehört zu den kleineren Wundern, zu denen Sai Baba nach Aussagen seiner Anhänger fähig ist. Ram Dass, der ehemalige Harvard-Professor für Psychologie Richard Alpert, hat ähnliche Berichte über den spirituellen Meister Neem Karoli Baba veröffentlicht. Vgl. *Ram Dass: Subtil ist der Pfad der Liebe (1983).* Vorführungen ihrer übernatürlichen Kräfte in Labors zum Zwecke der Bekehrung von Skeptikern lehnten diese Meister stes ab, was sie in den Augen der Wissenschaft automatisch als unseriös abstempelt. Sie weisen darauf hin, daß sie ihre geistigen Kräfte etwa zur Hervorbringung von Lebensmitteln nur nutzen dürfen, wenn sie dem Guten, der Liebe dienen – und nicht zur bloßen Demonstration ihrer

Scharlatan entlarvten Magier, haben Tausende von Fernsehzuschauern die Erfahrung gemacht, daß sie allein mit der Kraft ihres Bewußtseins Löffel verbiegen oder defekte Uhren laufen lassen können. Dieser scheinbar paranormale Kontakt mit anderen Bewußtseinsebenen ist ebenso alt wie die »Besucher« dieser eher überirdischen als außerirdischen Ebenen – Heiler und Heilige, die durch geistige Kraft materiell eingreifen und Ordnung stiften, stehen am Anfang der Geschichte. Das Ufo-Phänomen steht in einer Linie mit den Elfen, Engeln, Naturgeistern und all den »übernatürlichen« Personalisierungen und Bildern, in denen das Menschengehirn sich den Kontakt mit anderen Dimensionen zurechtlegt. Die Außerirdischen, die uns als »Mainzelmännchen« die Werbeblöcke schmackhaft machen, »Alf« und »E.T.« als Massenerfolge in Kinos und TV, die Hexen, Zauberer und Feen der Märchen- und Phantasy-Kultur sind nichts anderes als gebrochene, vermenschelte Erfahrungsberichte dieses Kontakts mit dem Anderen. Wie das Märchen vom Rumpelstilzchen, das nicht nur den Kern der heutigen Besucher-Erfahrungen birgt – Tausch von »außerirdischer« Technik und Wissen gegen Genmaterial –, sondern auch eine quantenphysikalische Pointe, die deutlich macht, warum für Außenstehende die Beobachtung paranormaler Phänomene so schwierig ist. In dem Moment, wo die Königin den Namen nennt, verschwindet der Spuk – so wie die Wahrscheinlichkeitswolke verschwindet, wenn der Physiker eine Messung anlegt. Die Heinzelmännchen von Köln tun ihre Arbeit nur, solange sie nicht dabei beobachtet werden – sie lassen ihre Anwesenheit in der Dimension unseres Raum-Zeit-Bewußtseins nicht er-

---

Macht. Das große Geheimnis der spirituellen Lehren ist ja gerade, daß ab einer gewissen Stufe der Versenkung das Bewußtsein in der Lage ist, das Raum-Zeit-Kontinuum zu manipulieren, d.h. Wunder zu vollbringen, doch daß diese Kräfte *nicht* den Höhepunkt der Bewußtseinsentwicklung darstellen. »Sitzt der goldene Buddha auf dem Weg – geh weiter!« heißt ein Zen-Koan – die Beherrschung der Materie ist es nicht. Dennoch hat, wie *Edward Conze, Buddhistisches Denken (1988)* gezeigt hat, auch eine an sich gott- und wunderlose Religionspraxis wie der Buddhismus seine ersten Anhänger hauptsächlich durch Wunder rekrutiert. Insofern sind den heutigen indischen Babas ihre Verstöße gegen die Naturgesetze nachzusehen.

zwingen. So wie Pflanzen bei bestimmten Versuchspersonen Backster-Effekte verweigern, entziehen sich Heinzelmännchen oder Engel und alle paranormalen Manifestationen der Observation und Kontrolle – was nicht bedeutet, daß nicht mehrere Zeugen in eine solche Erscheinung eingebunden sein können. Wenn wir Existenz und Realität letztlich als Frequenzgeschehen begreifen, dann kann wie beim Radio eine winzige Änderung ein völlig anderes Programm bedeuten und in ein jenseits unseres Raum-Zeit-Gefüges liegendes Parallel-Universum führen. Das wäre ein Bereich jenes nach der »Viele-Welten-Theorie« von Hugh und Everett theoretisch möglichen Multiversum, dessen unterschiedlichste Raum-Zeit-Bedingungen auch jene Zeitverluste erklären könnten, die von Elfen- und Ufo-Entführten seit jeher berichtet werden. Während sie in der hiesigen Realität manchmal mehrere Tage vermißt wurden, kam ihnen ihr Aufenthalt in der Elfen- oder Ufo-Realität als ein kurzer, nur einige Minuten dauernder Abstecher vor.

Auch wenn höhere Wesen in einem nicht-lokalen, immanent verbundenen Multiversum durchaus von anderen Planeten stammen könnten und sich wie die Enterprise-Besatzung in unser Raum-Zeit-Gefüge hineinbeamen – die großen Entfernungen also nicht unbedingt ein Hindernis darstellen –, spricht bei genauerem Hinsehen wenig für die extraterrestrische Hypothese und überwältigende Evidenz für die Annahme, daß Außerirdische und Engel ein durchaus irdisches Phänomen darstellen. Sie entstammen, wie wir Menschen, dem Bewußtsein der Erde und sind Teil einer unfaßbar komplexen Intelligenz, die kohärente, denkende, fühlende Schwingungseinheiten hervorbringt, aus deren Vernetzung Geist emergiert. Ufos sind keine Superjets von anderen Planeten-Flughäfen, sondern materialisieren sich ähnlich wie das Emergenzphänomen, das wir bei den Schleimpilzkolonien beobachtet haben, wo sich viele Einzelbewußtseine zu einem höheren Wesen vernetzten. Wenn zwischen dem Bewußtsein einer Schleimpilzkolonie und dem Bewußtsein der vernetzten Neuronenkolonie unseres Gehirns ein großer Unterschied besteht – was kaum jemand bestreiten wird – und sich dieser Unterschied in der erkennenden und gestaltenden Kraft manifestiert, dann können wir uns ungefähr ein Bild davon machen, über welche überlegenen Bewußtseinskräfte ein globales Gehirn verfügen müßte und über welche darüber noch weit hinausgehenden erkennenden und gestaltenden Möglichkeiten ein Sonnensystem. Ufos sind nichts anderes als Manifestationen dieser höheren Vernetzungs- und Bewußtseinsgefüge, die unserem Alltagsbewußtsein normalerweise verschlossen sind. Wir sind nicht Tausende Lichtjahre von ihnen entfernt, sondern nur ein paar Mikrogramm neuronaler Botenstoffe in unserem Gehirn – doch so nahe diese anderen Welten liegen mögen, so unbegreiflich bleiben sie dem hautverkapselten Ich, das die Kruste seiner Worte darüber streifen, Symbole und Systeme erfinden muß, um sie zu begreifen. Für Vallée sind Ufos »einer der Wege, auf denen eine fremde Form von Intelligenz auf einer *symbolischen* Ebene mit uns Kontakt aufnimmt. (...) Die Ufos sind physikalische Manifestationen, die getrennt von ihrer symbolischen und übersinnlichen Realität einfach nicht verständlich sind. Es ist ein spirituelles System, das auf Menschen einwirkt und Menschen benutzt. (...) Sie sind Teil unserer Umwelt, ein Teil des Kontrollsystems der menschlichen Evolution.«[11]

Wenn dem so ist, dann wäre es ziemlich unsinnig, dem Rätsel fliegender Untertassen mit Radar und Jagdflugzeugen auf die Spur kommen zu wollen. Zwar mögen sie Spuren auf Radarschirmen hinterlassen und uns durch aberwitzige Flugmanöver, Lichtscheinungen und ihre feststoffliche Präsenz verwirren, doch fällt ihre Phänomenologie sowenig in das Fachgebiet der Aeronautik, wie die der Engel einer erweiterten Vogelkunde zuzurechnen ist. Auf diesem Hintergrund erscheint ein Projekt wie SETI (Search for Extraterrestrial Intelligence),

---

[11] *J. Vallée: Dimensionen, S. 332 f.*

bei dem seit Jahren mit großem Aufwand der Weltraum nach intelligenten Funksignalen abgehört wird, wie der untaugliche Versuch eines Schwerhörigen, durch stetige Vergrößerung seines Hörrohrs irgendwann Radioprogamme zu empfangen. Die erfolgversprechenderen Methoden zur Erforschung des Ufo-Phänomens und anderer »übernatürlicher« Erscheinungen liegen deshalb weniger außen, in einer Verbesserung von Abhörgeräten oder Beobachtungs-Apparaturen, sondern eher in inneren Technologien, die die Bewußtseinsantennen auf den Empfang dieser außergewöhnlichen Realitätsprogramme ausrichten. Der Heimat der Engel, Elfen und Ufonauten kommen wir nicht in den galaktischen Weiten des Weltraums auf die Spur, und wenn, dann nur, wenn wir den Weg über die Tiefen der Seele wählen; die Spuren, die sie an der Schnittstelle von Geist und Materie hinterlassen, mögen physikalisch meßbar sein, vielleicht lassen sie sich sogar kurzzeitig von einem Düsenjet verfolgen, doch sie führen letztlich aus unserem Raum-Zeit-Kontinuum hinaus, in einen Hyperraum, der mit irdischen Meßapparaturen nicht ohne weiteres erschlossen werden kann. Dennoch haben die Menschen seit frühester Zeit Wege gesucht, diesen Hyperraum zu erforschen und zu verstehen, und die ersten Entdecker, denen dies gelang, waren die Schamanen. Die Geschichte dieser Entdeckung, die dem sprechenden Affen Licht unter der Schädeldecke machte und im folgenden Kapitel skizziert wird, geht einher mit der Einnahme psychoaktiver Pflanzen und dem Erlernen von Ekstasetechniken. Nur ein Bewußtsein, das außer sich gerät, kann erkennen, daß es keine Insel in einem bewußtlosen Meer ist, sondern eine (im Alltagszustand eher dumpfe) Zelle in einem unfaßbaren Netzwerk aktiver Intelligenz. Über die beharrliche Ignoranz unseres Zeitalters des wissenschaftlichen Materialismus gegenüber dieser Tatsache werden die Anthropologen der Zukunft dereinst genauso staunen wie wir über den Dogmatismus des dunkeln Mittelalters – und sie werden vielleicht auch den Zeitpunkt des ausgehenden 20. Jahrhunderts markieren, an dem der Zuwachs an Wissen vor allem über die Vorgänge im Gehirn die experimentelle Erforschung des Hyperraums ermögliche.

Di-Methyltryptamine (DMT) sind eine stark bewußtseinsverändernde Substanzgruppe, die im Gehirn von Säugetieren und auch von Menschen produziert wird. Sie ähnelt dem Serotin, einem der wichtigsten Botenstoffe des Gehirns, und möglicherweise könnte es sich auch bei DMT um einen solchen Neurotransmitter handeln. Außer vom menschlichen Gehirn (und hier vor allem von der Zirbeldrüse) wird DMT auch von verschiedenen Pflanzen produziert, die seit langer Zeit unter anderem im südamerikanischen Regenwald in schamanistischem Gebrauch sind. Über die genaue Rolle, die DMT im neurochemischen Stoffwechsel des Gehirns spielt, ist bisher wenig bekannt, vielfach belegt ist indessen die überwältigende Wirkung, die es auf das menschliche Bewußtsein hat. Ich selbst habe noch kein Ufo gesehen, bin nie einer Elfe begegnet, und bei der wunderschönen Fee mit den drei Wünschen fällt mir eher der alte Scherz ein: »Ich hab' nur einen Wunsch, aber den dreimal«, als heilig zu erschauern – was ich aber bei meinen zaghaften »Schnorchelversuchen« mit DMT erfahren und den Berichten mutigerer Psychonauten entnommen habe, ist so ernst, so überwältigend und ehrfurchtgebietend, daß sich jeder Scherz und jedes schnöde Abtun verbietet. Die Wirkung von gerauchtem DMT, die nach wenigen Sekunden einsetzt und nur einige Minuten anhält, verändert die Wahrnehmung auf radikale Weise und macht schlagartig deutlich, daß unser normaler Bewußtseinszustand nur *eine* Möglichkeit darstellt, die Realität wahrzunehmen, und daß neben dieser Realität eine überzeugend reale, völlig fremdartige Welt existiert. Was uns die objektivste aller Wissenschaften, die Physik, neuerdings versichert – daß die sogenannte objektive Realität größtenteils subjektiver Natur ist –, wird durch die winzige Veränderung, die 25 mg DMT an unserem neurochemischen Wahrnehmungsapparat vornehmen, auf dramatische Weise demonstriert.

»Die Atmung ist normal, der Herzschlag stabil, der Geist klar und aufmerksam. Aber was ist mit der Welt? Was ist mit den über die Sinne hereinkommenden Informationen? Unter dem Einfluß von DMT wird die Welt zu einem arabischen Labyrinth, einem Palast, einem alle Möglichkeiten übersteigenden Juwel vom Mars, ungeheuer groß und voller Motive, die den weit geöffneten Geist mit vielschichtiger und wortloser Ehrfurcht überflutet. Farbe und das Empfinden eines ganz nahen, die Realität offenbarenden Geheimnisses durchdringen das Erleben. (...) Es ist eine Audienz bei einem außerirdischen Nuntius. Und in der Mitte dieser Erfahrung und offenbar am Ende der menschlichen Geschichte scheinen sich schwere Schutztüren zu einem heulenden Mahlstrom der unsäglichen Leere zwischen den Sternen zu öffnen; dort ist die Ewigkeit.

Die Ewigkeit ist, wie Heraklit vorausschauend festgestellt hat, ›ein Kind beim Spiel mit bunten Bällen‹. Viele winzigkleine Wesen sind hier anwesend – die ›Würmchen‹, die sich selbst verwandelnden Maschinenelfen des Hyperraums. Sind sie Kinder, die dazu bestimmt sind, dem Menschen Vater zu sein? Man hat den Eindruck, in eine Ökologie der Seelen einzutreten, die hinter den Portalen dessen liegt, was von uns naiv als Tod bezeichnet wird. Ich weiß es nicht. Sind sie unsere synästhetischen Verkörperungen als das Andere oder die Verkörperungen des Anderen als uns? Sind sie die Elfen, die uns seit dem Verblassen des magischen Lichts der Kindheit verlorengegangen sind? Hier ist etwas Ungeheuerliches und Gewaltiges, das sich kaum in Worte fassen läßt, die Erscheinungen einer Gottheit, die unsere wildesten Träume übertrifft. Hier ist der Bereich dessen, was fremder ist, als wir vermuten können. Hier ist das Mysterium, lebendig und unversehrt, und für uns noch genauso neu wie für unsere Vorfahren, die es vor fünfzehntausend Sommern lebten. (...) Das Empfinden einer emotionalen Verbindung ist erschreckend und intensiv. Die offenbarten Mysterien sind real und werden, wenn sie jemals in ganzer Länge erzählt werden, in der kleinen Welt, in der wir so schwer erkrankten, keinen Stein mehr auf dem anderen lassen.«[12]

Den Ethnobotaniker Terrence Mc Kenna, von dem diese poetische Beschreibung der DMT-Wirkung stammt, führte die Erforschung dieses »intellektuellen Schwarzen Lochs« in den 70er Jahren zu Studien schamanistischer Techniken im Amazonasgebiet, bei denen DMT-haltiges Ayahuasca verwendet wird. Wer Vorstellungen von Parallel-Universen, Bewußtseins-Welten und einem Hyperraum trans-materieller intelligenter Strukturen für pseudsowissenschaftliche Spekulationen hält und die Annahme von Ufos, Elfen und Außerirdischen für pathologischen Humbug, kann sich unter DMT-Einfluß in zehn Minuten eines Besseren belehren lassen. Nach Einstein läßt sich die physische Welt am besten als vierdimensionaler Raum begreifen, der in drei Raum-Dimensionen und eine der Zeit getrennt ist, wobei diese Trennung sich mit der Geschwindigkeit des Beobachters verändert. »Es scheint«, so der DMT-Forscher Peter Meyer, »daß DMT das Bewußtsein aus dieser gewöhnlichen Erfahrung von Raum und Zeit löst und einen in die direkte Erfahrung einer vierdimensionalen Welt katapultiert. Dies erklärt das Gefühl der Unglaublichkeit, von dem Erstbenutzer gelegentlich berichten.« Dieses Gefühl kann ich nur bestätigen, und auch wenn meine Angst eine genauere Erforschung dieser wahrlich tiefsten aller Menschheitsfragen bisher unmöglich gemacht hat, so reicht diese bescheidene Erfahrung, um die Berichte furchtloser Pioniere wie McKenna zu validieren – und zu bestätigen, daß es sich dabei nicht um bloß sub-

---

[12] *Terrence Mc Kenna: Speisen der Götter (1995), S. 319.* Vgl. auch *ders., Wahre Halluzinationen (1989).* In den 50er Jahren hielt man DMT für einen möglichen Auslöser von Schizophrenie und stellte damit als »Schizotoin« erfolglose medizinische Forschungen an. In den 60er Jahren geriet es, trotz nicht vorhandener körperlicher Schädigungen oder Nebenwirkungen, wie alles, was »Halluzinationen« verursacht, auf den internationalen Betäubungsmittelindex. Da es wegen seiner extremen Wirkung auf die Wahrnehmung als Party- oder Entspannungsdroge ungeeignet ist, spielte DMT auf den Schwarzmärkten und in der Szene nie eine größere Rolle. Vgl. *Jonathan Ott: Pharmacotheon (1993), S. 163 ff.* Für Theoretiker/innen der Erkenntnis und des Bewußtseins indessen, für Philosophie und Naturwissenschaften schlechthin ist die Analyse der von DMT erschlossenen Hyperräume die ultimative Herausforderung der Zukunft.

jektive Halluzinationen handelt, es sei denn solche Halluzinationen sind in der Lage, autonome Welten zu erschaffen. Hier, an den Milliarden DMT-Synapsen des Gehirns und der Veränderung des normalen Raum-Zeit-Kontinuums, die sie auslösen, hätte ein SETI-Projekt, jede wirkliche Suche nach extraterrestrischer, übernatürlicher Intelligenz anzusetzen. Was wir von ihren Spuren mit Super-Fernrohren und kosmischen Lauscheinrichtungen in Erfahrung bringen können, ist nachgerade lächerlich, verglichen mit dem, was die inneren Teleskope durch eine kleine Verschiebung der neurochemischen Wahrnehmungslinsen zutage fördern.[13]

Diese Suche unterscheidet sich von dem »sektoiden« Ausschauhalten nach glitzernden Untertassen und erlösenden Sternenwesen ebenso wie von dem elektromagnetischen Chauvinismus der Weltraumhorcher, sie findet auch nicht zu Füßen von Gurus, Roshis oder Lamas statt und will vom Heiligen zuerst einmal gar nicht viel wissen. Sie läßt entfernte Planeten als Herkunft des Außerirdischen außer acht und wendet sich jenen Schnittstellen zu, an denen sich diese Intelligenz in unserer irdischen Realität manifestiert. Sie geht davon aus, daß Parallel- oder Hyper-Universen mit anderer Raum-Zeit-Separation existieren[14] und diese von unabhängigen, intelligenten Wesen bevölkert sein könnten und daß das menschliche Bewußtsein in bestimmten Zuständen in Kontakt mit diesem Hyperraum treten kann. Ebenso können Einheiten dieses Hyperraums als Ufos, Engel, Elfen und dergleichen in unserer Realität physikalisch wirksam werden, sich leibhaftig zeigen und Spuren hinterlassen – die sie betreffenden Fragen sind aber letztlich nicht mit Materialproben und objektiven Meßakten zu klären, sondern nur durch teilnehmende Beobachtung. Die Opfer von Ufo-

---

[13] Vgl. *Peter Meyer: Apparent Communication with Disacarnate Entities by Dimethyltryptamine (DMT), Terrence McKenna: Tryptamine Hallucinogens and Consciousness*, in: *Jahrbuch für Ethnomedizin und Bewußtseinsforschung, Nr. 1, (1992).*
[14] Vgl. u.a.. *Fred Alan Wolf: Parallel Universes – The search for other worlds (1988).*

Entführungen nach Operationsnarben abzusuchen gleicht insofern der Suche der mittelalterlichen Inquisitoren nach den Stigmata der Dämonen – und die verwackelten Fotos von Flugobjekten, die als Beweise durch die Yellow Press und Sensationsliteratur segeln, bewegen sich, sofern sie nicht ohnehin gefälscht sind, auf ähnlichem Niveau. Sie suchen nach Haltepunkten – glitzernden Flugscheiben von anderen Planeten, Ein- und Austrittsorten der Dämonen –, die dem preisgegebenen, verständnislosen Ich ein rettendes Erklärungsnetz stiften, einen handfesten Stützpunkt in einer unbegreiflichen, transmateriellen Welt. Viele DMT-Reisende beschreiben vor dem Eintauchen in den Hyperraum eine etwa 30sekündige Phase, in der eine Art Check des Betriebssystems vorgenommen wird. Hier wird, so meint McKenna, je nach kultureller Vorprägung entschieden, ob die Jungfrau Maria, eine fliegende Untertasse oder ein anderes Symbol Gestalt annimmt. Das Zurückgehen der Erscheinungen von Elfen und Feen und die starke Zunahme der Sichtung fliegender Untertassen und von Kontakten mit ihrem Personal wäre dann nur eine Art Kostümwechsel, mit dem sich die Erscheinungen dem Zeitgeist ihrer Beobachter anpassen. Goethes wundersam leuchtendes Amphitheater freilich deutet darauf hin, daß es sich bei spiralförmigen, blinkenden Frequenzgeschehen um eine Art Konstante handeln könnte, mit der sich Geschöpfe des Hyperraums in unsere Raum-Zeit-Dimension hineinschrauben. So wie auch die Verbindung von DMT-Molekülen mit Rezeptoren der Gehirnzellen eine Konstante zu sein scheint, die für die Qualität unserer Realitätswahrnehmung verantwortlich ist – wobei kleinste Änderungen beim Fein-Tuning dieses Receivers dramatische Änderungen der wahrgenommenen Realität mit sich bringen. So kommt es zum Beispiel, daß nicht alle der 70 000 Menschen, die bei der vorhergesagten letzten »Marienerscheinung« von Fatima (Portugal) am 13. Oktober 1917 zugegen waren, etwas Außergewöhnliches wahrgenommen haben, doch Tausende glaubten, ihr letztes Stündlein habe geschlagen, als eine leuchtende Scheibe scheinbar »im Zickzack auf die Erde und die erschrockenen Zuschauer herabstürzte«.[15] Viele andere berichten übereinstimmend von weiteren ungewöhnlichen Ereignissen und Erscheinungen wie der Heilung chronischer Krankheiten oder offenbarten Prophezeiungen über die Zukunft, darunter auch nüchterne Reporter, solide Wissenschaftler, skeptische Priester und gläubige Skeptiker. Die Entdeckung, daß DMT-getunte Gehirnantennen einen Empfang dieser »übernatürlichen« Programme erleichtern, sollte es künftiger Forschung ermöglichen, mit dem Rätsel des Hyperraums auch wunderähnliche Zwischenfälle wie Fatima, das Sirius-Problem oder das Ufo nebenan aufzuklären. Weder spielen sich diese Zwischenfälle allein auf seelischen Projektionsfeldern ab, noch sind sie ausschließlich im physikalischen Raum angesiedelt, ganz so wie die bekannten Kippbilder, die eine alte oder junge Frau, ein lachendes oder ein trauriges Gesicht zeigen – physikalisch sind sie als Linien auf dem Papier stets beide vorhanden, erst die Psyche, das Bewußtsein des Beobachters entscheidet darüber, welche Form sich manifestiert. Zwei Beobachter können so zu völlig unterschiedlichen (für sie jeweils aber völlig eindeutigen) Eindrücken der Erscheinung kommen, und beide recht haben, solange die Wahrnehmung nicht in eine veränderte Position kippt und sich auf einen Schlag die andere Seite der Realität offenbart. Ufo-Phänomene oder Marienerscheinungen können wir uns ähnlich vorstellen – fast scheint es, als müßte die psychische Wahrnehmung der Physis nur ein kleines Stück entgegenkommen, und wie von Zauberhand wird die andere Realität wahrnehmbar. Daß eine solche Zukunftswissenschaft als Neurokosmologie letztlich wieder auf archaische Techniken zurückgreifen muß, diese These wird Gegenstand des anschließenden Kapitels sein. Die angemessene Forschungshaltung solcher teilnehmenden Beobachtung der (Über-)Natur hat unser klassischer Ufologe, die Lichtgestalt Goethe, ein für allemal festgelegt[16]:

---

[15] Zit. nach: *J. Vallée: Dimensionen*, S. 232.
[16] *Johann Wolfgang von Goethe: Gedichte*, 3. Band, Weimar 1890.

Müsset im Naturbetrachten
Immer eins wie alles achten
Nichts ist drinnen, nichts ist draußen:
Denn was innen das ist außen.
So ergreifet ohne Säumnis
Heilig öffentlich Geheimnis
Freuet Euch des wahren Scheins.
Euch des Ernsts des Spieles
Kein Lebendiges ist Eins
Immer ist's ein Vieles.

»Pilze sind unentbehrlich zur Bildung von Erdreich, denn sie bauen auch Felsenfestes mit ab. Damit tragen sie dazu bei, den Boden für das sich ausbreitende Leben zu bereiten; sie sind die Plazenta der Biosphäre. (…) Die alten arabischen Gelehrten, die Pilzen einen Platz auf halbem Weg zwischen Pflanzen- und Tierreich einräumten, hatten nicht so unrecht. Wenn Pilze sich über einen Körper hermachen, offenbart sich dessen materielle Struktur rasch. Organische Substanz wird zu kohlenstoffreichem Humus. (…) Seit über 400 Millionen Jahren lassen sich ihre Sporen nieder und durchziehen ein globales Büfett von Nährstoffen mit ihren Myzelgeflechten. Als Müllwerker der Biosphäre entsorgen sie jeglichen ökosystemaren Bestandsabfall. (…) In Form von Sporen werden sie wie Putzkolonnen auf der ganzen Welt herumtransportiert. Ihre gastronomische Fertigkeit macht fast vor nichts halt. Sie sind von solchem Recyclingeifer, daß viele von ihnen ihr Werk schon beginnen, wenn der Organismus noch gar nicht tot ist. Fußpilz, Tinea, Hautflechten – Pilze wachsen über sich hinaus, wenn es darum geht, die Elemente der Biosphäre umzuschichten. (…) Als wirksame Müllumwandler vermitteln Pilze oft gemischte Gefühle. Sie wandeln auf dem schmalen Grat, wo Müll zu Nahrung und Kadaver zu Dünger werden, und kommen dabei gelegentlich auch dem tierischen Nervensystem ins Gehege. (…) Mit der Entwicklung von Sprache entstanden soziale Barrieren gegen den Verzehr bestimmter Pilze und Rituale, in denen man sich ihrer gezielt bediente. (…) Pilze sind im Seelenleben der Biosphäre fest verwurzelt.«

Lynn Margulis/Dorion Sagan: »Leben«

7

Der Weg nach Eleusis
Über die Geburt der Metaphysik aus dem Geist des Mutterkorns

Das Mysterium von Eleusis war eines der bestgehüteten Geheimnisse der Antike. Fast zwei Jahrtausende lang, bis zur Zerstörung des Tempels durch christliche Barbaren im 3. Jahrhundert, zogen Wallfahrer jedes Jahr im September auf der Heiligen Straße von Athen nach Eleusis, fasteten und umtanzten den der Göttin Demeter geweihten Brunnen im Vorhof des Heiligtums. Die Nacht verbrachten sie in der Mysterienhalle, einem großen fensterlosen Saal. Priester bereiteten einen »heiligen Trank«, den die Teilnehmer gemeinsam zu sich nahmen – und dann geschah es. Eine so unmittelbare und unaussprechliche Erfahrung, daß sie nur »geschaut«, aber nicht ausgesprochen werden durfte – bei strengen Strafen war es verboten, über das Erlebte zu berichten. Über zwei Jahrtausende haben sich die in Eleusis Initiierten daran gehalten, die Philosophen Sokrates, Platon oder Aristoteles, der

Tragödienautor Sophokles – sie waren, wie alle Griechisch sprechenden Menschen ihrer Zeit, mindestens einmal im Leben nach Eleusis gepilgert. Sophokles schreibt: »Dreifach glücklich sind jene unter den Sterblichen, die, nachdem sie diese Riten gesehen, zum Hades schreiten; ihnen allein ist dort wahres Leben vergönnt.«

Ehrfurchtgebietende, dunkle Äußerungen wie diese liegen in großer Zahl vor, doch was sie rechtfertigte, welche Offenbarung die Teilnehmer derart überwältigte, daß sie selbst den Tod für überwunden glaubten – dieses Geheimnis blieb auch nach dem endgültigen Niedergang der athenischen Kultur im 4. nachchristlichen Jahrhundert verborgen. Selbst römische Kaiser wie Marc Aurel und Hadrian, die zu den Eingeweihten zählten, hielten sich an das Schweigegebot, und von Cicero, der nach Eleusis gepilgert war, ist gleichfalls nur ein raunendes Zeugnis überliefert: »Nicht nur haben wir dort den Grund erhalten, daß wir in Freude leben, sondern auch dazu, daß wir mit besserer Hoffnung sterben.« Tausende von Büchern über die Mythologie Griechenlands wurden seitdem geschrieben, Hunderte von Abhandlungen über die eminente Bedeutung der dionysischen Kultur und der eleusischen Riten verfaßt – doch was im Zentrum dieses Mysteriums stand, blieb bis in unsere Tage ein Rätsel.[1]

Erst Ende der 70er Jahre gelang es in interdisziplinärer Zusammenarbeit, das Geheimnis zu lüften: Der Ethnobotaniker Gordon Wasson, der Pharmakologe und Chemiker Albert Hofmann sowie der Altertumsforscher Carl Ruck identifizierten den »heiligen Trank« als Zubereitung eines halluzinogenen Pilzes, des *Claviceps purpurea*, der im Deutschen »Mutterkorn« genannt wird und als Parasit auf der Gerste und anderen Getreidearten wächst. Der Pilz enthält die Wirkstoffe des LSD, des stärksten bekannten Halluzinogens, das Albert Hofmann

---

[1] Vgl. zum Beispiel *U.v. Wilamowitz-Moellendorf: Der Glaube der Hellenen (1931/1932), E.R. Doods: The Greeks and the Irrational (1951), K. Kerény: Die Mysterien von Eleusis (1962), ders.: Die Mythen der Griechen (1969).*

1943 zufällig entdeckte, als er mit den Alkaloiden des Mutterkorns experimentierte. In ihrer Studie »Der Weg nach Eleusis« weisen die Autoren nicht nur nach, daß die gewaltige visionäre Wirkkraft des »heiligen Tranks« in Eleusis höchstwahrscheinlich auf ebendieses Mutterkorn zurückzuführen ist, sie belegen auch, wie eng dieser Pilz mit dem Mythos der Demeter, der Erdgöttin, verflochten ist.

»Jedes Jahr wandelten neue Kandidaten für die Initiation auf jener Heiligen Straße nach Eleusis, Menschen aller Klassen, Herrscher und Prostituierte, Sklaven und Freie. Jeder Schritt auf dem Weg erinnerte an den Aspekt eines alten Mythos, der erzählte, wie die Erdmutter, die Göttin Demeter, ihre einzige Tochter verloren hatte, die beim Blumenpflücken von ihrem Bräutigam, dem Herrn des Todes, geraubt worden war. Wenn die Pilger in Eleusis ankamen, tanzten sie bis tief in die Nacht bei dem Brunnen, an dem Demeter um ihre verlorene Persephone geweint hatte. Sie tanzten zu Ehren dieser beiden Göttinnen und ihres geheimnisvollen Gatten Dionysos. Dann durchschritten sie die Tore in den Festungsmauern, hinter denen, abgeschirmt von profanen Blicken, das große Mysterium von Eleusis stattfand. Die antiken Schriftsteller geben einmütig an, daß im großen ›Telestrion‹, der Initiationshalle im Inneren des Heiligtums, etwas zu sehen war. Soviel durften sie immerhin sagen. Die Halle war jedoch, wie man heute anhand archäologischer Reste rekonstruieren kann, völlig ungeeignet für Theateraufführungen. Was man dort zu sehen bekam, war kein Spiel von Schauspielern, sondern, in Platons Worten, ›phantasmata‹, eine Reihe geisterhafter Erscheinungen. Selbst ein Dichter konnte nur sagen, er habe den ›Beginn und das Ende des Lebens gesehen und erkannt, daß sie eins seien‹.[2]

---

[2] *Albert Hofmann/Gordon Wasson/Carl A.P. Ruck: Der Weg nach Eleusis – Das Geheimnis der Mysterien (1984).* Die folgenden Zitate zu Eleusis stammen, wo nicht anders belegt, aus diesem Buch. *Gordon Wasson* und seine Frau *Valentina* haben seit den 50er Jahren die »magischen Pilze« erforscht und sorgten mit ihrer Veröffentlichung im *Life*-Magazin (*Seeking the Magic Mushroom*, 13. Mai 1957) für die Popularisierung des Themas. In weiteren Arbeiten haben die Wassons u.a.

Ähnlich ehrfürchtiges Stammeln erlebte Gordon Wasson in den 50er Jahren, als er die religiösen Rituale mexikanischer Indianer erforschte. Im Mittelpunkt ihres Kults steht die Einnahme eines als heilig verehrten Pilzes, dessen halluzinogener Wirkstoff Psilocybin eng mit dem des Mutterkorns verwandt ist. Ähnlich wie das Meskalin des Peyote-Kaktus, den andere mexikanische Stämme als sakrale Droge verwenden, oder der Wirkstoff des Fliegenpilzes, dem »Soma« der archaischen Priester-Schamanen in Sibirien und Indien. Die übereinstimmenden Berichte, auf die der Pilz-Ethnologe Wasson bei diesen Völkern stieß – der Pilz als »Draht« zur Kommunikation mit dem Übernatürlichen –, ließen ihn schon damals vermuten, daß auch das klassische Griechenland in seiner rituellen Festung Eleusis Halluzinogene verwandte. Doch die Altertumsforscher, die er daraufhin ansprach, taten seine Vermutung als völligen Unsinn ab. Das »Gesehene«, von dem die Initiierten berichten, hielten sie für kultische Gegenstände, den »heiligen Trank« für Wein: Nach herrschender Meinung wurde den Pilgern in Eleusis eine sakrale Theateraufführung zuteil, eine Art Oberammergau antik. Selbst wenn ein einfacher griechischer Hirte durch ein solches Mysterienspiel und einen Schluck Wein durchaus zu beeindrucken gewesen sein mag, städtische Intellektuelle wie Platon oder Cicero dürften davon aber kaum derart berührt worden sein. Mit Theater und »Show« waren sie ebenso vertraut wie mit Musik, Tanz und berauschenden Getränken. Dem Wein bei ihren Gelagen und Symposien war häufig Opium zugesetzt, Rausch und Ekstase waren im Griechenland dieser Epoche alles andere als unbekannt. Genausowenig ist zu erwarten, daß die

---

den schamanistischen Pilzgebrauch in Sibirien, *Mushrooms, Russia, History (1957)*, und Indien untersucht: *Soma, the divine mushroom of Immortality (1968), Persephones Quest-Entheogens and the origins of religion (1986)*. Neben den Wassons ist es vor allem der Harvardbotaniker *Richard Evan Schultes*, dessen beispielhafte Feldforschungen im Amazonasgebiet, bei denen er den Peyote-Kaktus und den heiligen Pilz der Azteken erforschte, eine ganze Generation von Ethnobotanikern inspirierte. Vgl. *R.E. Schultes/A. Hofmann: Pflanzen der Götter (1980)*.

Philosophen und Schriftsteller ihren kritischen Verstand freiwillig an der Garderobe des eleusischen Tempels abgaben – nein, sie mußten dort etwas erlebt haben, was selbst den großen Rhetorikern die Sprache verschlug.

Zu Hilfe bei der Aufdeckung des Rätsels kam ein öffentlicher Skandal im Athen des Jahres 415 v. Chr., von dem in fragmentarisch erhaltenen Prozeßakten die Rede ist: Das eleusische Geheimnis war profanisiert worden, aristokratische Bürger hatten ihren Gästen den visionären Trank als Partyvergnügen angeboten und mußten sich dafür vor Gericht verantworten. Einer der Angeklagten war der ruhmreiche Heerführer Alkibiades, der sich nach Sparta absetzte, als man ihn von seinem Kommandeursposten bei der Schlacht von Syrakus zum Prozeß nach Athen zurückbeorderte. Er wurde in Abwesenheit verurteilt und sein gesamter Besitz beschlagnahmt. Doch es sind nicht nur diese Spuren antiker Acid-House-Parties, auf die sich die Autoren bei ihrer Beweisführung berufen, sie zeigen auch, daß die Bedeutungsstruktur des Demeter-Mythos auf das Geheimnis psychoaktiver Pflanzen verweist. Es sind keine einfachen Blumen, die Persephone pflückt, als sie ins Reich der Toten entführt wird, es ist der hundertköpfige Narkissos, eine Drogenpflanze. In »Der Weg nach Eleusis« heißt es dazu:

»Es besteht kein Zweifel daran, daß es sich beim Raub der Persephone um einen drogeninduzierten Anfall handelt. Dieser Umstand ist von den Altertumsforschern nie beachtet worden, obschon er aufgrund unseres Wissens über die Religionen der vorgriechischen Ackerbauvölker absolut zu erwarten ist. Das Zentrum dieser Religionen war der Zyklus von Tod und Wiedergeburt in der Pflanzen- und Menschenwelt. Die Frau war die Große Mutter und die ganze Welt ihr Kind. Das grundlegende Ereignis in diesen Religionen war die Heilige Hochzeit, durch welche die Priesterin mit dem Geisterreich im Inneren der Erde kommunizierte, um den Neubeginn des Ackerbaujahrs, des Lebens, zu bewirken. Ihr Gegenstück war ein Vegetationsgeist; er war sowohl ihr auf

der Erde wachsender Sohn als auch der Gemahl, der sie in die befruchtende andere Welt entführte. Unter dem Namen Dionysos überlebte der als Gatte der Muttergöttin assimilierte Zeus bis in die klassische Periode hinein.«

Nicht der dionysische Wein, sondern der psychedelische Gerstentrank der Erdgöttin Demeter stand im Zentrum der griechischen Religion – dieser Befund von Wasson, Hofmann und Ruck rückte die gesamte Fachliteratur zu Eleusis in ein völlig neues Licht.[3] Natürlich waren die rauschhaften, ekstatischen Elemente der Demeter- und Dionysos-Rituale keinem Historiker verborgen geblieben, den antiken Interpreten sowenig wie den Wiederentdeckern der hehren Hellenen in der europäischen Klassik. Für Nietzsche steht und fällt sogar die gesamte Kultur mit der Wiederbelebung des Dionysischen, doch so ahnungsvoll er sich als Psychologe hier erwiesen haben mag, sowenig bestand zu seiner Zeit die Möglichkeit einer empirisch-wissenschaftlichen Erforschung »dionysischer« Bewußtseinszustände und pflanzengebundener Ekstasen. Den Grundstein dafür legte erst der Berliner Pharmazie-Professor Louis Lewin, der 1924 mit seinem Werk »Phan-

---

[3] Schon Kerény (1962) gesteht dem heiligen Trank zwar eine gewisse berauschende Wirkung zu, sieht im Zentrum des Ereignisses aber immer noch eine Art Schauspiel, das im Vorzeigen einer Getreideähre gipfelte. Auch der Ethnologe Hans Peter Duerr, dessen *Traumzeit (1978)* einen Meilenstein für die Wiederentdeckung der erkenntnistheoretischen Bedeutung des archaischen Halluzinogen-Gebrauchs darstellte, sieht hier keinen Zusammenhang mit Eleusis. In seiner Studie *Sedna – oder die Liebe zum Leben (1984)* belegt er zwar die weiblichen, ur-matriarchalen Elemente des Mysteriums, kann aber nicht erklären, was abgeklärte Intellektuelle wie Platon oder Cicero an dieser Show so beeindruckt haben soll. Duerr sieht sehr richtig, daß die Mysterien »ein Wiedergeburtsritual im strengen Sinne waren«. Daß eine solche »Strenge« aber nur durch ein brachiales inneres Erleben zu erreichen ist und nicht durch das Vorzeigen »einer Vulva, die in einer mystischen Kiste lag« (S. 203), hätte ein alter Hippie wie Professor Duerr eigentlich wissen müssen. W. Burkert, *Antike Mysterien (1990)*, stellt zusammenfassend fest: »Wir können solche Erfahrung nicht zurückgewinnen und nicht rekonstruieren, daß sie möglich war, ist anzuerkennen. (…) Sehr viel weiter einzudringen, wird sachlicher Wissenschaft kaum gelingen.« Ebendies wird aber mit der Entdeckung von Wasson/Hofmann/Ruck, daß im Zentrum der griechischen Mysterien eine psychedelische Erfahrung stand, jetzt möglich: Die Erfahrungen von Eleusis sind rekonstruierbar und können zurückgewonnen werden – freilich mit einer »neuen Sachlichkeit« der Wissenschaft, die den Beobachter mit einschließt.

tastica« eine erste systematische Erfassung der »betäubenden und erregenden Genußmittel« versuchte. Die oft anekdotischen Berichte über die bewußtseinsverändernden Wirkungen dieser Pflanzen konnten erst in den folgenden Jahrzehnten einer genaueren wissenschaftlichen Überprüfung unterzogen werden, als nach und nach die Alkaloide, die chemischen Wirkstoffe, von Meskalin, Peyote und »heiligen Pilzen« identifiziert wurden. Ihre eigentliche Bedeutung aber läßt sich erst seit den 70er Jahren ermessen, als die Gehirnforscher die Rolle der Neurotransmitter für unsere Bewußtseinszustände – die biochemische Steuerung des Gehirns durch drogenähnliche Botenstoffe – entdeckten. Bis dahin blieb den Kultur- und Religionsgeschichtlern also kaum etwas anderes, als angesichts des heiligen Tranks von Eleusis sowie des schamanistischen Pflanzengebrauchs im allgemeinen in Rätselraten und Mutmaßungen zu verfallen. Vor diesem Hintergrund hätte die Arbeit von Wasson, Hofmann und Ruck eigentlich wie eine Bombe einschlagen müssen, de facto aber blieb sie, abgesehen von ein paar journalistischen Rezensionen, in Wissenschaftskreisen nahezu unbeachtet. Daran haben weder das große Renommée der Autoren in ihren jeweiligen Fachgebieten noch die solide Argumentation und Faktenlage etwas geändert, ihr heißes Eisen – die Fundierung des griechischen Geisteslebens, und damit der abendländischen Kultur, in einer mystischen Drogenerfahrung – glüht bis heute im verborgenen. Ist es wirklich ein Skandal, in das Zentrum des Metaphysischen, Übernatürlichen, Göttlichen eine Ausgeburt des »Reichs des Bösen« – die Droge – zu stellen und den profanen Genuß einer Pflanzensubstanz als Quelle des Heiligen zu identifizieren? Genau betrachtet, räumt das LSD-Mysterium von Eleusis dem antiken Griechenland gar keine Sonderstellung ein. Im Gegenteil: Es verbindet die Kulturgeschichte des Abendlandes mit der Kultur- und Religionsgeschichte anderer Erdteile, denn überall auf der Welt haben die Völker für den Blick über den Zaun von Raumzeit und Sterblichkeit auf die Hilfe von Pflanzen zurückgegriffen.[4]

In jenen Kriegswochen des Jahres 1943, als Albert Hofmann in Basel die einzigartige psychedelische (d.h. die Seele öffnende) Wirkung des Lysergsäure-Diäthylamid (LSD) per Zufall an sich selbst entdeckte, schreibt Gottfried Benn, ausgehend von einem afrikanischen Trance-Gesang, den er in einem Film gesehen hat:

»*Sein Wesen ist religiös und mythisch, eine erregende, das Einzelwesen steigernde Kommunikation mit dem All. Den Riten und Bewegungs-, den Rhythmus-Trancen stehen die pflanzenentbundenen Steigerer und Rauscherzeuger gegenüber, ihre Verbreitung ist weit universaler. Mehrere Millionen Erdbewohner trinken oder rauchen indischen Hanf, unzählige Geschlechter, durch zweitausend Jahre. Dreihundert Millionen kauen Betel, die großen Reisvölker würden eher auf diesen als auf die Arekanuß verzichten, mit Kauen aufhören heißt für sie sterben. Die drei größten Weltteile erregen sich durch Koffein; in Tibet rechnet man die Zeit nach einer Tasse Tee; Tee fand man bei den Überresten prähistorischer Menschen. Chemische Stoffe mit Gehirnwirkung, Verwandler des Bewußtseins – erste Wendung des Primitiven zum Nervensystem. (…)*

Unter Tausenden Wurzeln, Sträuchern, Bäumen, Pilzen, Blüten – dieses eine! Wahrscheinlich starben unzählige den Gifttod, ehe die Rasse am Ziel war. Steigerung, Ausweitung – proviziertes Leben.(…)Wer das tie-

---

[4] Vgl. *Völker/von Welck/Legnaro (Hrsg.): Rausch und Realität (1981)*. Das ethnobotanische Standardwerk von *Jonathan Ott: Pharmacotheon – Entheogenic drugs, Their plant sources and history (1993)* listet in seiner Bibliographie 2 400 Titel zum Thema. Einen guten botanischen Überblick (mit vielen Abbildungen) geben auch *R.E. Schultes/A. Hofmann: Pflanzen der Götter (1980)* sowie *P.T. Furst: Flesh of the Gods – The ritual use of hallucinogens (1972)* und *Paul Devereux: The long trip – The Prehistory of Psychedelia (1997)*. Daß es sich bei diesem magischen Pflanzengebrauch keineswegs um eine »exotische« Angelegenheit handelt, zeigt ein 3 500 Jahre altes Fundstück aus Bayern, das *E. Probst: Deutschland in der Bronzezeit (1996)* dokumentiert: eine hölzerne Pfeife mit Tonkopf, in der Spuren von Hanf und Mohn entdeckt wurden. Die zusammen mit der »vermutlich ältesten Haschischpfeife der Welt« ausgegrabenen Feuersteine mit Gebrauchsspuren zeigen, daß das Rauchen schon einige Jahrtausende vor dem (Re-?)Import durch Columbus auf dem europäischen Kontinent verbreitet war. Vor diesem Hintergrund entfaltet die vor allem von bayerischen Drogen-Hardlinern gegen eine Legalisierung von Hanf gern vorgebrachte These, es handele sich bei Cannabis im Unterschied zum Alkohol um eine »kulturfremde Droge«, ihre ganz besondere Komik.

risch nennt, verkennt die Lage: Es ist unter dem Tier, weit unter den Reflexen, hin zu Wurzel, Kalk und Stein. (...)

Ob Rhythmus, ob Droge, ob das moderne autogene Training – es ist das uralte Menschheitsverlangen nach Überwindung unerträglich gewordener Spannungen, solcher zwischen Außen und Innen, zwischen Gott und Nicht-Gott, zwischen Ich und Wirklichkeit – und die alte und neue Menschheitserfahrung, über diese Überwindung zu verfügen. Das systematische ›Atembeten‹ Buddhas, die rituellen Gebetshandlungen der altchristlichen Hesychasten, Loyolas Atemholen mit je einem Wort des Vaterunsers, die Derwische, die Jogas, die Dionysien, die Mysterien – es ist alles aus einer Familie, und die Verwandtschaft heißt Religionsphysiologie.«[5]

So gut Benn die Bedeutung des Mysteriums von Eleusis für den Ursprung der europäischen Kultur bekannt war, so wenig wußte er, daß dort einst die stärkste bewußtseinserweiternde Substanz überhaupt zum Einsatz kam. Sonst wäre sein Aufsatz »Provoziertes Leben«, der zum Luzidesten gehört, was die europäische Essayistik in diesem Jahrhundert hervorgebracht hat, mit Sicherheit noch ein Stück provozierender ausgefallen. Doch auch so lesen sich die Zeilen, die er als Stabsarzt in der Kaserne in Landsberg an der Warthe zu Papier brachte, wie der synchrone Kommentar zu dem, was Albert Hofmann in Basel gerade entdeckt hatte. Benn: »*Gott ist eine Substanz, eine Droge! Eine Rauschsubstanz mit verwandtschaftlicher Relation zu den menschlichen Gehirnen.*« Wenn aber Religion physiologisch begründbar ist, dann wird Metaphysik zur erfahrbaren Wissenschaft, ist keine Sache des Glaubens und Spekulierens mehr, sondern ein Feld des Wissens und der Empirie. Mystische Erfahrung, so erkennt Benn, hat mit bestimmten Substanzen zu tun, die in verwandtschaftlicher Beziehung mit der Biochemie des Bewußtseins stehen und »Religion provozieren«:

»*Die deutsche Mystik nach Jakob Böhme, ›das Anheimfallen der natür-*

---

[5] *Gottfried Benn, Essays und Reden (1989), S. 369 ff.*

lichen Ichheit an das Nichts› (bemerkenswerterweise: an das Nichts, nicht an Gott), diese Mystik, die ein moderner Forscher ›eine fast experimentelle Religionspsychologie rücksichtsloser Art‹ nannte, war nichts anderes – hier läge also vor: provozierte Religion.

All dies sind geschichtliche Tatsachen, weit verbreitete Erfahrbarkeiten, selbst biologisch beurteilt: psychologische Fakten. Gleichwohl steht der heutige Staat dem völlig fremd gegenüber. Vielmehr gründete er kürzlich eine Rauschgiftbekämpfungszentrale, und seine Biologen fühlen sich auf der Höhe der Zeit. Es würde schwierig sein, ihm zu bedeuten, daß sich diese Zentrale zum Menschheitsproblem verhält wie der Postbote zum Kosmopolitismus. Ferner unterläßt er es nicht, eine Steigerung der menschlichen Höhenfestigkeit für Bergsteiger unter dem Einfluß von Medikamenten im großen Umfang durch beauftragte Physiologen prüfen zu lassen, aber die Möglichkeit einer Steigerung der formal-ästhetischen Funktionen beachtet er nicht. Er pflegt seine Muttermilchsammelstellen, in deren einer (...) 1 200 Mütter in 2 Jahren beispielhaft 10 000 Liter gaben... Potente Gehirne aber stärken sich nicht mit Milch, sondern durch Alkaloide.«[6]

Treffender läßt sich nicht kommentieren, was Albert Hofmann zeitgleich entdeckte und 35 Jahre später als Grundlage des Demeter-Kultes identifizierte: die Alkaloide des Mutterkorns – das magische Molekül am Anfang der antiken Kultur. Hofmann hatte sich die Mutter-

---

[6] Benns Essay erscheint erstmals 1949. Es ist bedauerlich, daß der ungesellige Doktor den Kontakt zu den Mutterkorn-Alkaloiden und Albert Hofmann nie gefunden hat wie zum Beispiel *Ernst Jünger*, der in *Annäherungen – Drogen und Rausch (1970)* ausführlich darüber berichtet. So bewundernswert es sein mag, wie der Herrenreiter Jünger sich in die Wildnis des Seelenweltraums stürzt, als Protokollant wäre ein Präzisionsdenker wie Benn allemal besser geeignet gewesen. *Provoziertes Leben* faßt 1943 auf sieben Schreibmaschinenseiten schon all das zusammen, was in den 50er und 60er Jahren durch *Aldous Huxley, Die Pforten der Wahrnehmung (1954)*, und *Timothy Leary, Die Politik der Ekstase (1965)*, zum Manifest einer kulturellen Revolution wird. Albert Hofmann, der über die Begegnungen mit Jünger, Huxley, Leary und anderen, die mit seinem Wunderkind auf Reisen gingen, in *LSD – mein Sorgenkind (1979)* berichtet, ist als mittlerweile 91jähriger immer noch mit Vorträgen und auf wissenschaftlichen Symposien aktiv. Ein strahlender Greis und Weiser, der nicht müde wird, für den verantwortungsvollen Gebrauch dieses Alkaloid-Wunders zu werben, das auch ihm einst die Augen geöffnet hatte.

korn-Alkaloide, die er schon drei Jahre zuvor isoliert hatte, im Frühjahr 1943 wieder vorgenommen, auf der Suche nach einem frauenheilkundlichen Präparat. Die gefäßverengenden, wehenauslösenden Wirkungen des Mutterkorns waren der Medizin von jeher ebenso bekannt wie die schweren, Ergotismus genannten Vergiftungserscheinungen, die der Genuß von Getreide verursacht, das von Mutterkorn befallen ist. Eine der Wirksubstanzen dieses Pilzes jedoch, mit der Hofmann im Labor zufällig in Kontakt gekommen war (LSD-25), verursachte keinerlei toxische Wirkung auf den Körper, dafür um so stärkere auf das Bewußtsein: Wenige Tausendstel Gramm reichen aus, um die Wahrnehmung der Außen- und Innenwelt völlig zu verändern. Und eben jene zerebrale »Kommunikation mit dem All«, jenes Eintauchen in den »Urtraum« herzustellen, die Dr. Benn gerade als einziges Remedium gegen die »abendländische Schicksalsneurose« rezipiert hatte. Um »den Zustrom von Erkenntnissen und von Geist zu vermitteln«, fordert er außerdem den »Ausbau visionärer Zustände durch Meskalin oder Haschisch«, Meditation zur Freimachung der »Organfunktionen« und »archaischer Mechanismen«, sowie: »Pervitin könnte, statt es Bomberpiloten und Bunkerpionieren einzupumpen, zielbewußt für Zerebraloszillationen in höheren Schulen eingesetzt werden. Das klingt wahrscheinlich manchem abwegig, ist aber nur die natürliche Fortführung einer Menschheitsidee.«

Das ist es in der Tat – und daß die Forderung noch heute manchem abwegig klingt, liegt zum einen an der fortgesetzten Tätigkeit der Rauschgiftbekämpfungszentralen: »Gott«, bzw. die von Benn damit identifizierten Substanzen, sind nach internationalem Betäubungsmittelgesetz »nicht verkehrsfähig«. Zum anderen hat es mit einer Geschichte zu tun, die im folgenden kurz beleuchtet werden soll: Schon im Garten Eden nämlich waren nicht zufällig ganz bestimmte Pflanzen verboten.

»Gibt es nur einen einzigen Griechen«, fragte der Rhetoriker Aristides etwa um das Jahr 150 n. Chr., »einen einzigen Barbaren, der so unwissend, so gottlos ist, daß er Eleusis nicht als gemeinsamen Tempel der Welt ansieht?« Noch zu diesem Zeitpunkt schien es völlig undenkbar, daß die versprengten jüdisch-christlichen Sekten sich zu einer Großmacht aufschwingen und im Zuge der Eroberung Griechenlands durch den Gotenkönig Alarich die riesige Anlage des Demeter-Heiligtums in Eleusis im Jahr 396 n. Chr. zerstören würden. Sie waren scheinbar unwissend (was die Macht des heiligen Tranks angeht), scheinbar gottlos (zumindest was die Vielfalt des eleusischen Himmels betraf, dem sie ihren monotheistischen Zentralgott entgegensetzten), und sie gingen bei der Eliminierung »heidnischer« Konkurrenz äußerst brutal vor. Doch überrascht konnten die Hüter von Eleusis über diesen Angriff eigentlich nicht sein: Das heilige Buch der jüdisch-christlichen Sekten, die ihren Tempel zerstörten und die Fortführung der Mysterien verboten, läßt die gesamte Menschheitsgeschichte mit einer Drogenrazzia beginnen. Erinnern wir uns kurz: Nachdem der Herr Eva aus Adams Rippe geschaffen hat, dürfen es sich die beiden im Garten Eden gutgehen lassen. Alles ist ihnen erlaubt, nur eine bestimmte Frucht ist verboten, und zwar die vom Baum der Erkenntnis: eine bewußtseinserweiternde Pflanze. Daß es sich um eine solche handelt, wurde Eva von einer Schlange vermittelt – als Botin Gaias und Vermittlerin aus dem Tierreich macht die Schlange die unwissenden Menschen auf die geheimen Pflanzenkräfte aufmerksam. Die Geschichte der Paradiesvertreibung im Buch Genesis berichtet von einer Frau, die Wissen über psychoaktive Pflanzen besitzt. Bevor sie dieses Wissen mit ihrem Mann teilt, hat sie die Wirkung probiert und für gut befunden: »Als die Frau sah, daß es gut war, die Frucht des Baums zu essen, daß sie schön anzusehen war und ihr gut gefiel, nahm sie eine und aß sie. Auch ihrem Mann gab sie davon, und auch er aß sie. Da wurden ihnen beiden die Augen aufgetan, und sie entdeckten, daß sie nackt waren...« – Tatsächlich ist die Wirkung gewaltig: Die Augen werden geöffnet, die Sinne für die sexuelle Identität werden geschärft, sie werden sich ihrer selbst bewußt und erkennen Gut und Böse. Gleichzeitig entdecken sie aber auch, daß ihr Herr sie im Stile einer typischen Rauschgiftbekämpfungszentrale belogen hat. »Wenn du davon issest, mußt du sterben!« hatte es von den Früchten des Baums der Erkenntnis geheißen, doch Eva und Adam hatten eher das Gegenteil erfahren: Die Pflanze hatte ihr Bewußtsein erweitert und ihnen neue, zutreffende Erkenntnisse und Einsichten geschenkt. Kein Grund eigentlich für den Herrn, so aus der Haut zu fahren – und tatsächlich wird in der gesamten Geschichte der Vertreibung auch kein wirklicher Grund für das Verbot genannt, außer dem einen: »Der Mensch ist jetzt wie einer von uns geworden, da er Gutes und Böses erkennt. Nun geht es darum, daß er nicht noch seine Hand ausstrecke, sich am Baume des Lebens vergreife, davon esse und ewig lebe. So wies Gott, der Herr, ihn aus dem Garten Eden fort, daß er den Ackerboden bearbeite, von dem er genommen war.«

Über zweitausend Jahre Theologie haben diese Geschichte des ersten Sündenfalls als Sinnbild und Metapher dargestellt, die verbotene Frucht als Apfel und ihren Genuß als Ursünde des sich offenbarenden Menschenstolzes. Demnach wäre es mehr oder weniger ein dramaturgischer Kniff, daß die Autoren des Alten Testaments den Genuß einer verbotenen psychoaktiven Pflanze in den Mittelpunkt ihres Menschheitsdramas gerückt haben – jedes andere willkürliche Verbot hätte es auch getan. Die Einschränkung der durch Pflanzengebrauch provozierten religiösen Ekstasen ist jedoch eine Grundvoraussetzung dafür, daß das Konzept des *einen* Zentralgotts überhaupt greifen kann. Solange die Pilze »sprechen«, solange die Alkaloide des Mutterkorns das Gehirn gleichsam auf Direktempfang des Göttlichen schalten, solange Tänze, Musik, rituelle Atem- und Körpertechniken religiöse Erfahrungen, Erscheinungen, Eingebungen provozieren – so lange ist das Jehova-Konzept eines einzigen männlichen Gottes, dessen Name man nicht aussprechen und von dem man sich kein Bild machen soll, nicht durchsetzbar. Die ganze Rationalisierungsmaßnahme des Monotheismus steht und fällt mit dem Abschalten der magischen Kanäle, auf denen der Vegetationsgeist – Gaia – zum Sprechen kommt.[7]

In einem Spätherbst vor etwa 5 300 Jahren wanderte ein Mann über den Similaun-Gletscher in Tirol. Er war 1,58 Meter groß, hatte schwarzes Haar und trug einen Fellanzug, der mit Süßgras gefüttert war. Der Wanderer war vermutlich auf dem Weg zur »Heiligen Quelle«, einem bis heute so genannten Kultplatz auf dem Alpen-Hauptkamm, und muß dabei von einem plötzlichen Unwetter mit einem drastischen Temperatursturz überrascht worden sein. Dabei kam er zu Tode, und sein Körper wurde in kürzester Zeit tiefgefroren – im Gletschereis auf 3 200 Metern Höhe wurde er 1991 von Bergsteigern entdeckt. »Ötzi«, wie die Naturmumie aus dem Eis des Ötztales sofort genannt wurde, gilt seitdem für die Prähistoriker als »bedeutendste archäologische Entdeckung seit Tutenchamun«, denn sie ermöglicht einen direkten Einblick in den Alltag der späten Steinzeit. Das Kupfermesser und das Kupferbeil, das der Mann aus dem Eis bei sich trug, erwies sich als die erste Sensation, denn die C-14-Analyse einer Gewebeprobe des Gletschermanns hatten ein Alter von 5 300 Jahren ergeben. Damit stammte er aus einer Zeit, in der es nach der gängigen archäologischen Datie-

---

[7] *Robert von Ranke-Graves: Hebräische Mythen (1986)* weist auf Elemente der Paradies-Geschichte hin, die älteren Mythen entstammen, u.a. dem Gilgamesch-Epos, in dem Gilgamesch ein Kraut der Unsterblichkeit sucht. In Folge von Gordon Wasson kam auch Ranke-Graves zu dem Schluß, daß magische Pilze im Zentrum der frühen Religionen standen: »Rauscherzeugende Pilze kommen in ganz Europa und Asien vor. (…) Die Tatsache, daß es zwischem dem indischen und anderen Paradiesen große Ähnlichkeiten gibt, legt den Gedanken nahe, daß es sich bei Soma um einen heiligen Pilz handelt, der in Gestalt von Speise und Trank dargereicht wurde. (…) Ambrosia-Esser erfreuen sich oftmals eines Gefühls vollkommener Weisheit, das sich aus der scharfen Bündelung ihrer geistigen Kräfte ergibt. Da ›Erkenntnis des Guten und des Bösen‹ im Hebräischen soviel heißt wie ›Erkenntnis aller Dinge, sowohl der guten als auch der bösen‹ und sich nicht auf die Gabe der sittlichen Entscheidungsfähigkeit bezieht, war der ›Baum des Lebens‹ vielleicht einmal der Wirtsbaum eines bestimmten halluzinogenen Pilzes. So stellt sich beispielsweise die Birke der *Amanita muscaria* (dem Fliegenpilz, M. B.) als Wirt zur Verfügung, die von einigen paläo-sibirischen und mongolischen Stämmen im Verlauf von Kulthandlungen verzehrt wird.« *(S. 101 f.)* In *Die weiße Göttin (1985)* hat Ranke-Graves, nicht nur den matriarchalen Zusammenhang der griechischen Mysterien verdeutlicht, sondern ebenfalls darauf hingewiesen, daß psychoaktive Pilze in Eleusis mehr als eine Nebenrolle spielten.

rung noch gar keine Kupferbeile, sondern nur Steinäxte gab, von denen Ötzi ebenfalls eine bei sich trug. Außerdem führte er einen Köcher mit 14 Pfeilen, Pfeilspitzen, Feuersteinklingen, Stricke und andere Werkzeuge mit sich sowie ein mit Ledertroddeln verziertes Stein-Amulett. Dieses Amulett sowie der Fundort der Mumie in der Nähe eines archaischen Kultplatzes ließen die Vermutung aufkommen, daß es sich bei dem Mann aus dem Eis um einen Schamanen oder Medizinmann handelte. Bei der Untersuchung der von ihm in zwei Taschen mitgeführten Gegenstände stießen die Forscher auf eine weitere Sensation; im Juli 1992 meldete die Deutsche Presse Agentur:

»*Ötzi war high: Der im September 1991 im Tiroler Ötztal gefundene Gletschermann, eine 5 300 Jahre alte Mumie, hatte urzeitliche Rauschmittel bei sich. Innsbrucker Wissenschaftler identifizierten die bei ihm gefundenen Pilze als Halluzinogene.*«

Dr. Reinhold Pöder vom mikrobiologischen Institut der Universität Innsbruck hatte die zwei etwa murmelgroßen Stücke einer Substanz, die Ötzi mit sich führte, als Pilze der Gattung »Lärchen- und Birken-Porling« identifiziert: »Die Schwämme sind Halluzinogene.« Die »Entdeckung des Urzeit-LSD«, kommentierte die Presse, »gilt unter Experten als kleine Sensation.« Im Zusammenhang mit Eleusis, wo das eigentliche »Urzeit-LSD« aus dem Mutterkorn gebraut wurde, darf sie getrost eine große Sensation genannt werden – belegt sie doch erstmals den Gebrauch psychedelischer Pilze in der Vorgeschichte Europas. Der Hypothese, die Gordon Wasson Anfang der 50er Jahre erstmals aufgestellt hatte, daß Religion (Metaphysik/Transzendenz) aus der Symbiose von Hominiden und bewußtseinserweiternden Pflanzen entstand, bescherte nach Pöders Forschungsergebnissen der Mann aus dem Eis eine eindrucksvolle Bestätigung.[8]

---

[8] Vgl. *Der Stern, Nr. 29, 9. Juli (1992)* sowie Christian Rätsch (Hrsg.): *Das Tor zu inneren Räumen (1996)*. Jonathan Ott, Pharmacotheon – *Entheogenic drugs. Their plant sources and history (1993)*, zweifelt, ob die gefundenen Pilze wirklich halluzinogene oder nicht nur antibiotische Wirkung hatten. Selbst wenn nur das letztere zuträfe, deutet dies auf sehr gute Kenntisse der natürlichen Hausapotheke bei den Menschen der Steinzeit.

Mircea Eliade hat den Schamanismus als »archaische Ekstasetechnik« bezeichnet und auf die erstaunliche Gleichförmigkeit verwiesen, die die schamanistischen Kulturen überall auf der Welt aufweisen. Schamanen sind »Spezialisten des Heiligen«, die fähig sind, ihren Körper zu verlassen und im Geist (in Trance) kosmische Reisen zu unternehmen. Dieser Kontakt mit dem »Jenseits« – den Geistern, den Ahnen, der Matrix der Natur – ermöglichte es ihnen, die Dinge im Diesseits geradezurücken. Daß der Schamanismus heute allgemein als Urform des religiösen Empfindens anerkannt ist, verdankt sich vor allem den großartigen Arbeiten des Religionsforschers Eliade. Gleichzeitig ist er aber auch für das weitverbreitete Mißverständnis über den archaischen Gebrauch halluzinogener Pflanzen verantwortlich, den Eliade als dekadenten »narkotischen« Schamanismus bezeichnet. Der Grund für diese Einschätzung mag zum einen in Eliades Feldforschungen liegen, bei denen die Relikte schamanistischer Stammeskulturen durch den Einzug moderner Drogen wie Alkohol und Zigaretten kontaminiert wurden – zum anderen aber auch einfach in seiner persönlichen Abneigung. Noch in den 80er Jahren bekundete der Professor gegenüber einem Doktoranden: »Ich mag diese Pflanzen nicht, und ich weiß gar nichts über sie«.⁹ Dabei waren die Indizien zu diesem

---

⁹ *Mircea Eliade: Schamanismus und archaische Ekstasetechnik (1964), Kosmos und Geschichte. Der Mythos der ewigen Wiedergeburt (1966), Schmiede und Alchemisten (1980).* Über Eliades Vorurteile gegenüber pflanzeninduzierten Ekstasen, hier zit. nach *Ott, 1993*, siehe auch *Gisela Bleibtreu-Ehrenberg: Der Schamane als Meister der Imagination oder Die hohe Kunst des Fliegenkönnens*, in: *H.P. Duerr (Hrsg.) alcheringa (1983)*. Ebenso wertet Eliade das schamanistische Syndrom der »Besessenheit« als vorzugsweise von Frauen hervorgebrachte Hysterie ab. Was den weltweiten schamanistischen Halluzinogengebrauch betrifft, sind die Belege indessen überwältigend, wie die zwei Bände von *Völker/von Welck/Legnaro (Hrsg.): Rausch und Realität (1981)* zeigen.
Die unter anderem von *Hans Findeisen, Schamanentum (1957)*, und *Hoimar v. Ditfurth, Der Geist fiel nicht vom Himmel (1976)*, vertretene Ansicht, daß es sich bei den archaischen Trancetechniken eher um pathologische Erscheinungen und bei den Schamanen quasi um Schizophrene handelt, ist vermutlich ebenfalls Vorurteilen (bzw. Unkenntnis) zuzuschreiben und entspricht den in den 50er und 60er Jahren vertretenen medizinischen Vorstellungen von Psychedelika als Auslöser »künstlicher Psychosen«. Der entscheidende Unterschied zwischen krankhaft psychotischen oder schizophrenen Zuständen und

Zeitpunkt schon überwältigend: Ob in Sibiren oder in Südamerika, in afrikanischen oder asiatischen Kulturen, fast überall waren Schamanismus-Forscher auf den Gebrauch entheogener Pflanzen gestoßen. Die von Wasson und seinen Mitarbeitern geprägte Klassifizierung »Entheogene« (»inner-göttliche«, »den inneren Gott auslösende« Pflanzen), diente der Abgrenzung von irreführenden Bezeichnungen wie »narkotisch« oder den seit den 60er Jahren im kulturellen Kontext gebrauchten Begriffe »halluzinogen« und »psychedelisch«. Als entheogen werden unter anderen die Alkaloide des Mutterkorns (LSD) und die von Pflanzen wie Psilocybin-Pilzen, Fliegenpilzen, Peyote oder Meskalin eingestuft. Allesamt Substanzen, deren Wirkung das Gegenteil von »narkotisch« ist, eines Begriffs, der gewöhnlich für betäubende Mittel und Tranquilizer gebraucht wird. Dort, wo die Ethnobotaniker und Anthropologen auf den rituellen Gebrauch entheogener Pflanzen stießen, war der Schamanismus denn auch lebendig und authentisch. Das heißt nicht, daß überall, wo Medizinmänner mit schamanistischen Methoden das psychosoziale und kosmologische Gefüge zusammenhielten, Entheogene im Spiel waren. Doch je weiter zurück an den Ursprung die Forscher gehen – zur Menschwerdung des Affen, zur »Wendung des Primitiven zum Nervensystem« (Benn) – desto plausibler scheint es ihnen, daß die Flamme eines ungeheuren Mysteriums

---

einem durch LSD oder Psilocybin erweiterten »Wachbewußtsein« ist mittlerweile deutlich herausgearbeitet worden, vgl. u.a *H.C. Leuner: Halluzinogene (1981), S. Grof: LSD-Psychotherapie (1983), A. Dittrich: Ätiologie-unabhängige Strukturen veränderter Wachbewußtseinszustände (1985).* Gegen die Bezeichnung der Schamanen als krankhafte »Halbirre« spricht aber auch die Tatsache, daß ihnen als Mittler heilenden und heiligen Wissens in den frühen Gesellschaften große Autorität zukam; es waren seltene, charismatische Persönlichkeiten, die sich gerade dadurch auszeichneten, *nicht* verrückt zu werden angesichts der in Trance geschauten »unfaßbaren« Zusammenhänge.
Ein beeindruckendes Dokument über die das Unterbewußte öffnenden Möglichkeiten von LSD hat der israelische Autor und ehemalige Auschwitzhäftling Yehiel De-Nur unter dem Pseudonym *Ka-Tzentnik 135633* veröffentlicht. Um seine traumatischen Erinnerungen an »den dunklen Planeten Auschwitz« aufzuarbeiten, die ihn jahrzehntelang peinigten und verfolgten, unterzog er sich 1976 bei Professor Bastiaans in Holland erfolgreich einer LSD-Therapie. *Ka-Tzentnik 135633: Shivitti – Eine Vision (1991).*

das Bewußtsein des Hominiden nicht aus heiterem Himmel traf, sondern etwa 30 Minuten nach dem zufälligen Genuß einer Handvoll Pilze...

Der Mensch ist, was er ißt, und seine Geschichte ist die einer Jagd nach Nahrungsmitteln. Über die genaue Strategie der frühen Hominiden bei der Nahrungssuche ist wenig bekannt, als Allesfresser werden sie sich vermutlich auf die Methode von Versuch und Irrtum – Verdauen oder Erbrechen – verlassen haben. Zwar brachten schwere kosmische Katastrophen und planetare Klimaveränderungen immer wieder neue Angebote auf den Speiseplan, doch schon vor drei Millionen Jahren verfügte der *homo habilis* über ein großes gastronomisches und pharmakologisches Wissen. Da zum Beispiel frei lebende Schimpansen in regelmäßigen Abständen bestimmte Blätter mit antibiotischer Wirkung lutschen, kann davon ausgegangen werden, daß auch der Vorgänger des Menschen die Heil- und Genußpflanzen seines Lebensraums kannte. Die Forschungen von Ronald Siegel haben gezeigt, welche ausgeprägten Pflanzenkenntnisse schon bei Tieren vorhanden sind und daß sie nicht nur zu medizinischen, sondern auch zu hedonistischen Zwecken, zum Genuß und zur Entspannung genutzt werden.[10] Mit dem Auftauchen des ersten Hominiden beginnt eines der größten Rätsel der Evolutionsbiologie: das rasende Wachstum seines Gehirns. Innerhalb eines nach evolutionären Maßstäben unwahrscheinlich kurzen Zeitraums von drei Millionen Jahren mutierte *homo habilis* über den *homo erectus* zum *homo sapiens* und verdreifachte dabei seine Gehirnkapazität. Für diese rasante Entwicklung gibt es bis heute keine schlüssige Erklärung – nach der klassischen darwinistischen Sicht eines langsamen, allmählichen Entstehens neuer Arten ist eine so blitzschnelle Mutation, wie sie das Gehirn des *homo habilis* vollführte, eigentlich gar nicht möglich. Wel-

---

[10] *Ronald K. Siegel: Rauschdrogen. Sehnsucht nach dem künstlichen Paradies (1995).*

cher Selektionsdruck auch immer für das sprunghafte Wachstum des Gehirns sorgte, er muß dramatisch gewesen sein – er vergrößerte nicht einfach die Hirnmasse, sondern sorgte auch dafür, daß auf diesem Netzwerk von Neuronen eine neue Software lief: Bewußtsein. Erst dieser Umschlag von Quantität in Qualität, der Sprung eines komplexen, ungleichgewichtigen Systems in einen höheren Ordnungszustand, läßt den Hominiden aus den Schatten des Tierreichs in das Licht der Selbstreflexion treten.

Schon mehrfach in der Geschichte des Lebens war es zu großen Wachstumsschüben der Hirnkapazität bestimmter Arten gekommen, und jedesmal hatte diese neue Komplexität »Bewußtsein« entstehen lassen. Von der hybriden Fehlannahme, daß diese Eigenschaft einzig dem Menschen vorbehalten sei und der ganze Rest des Universums quasi als bewußtloser Automat Dienst schiebt, hat sich die westliche Wissenschaft nach 300 Jahren Descartes und 50 Jahren Behaviorismus mittlerweile verabschiedet. Wenn Gorillas sich von ihrem Spiegelbild unterscheiden können – also über ein Bewußtsein ihres Selbst verfügen –, wenn Paviane Werkzeuge benutzen, Schimpansen zur taktischen Täuschung in der Lage sind und Primatenhorden komplexe soziale Strukturen ausbilden, ist die Anwesenheit eines Bewußtseins in der Gattung *homo* erst einmal gar nichts Besonderes. Was die neue Spezies herauskatapultiert aus dem Schmelztiegel des Primaten-Genpools, ist erst die Herausbildung ihres symbolischen Repräsentationssystems, der Sprache. Stellt schon das exponentielle Gehirnwachstum in der Entwicklung des Menschen für die Evolutionsbiologie ein großes Rätsel dar, so wirft die Entstehung der Sprache noch viel größere Fragezeichen auf. Der Evolutionsvorteil, den eine verbesserte Kommunikation zum Beispiel für die Koordination der Jagdhorde bringt, liegt ebenso auf der Hand wie der entscheidende Vorteil, sich mittels Sprache ein inneres Modell der äußeren Realität zu bilden und die Abläufe in der Realität vorherzusehen. Die Strategie »Heut mach' ich mir kein Abendbrot, heut mach' ich mir

Gedanken« (Wolfgang Neuss) erwies sich für den erwachenden Hominiden bei der langfristigen Abendbrotbeschaffung sehr viel erfolgreicher als ein planloses »instinktives« Vorgehen. Auch ließen sich mit diesem neuen Kommunikationsinstrument Gruppenverbände besser aufrechterhalten als mit der gegenseitigen Körperpflege, die bis dahin als soziales Bindemittel gedient hatte.[11] Wie im Detail und wann genau dieser Prozeß der Sprachentstehung, die eigentliche Menschwerdung der Gattung *homo,* abgelaufen ist, darüber wissen wir so gut wie nichts, nur daß an seinem Ende, vor etwa 250 000 Jahren, ein Wesen steht, das nicht nur die Sprache beherrscht, sondern auch das Feuer und verschiedene Werkzeuge, und das sich offenbar seiner Endlichkeit bewußt ist, denn es bestattet seine Toten. Spätestens hier stößt das Erklärungsmodell der natürlichen Selektion an seine Grenze: Selbst wenn die Ursachen der überdimensionierten Hirnkapazität und der damit einhergehenden Sprachentwicklung im dunkeln liegen, sind die evolutionären Vorteile einer solchen Ausstattung offensichtlich. Doch welchen Pluspunkt im Kampf ums Dasein bringen Totenbestattung und Ahnenkult? Und, um die entscheidende Frage gleich anzuschließen: Welchen evolutionären Vorteil hatte es, über eine Vorstellung von Transzendenz zu verfügen? Wie kommt das sprechende Tier überhaupt auf die *Idee* von Göttern, Geistern und dem Absoluten?

Gibt man jemandem, der nur von Ochsen redet, Opium, »werden auch seine Träume nur von Ochsen bevölkert sein«, notierte der eng-

---

[11] Vgl. *Richard Leaky: Die ersten Spuren – Über den Ursprung des Menschen (1997).* Leaky geht davon aus, daß die Sprache und das schnelle Hirnwachstum zusammenhängen: »In jüngster Zeit hat Robin Dunbar, ein Primatenforscher am University College in London, dieses Modell folgendermaßen beschrieben: ›Die konventionelle Hypothese lautet, daß Primaten große Gehirne benötigen, um sich in der Welt zurechtzufinden und die bei der täglichen Nahrungssuche auftretenden Probleme zu lösen. Die Alternativhypothese lautet, daß die komplexe soziale Wirklichkeit, in der Primaten leben, den Impuls zur Evolution großer Gehirne gab.‹ (…) Nach diesem Szenario ist Sprache ›stimmliche Körperpflege‹, und Dunbar geht davon aus, ›daß sie erst mit dem homo sapiens‹ entstand.« Vgl. *Robin Dunbar: Klatsch und Tratsch (1998).*

lische Opiumesser Thomas de Quincey einst über die subjektive Ausstattung künstlicher Paradiese. So wird auch der sammelnde und jagende Hominide, als er den Schlafmohn erstmals zufällig kostete, von beerenüberfüllten Waldlichtungen oder ewigen Jagdgründen geträumt haben ... um alsbald als dösender Zeitgenosse von einem Raubtier oder einem wacheren Konkurrenten dahingerafft zu werden. Als Opiumfreaks hätten die an der Schwelle zur Sprachbeherrschung stehenden grunzenden und gestikulierenden Frühmenschen in Arnauds Film »Am Anfang war das Feuer« das Drama mit Sicherheit nicht überlebt. Was aber geschah, als ein solcher Hominide psilocybinhaltige Pilze aß, wie sie in den Gras- und Waldlandschaften und vor allem auf dem Dung von Rindern wuchsen? In kleinen Dosierungen hat Psilocybin die Eigenschaft, die Sehschärfe und das Erkennen von Konturen zu erhöhen, eine etwas höhere Dosis führt zu gesteigerter Unruhe und sexueller Erregbarkeit – von einer psychedelischen Aktivität ist auf diesem Niveau noch kaum etwas zu spüren. Erst eine noch höhere Dosis öffnet die Pforten der Wahrnehmung und erzeugt im Bewußtsein jenen »entheogenen« Zustand, dem die psilocybinhaltigen Pilze Mexikos ihren Namen »Götterspeise« verdanken.

»Der von einer vollen Pilzdosis hervorgerufene Geisteszustand ist der von Euphorie und ruhiger Klarheit, ohne den Verlust der Zusammenhänge und der Klarheit der Gedanken. Die mit geschlossenen Augen wahrgenommenen Halluzinationen sind farbig, scharfkantig und überaus deutlich ausgeprägt und können von abstrakten geometrischen Formen bis zu Visionen fantastischer Landschaften reichen. Diese Halluzinationen sind am intensivsten, wenn der Pilz in der von den Mazatekas bevorzugten Weise genossen wird, in einem Raum, nachts, in vollständiger Dunkelheit. Wenn man sich andererseits in natürlicher Umgebung befindet und die Sinne intensiv nach außen auf die Umgebung richtet, entdeckt man, daß sie auf die höchste Stufe ihrer Empfänglichkeit gestimmt scheinen, daß man mit einer seltenen, wenn jemals zuvor erfah-

renen Klarheit und Empfindungsfähigkeit Dinge hört, riecht und sieht.«[12]

Der Ethnobotaniker Terrence McKenna, von dem diese Beschreibung des Pilzrauschs stammt, hat die Hypothese aufgestellt, daß die Bewußtseinserweiterung durch psilocybinhaltige Pilze nicht nur für das Entstehen von Religion, den ersten Kontakt zum transzendenten Anderen, sondern auch schon für die Evolution des Gehirns und der Sprache von Bedeutung gewesen sein könnten. Psilocybin wirkt vor allem auf die signaleverarbeitenden Regionen des Gehirns und greift tief in die Struktur sprachlicher Prozesse ein. Henry Munn, der die Pilzkultur der Mazatec-Indianer erforschte, hat auf diesen Zusammenhang ebenfalls aufmerksam gemacht.

»Die Mazatecen sagen, daß die Pilze sprechen. Wenn man einen Schamanen fragt, wo seine Eingebungen herkommen, wird er wahrscheinlich antworten: ›Das habe nicht ich gesagt, das war der Pilz.‹ Kein Pilz kann sprechen, das wäre eine primitive Anthropomorphisierung des Natürlichen, nur der Mensch spricht, aber der, der diese Pilze ißt und der Sprache fähig ist, wird mit einer inspirierten Fähigkeit zu sprechen bereichert. Die Funktion der Schamanen, die sie essen, ist zu sprechen, es sind Sprecher, die die Wahrheit singen und aussprechen, die oralen Poeten ihres Stammes, die Ärzte des Worts, die sagen, was falsch ist und wie man es heilt, die Seher und Wahrsager, die Stimmgewaltigen. ›Es bin nicht ich, der spricht‹, sagt Heraklit, ›es ist der Logos.‹ Sprache ist die Ekstase des Benennens. Berauscht von den Pilzen, ist man zu einer sprachlichen Gewandtheit und Leichtigkeit fähig, einer Geschicklichkeit im Ausdruck, daß man ganz erstaunt ist von den Worten, die dem Kontakt der Absicht zur Artikulation mit dem Gegenstand der Erfahrung entspringen. Die von den Pilzen freigesetzte Spontanität ist nicht nur ko-

---

[12] Terrence McKenna: *Wahre Halluzinationen* (1989), S. 254 f. Die Hypothese vom Pilz als »Kulturbringer« ist im wesentlichen in McKennas *Speisen der Götter (1996)* dargelegt, des weiteren in ders.: *The archaic revival (1993).*

gnitiver, sondern auch linguistischer Art... der Logos in Aktion. Für den Schamanen ist es so, als ob die Existenz selbst sich durch ihn hindurch zu Wort meldet.«[13]

Wir können uns heute ansatzweise vorstellen, wie es den erwachenden Hominiden ergangen sein muß, als die neurochemische Konstellation ihres Gehirns erstmals in Kontakt mit den bewußtseinserweiternden Alkaloiden aus dem Pflanzenreich kam: Eine ungeahnte Informationsflut stürmt auf ihr Bewußtsein ein, fremdartige Bildwelten steigen aus dem Inneren auf, und die äußere Realität sendet nie gesehene, unerhörte Signale. Geräusche werden als Farben sichtbar, Gerüche nehmen Gestalt an, und die Grenze von Ich und Nicht-Ich zerfließt in einem Meer von pulsierender Information. »Es bricht den Kopf auf!« sagen die Fang in Zaire von ihrem Initiations-Ritus mit der halluzinogenen Ibogain-Wurzel – und wenig anders dürften sich ihre und unsere Urahnen vor einigen hunderttausend Jahren in der afrikanischen Graslandschaft gefühlt haben, zumal ihr erster Kontakt mit diesen neuen Bewußtseinswelten wahrscheinlich nicht über den relativ seltenen Ibogain-Strauch lief, sondern, wie McKenna gezeigt hat, über den noch weitaus wirksameren und weltweit im Dung von Rindern wachsenden psilocybinhaltigen *Stropharia cubensis* – den sprechenden Pilz.

»Ich bin alt, älter als das Denken in Deiner Gattung, und das ist selbst schon fünfzigmal älter als Deine Geschichte. Obwohl ich seit urdenklichen Zeiten auf der Erde weile, komme ich von den Sternen. Meine Heimat ist kein Planet, denn viele Welten, verstreut in der leuchtenden Galaxis, haben

---

[13] Henry Munn: *The Mushrooms of Language,* in: *Michael Harner (Ed.): Hallucinogens and Shamanism (1973).* Der von Psilocybin und verwandten Alkaloiden ausgelöste »Rededrang« ist auch der Notfallmedizin von entsprechenden Vergiftungen bekannt. Vgl. *Martin Haseneier: Der Kahlkopf und das kollektive Unbewußte – Einige Anmerkungen zur archetypischen Dimension des Pilzes,* in: *integration – zeitschrift für geistbewegende pflanzen und kultur (2/3, 1992).* Diese sehr lesenswerte, materialreiche Arbeit ist (ohne den umfangreichen Quellenapparat) auch abgedruckt in: *R. Rippchen (Hrsg.): Zauberpilze (1995).*

Lebensbedingungen, die meinen Sporen eine Chance geben. Der Pilz, den du siehst, ist der Teil meines Körpers, der der sexuellen Erregung und dem Licht geweiht ist. Mein wahrer Körper aber ist ein feines Geflecht aus Fasern, die in der Erde wachsen. Solche Geflechte können etliche Morgen Land bedecken und mehr Querverbindungen haben als ein menschliches Gehirn. (...) Durch die Äonen von Zeit und Raum treiben viele sporenbildende Lebensformen, die ihr Leben manchmal eingestellt haben, manchmal für Jahrmillionen, so lange, bis sie auf eine geeignete Umwelt stoßen. Nur wenige dieser zu neuem Leben erwachten Arten sind mit Geist begabt, nur ich und meine erst jüngst entstandenen Verwandten haben die Fähigkeit zur Hyperkommunikation und die Gedächtniskapazität erreicht, die uns zu führenden Mitgliedern in der Gemeinschaft galaktischer Intelligenz macht. (...) Mein Myzel-Geflecht hat weder Organe noch Hände, um die Welt zu bewegen; aber höhere Tiere mit manipulativen Fähigkeiten können Partner meines Sternenwissens werden und können, wenn sie in gutem Glauben handeln, zusammen mit ihrem demütigen Pilzlehrer zu den Millionen Welten zurückkehren, deren Erben alle Bürger unseres Sternenschwarmes sind.«[14]

Als mir Terrence McKenna Mitte der 80er Jahre an Micky Remanns Frankfurter Küchentisch seine Pilz-Kosmologie erstmals darlegte, klang das zwar hochinteressant, und der inspirierte Fluß seiner Rede war das lebende Beispiel uralter schamanistischer Sprachmagie – doch andererseits schien mir die These galaktisch weit hergeholt und einer nüchternen Überprüfung nicht lange standzuhalten. Mittlerweile hat McKenna seine Spekulationen in zwei Büchern mit zahlreichen Belegen unterfüttert, und im Zusammenhang mit den vorausgegangen Arbeiten von Gordon Wasson und anderen Entheogenforschern ergibt sich ein Schöpfungsszenario, das einige blinde Flecken in der Ge-

---

[14] *Terrence McKenna: Wahre Halluzinationen (1989), S. 254 f.* Die Hypothese vom Pilz als »Kulturbringer« ist im wesentlichen in McKennas *Speisen der Götter (1996)* dargelegt, des weiteren in ders.: *The archaic revival (1993).*

schichte des Planeten und der Menschwerdung des Affen erhellen kann.

Schon die Grundfrage »Was ist Leben?« rückt angesichts einer Millionen Jahre lang »toten« Spore, die dennoch lebt, in die richtige Dimension: »Leben« ist kein isoliertes Phänomen, sondern existiert nur in Beziehungen. Die in der Molekülanballung der Spore enthaltene Information ist so lange wertlos und »tot«, bis sie auf Beziehungen trifft, die ihren biochemischen »Dialekt« verstehen. Dann beginnt die Information plötzlich zu arbeiten, der Code entfaltet sich: Ein Pilz wächst und breitet sich aus. Dieses Wachstum bringt neue Information hervor, in diesem Fall bestimmte Indolalkaloide wie das Psilocybin. Auch die in dieser Molekülanballung enthaltene Information ist so lange wertlos und »tot«, wie sie nicht auf eine geeignete Umgebung trifft. Die Erde, Kleinstlebewesen und auch größere Tiere haben die im Pilz abgelegte Alkaloid-Information über Milliarden von Jahren aufgenommen, ohne sie zu verstehen. Erst der Stoffwechsel des Hominiden, das innovative neurochemische Niveau seines sprachbegabten Gehirns, stellten ein Milieu dar, in dem die Alkaloid-Information sich entfalten kann. Daß zum Beispiel Spinnen unter LSD-Einwirkung ihre Netze in einer noch perfekteren Geometrie spinnen, hat die Spinnenheit nicht dazu gebracht, die Nähe des Mutterkorns zu suchen – bei der Menschheit sieht das offenbar anders aus: Wo immer in der Frühzeit Anzeichen menschlicher Kultur auftauchen, finden sich meist auch Spuren eines Gebrauchs psychoaktiver Pflanzen. Daß Drogen nur Verstärker ohnehin vorhandener Bewußtseinsinhalte sind, ist ebenso zutreffend wie banal – ein Radioempfänger ist auch nur der Verstärker ohnehin vorhandener Radiowellen. Worauf es ankommt, ist das Tuning, und hier weist die Pflanzenwelt fast ebenso viele psychoaktive Kanäle auf wie ein herkömmliches Radio. So haben die Anthropologen David Lewis-Williams und Thomas Dowson die ältesten bekannten Felsmalereien Südafrikas, die auf etwa 12 000 v. Chr. datiert werden und häufig

Tier-Mensch-Schimären zeigen, auf die halluzinogene Bildwelt von Psilocybin zurückgeführt; desgleichen sind bestimmte geometrische Strukturen, Punktmuster und Zickzacklininen der frühen südamerikanischen Kunst als Formkonstanten des Meskalins identifiziert worden; die Bilder von den Peyote-Kaktus nutzenden Indianerkulturen wie der Huichol weisen eine ganz charakteristische Farbigkeit auf – kurz: jede psychoaktive Substanz spielt auf der Klaviatur des menschlichen Bewußtseins in einer ganz bestimmten Klangfarbe und formt innere Bilder, die nicht aus der »Phantasie« entstehen, sondern in den neuronalen Schaltkreisen des Gehirns geschaffen werden.. »Da sie ihren Ursprung im menschlichen Nervensystem haben«, so Lewis-Williams, »werden sie von allen Menschen, die in veränderte Bewußtseinszustände eintreten, unabhängig von ihrer kulturellen Herkunft wahrgenommen«.[15]

Die Programme, die von pflanzlicher Software auf dem Bio-Computer des menschlichen Gehirns zum Laufen gebracht werden, sind also systemübergreifend und kompatibel zu den verschiedensten Betriebssystemen (Kulturkreisen). Dies erklärt auch die vielen rätselhaften, kulturübergreifenden Bezüge, die Archäologen und Kunsthistoriker in den frühen Höhlenmalereien entdeckt haben. So staunten die Entdecker der steinzeitlichen Felszeichnungen auf dem Plateau Tassili-n-Ajjer in Südalgerien über die merkwürdigen stilistischen Parallelen der dort abgebildeten »gehörnten Göttin« mit den späteren Darstellungen der ägyptischen Göttin Isis. Die Entstehung dieser der »Rundkopfperiode« zugeordneten Zeichnungen des Tassili-Plateaus ist auf die Zeit zwischen 12 000 und 9 000 v. Chr. datiert worden, lange vor der ägyptischen Hochkultur – sie zeigen, daß im Zen-

---

[15] Zit. nach *Leaky (1997) S. 162 f.*, siehe auch *J.D. Lewis-Williams/Thomas A. Dowson: The signs of all time*, in: *Current Anthropology 29 (1988)* und dies. *Stoneage Psychedelia*, in: *New Scientist, 8. Juni (1991), On vision and power in the Neolithic*, in: *Current Anthropology 34 (Februar 1993)*.

trum der Religion dieses Volks das Rind stand sowie der Pilz, der auf seinem Dung gedeiht. »Wir haben es hier«, so Terrence McKenna, »mit den frühesten bekannten bildlichen Darstellungen von Schamanen mit grasenden Rindern zu tun. Die Schamanen tanzen mit Pilzen in den Fäusten; auch aus ihren Körpern sprießen Pilze. In einem Beispiel werden sie gezeigt, wie sie fröhlich daherrennen und dabei von den geometrischen Strukturen ihrer Halluzinationen umgeben werden. Dieses bildhafte Zeugnis scheint unanfechtbar zu sein.« McKenna glaubt, daß in dieser frühen schamanistischen Kultur auf dem heute verödeten Plateau der Westsahara, das einst Wälder und Wiesen beheimatete, auch der Hintergrund des historischen Gartens Eden lokalisiert werden kann, eines vorgeschichtlichen Goldenen Zeitalters der Fülle, der Partnertschaft und des sozialen Ausgleichs, dessen Verlust eines der hartnäckigsten Motive unserer Mythologien darstellt.[16]

Daß der Wunsch oft der Vater des Gedankens ist, daß ein von Hunger und Durst geplagter Mensch von einem »Land, wo Milch und Honig fließen« träumt, daß die Vorstellung einer perfekten, idealen Welt die Utopie schlechthin darstellt – all dies bedeutet für McKenna nicht, daß der Mythos vom Paradies ein Märchen darstellen muß. Unsere Vorfahren fast überall auf der Welt, die über Jahrtausende die Erinnerung an ein wie immer geartetes Goldenes Zeitalter tradiert haben, taten dies nicht als Phantasten. Zumal wir in vor – schriftlichen Zeitaltern eher davon ausgehen können, daß nur die absolut wichtigsten, unverzichtbaren, essentiellen Informationen weitergegeben wurden: Höhlenmalereien waren keine achtlos hingeschmierten Graffiti, kosmologische Epen keine beliebige Pop-Lyrik. Und in der Tat deuten zahlreiche neuere Studien darauf hin, daß die frühesten menschlichen Gesellschaften egalitär und partnerschaftlich

---

[16] *Speisen der Götter (1996), S. 109.*

aufgebaut waren, der entscheidende Evolutionsvorteil der erwachten Hominiden war nicht ihre Bestialität, die Körperkraft und das Jagdgeschick ihrer Alpha-Männchen, sondern die Fähigkeit zu Kooperation und gegenseitiger Hilfe.[17]

Den Übergang von der sammelnden und jagenden Horde zu den Ackerbaugesellschaften, deren erste Spuren 9000 bis 6000 Jahre vor unserer Zeitrechnung in Catal Hüyük in Anatolien auftauchen, markieren die Gartenbaugesellschaften. Diese verfügen noch nicht über den Pflug, der Boden wird noch mit der Harke und größtenteils von Frauen bearbeitet, die 80% aller Nahrungsmittel erzeugen und über großen öffentlichen Einfluß verfügen. Erst mit der Technik des schweren, von Tieren gezogenen Pflugs übernehmen die Männer den Hauptteil der Produktionsarbeit, und an diesem Punkt beginnt, wie die nach wie vor als Außenseiterpositionen gehandelten Arbeiten von Riane Eisler, Marija Gimbutas, Peggy Sanday und anderen Kulturhistorikerinnen gezeigt haben, auch der »Shift« in der Götterwelt – Schritt für Schritt wird die weibliche Schöpferin/Göttin, Gaia, durch männliche Götter verdrängt. Ein Drittel aller Gartenbaugesellschaften besitzt nur weibliche Gottheiten, ein weiteres Drittel weibliche und männliche, erst in den Ackerbaugesellschaften ist der Himmel eindeutig männlich dominiert. Diese Phase ist auch die Zeit des Übergangs der partnerschaftlichen zu den nachfolgenden Zivilisationen, für die Riane Eisler den Begriff »dominatorische Kulturen« vorgeschlagen hat. Unabhängig von Eislers Belegen für diesen dramatischen Übergang hat James de Meo in jüngster Zeit auf die historischen und geographischen Ursprünge dieser Kulturrevolution aufmerksam gemacht. Nach de Meos »Saharasia«-These waren drastische klimatische Katastro-

---

[17] Auch die neuere Primatenforschung sieht den evolutionären Vorteil von Primaten mittlerweile weniger im aufrechten Gang oder in besonderem Jagdgeschick, sondern in ihrer »sozialen Intelligenz« und der Fähigkeit zur »Kooperation«. Vgl. *Leaky (1997)* und *F.d. Waal: Wilde Diplomaten – Versöhnungs- und Entspannungspolitik bei Affen und Menschen (1993)*.

phen, die um das Jahr 4000 zu einer von Nordafrika über den Nahen Osten bis nach Zentralasien reichenden Wüstenbildung und schweren Hungersnöten führten, der Ursprung für eine wachsende »emotionale Panzerung« der Menschen. Traumatische Kindheitserlebnisse und der Zusammenbruch sozialer Systeme führen zu stärkerer Herausbildung aggressiver, sadistischer Verhaltensweisen – die erlebte Gewalt schlägt sich in der Folge in schmerzvollen, lusteinschränkenden Riten und grausamen, despotischen Regimen nieder.[18]

Die riesige Siedlung Catal Hüyük, die in ihrer Blütezeit über 7 000 Menschen beherbergte – die übliche Belegschaft eines Steinzeitdorfs betrug 200 Personen –, ist in vieler Hinsicht erstaunlich. Sie weist zahlreiche Ritual- und Kultstätten auf, aber keinerlei Befestigungsanlagen oder andere Bauwerke, die auf kriegerische Auseinandersetzungen, Eroberungen, Sklavenhaltung oder ähnliches deuten. Die Vielzahl von gefundenen Objekten und Schreinen deuten allesamt auf eine sehr ausgefeilte Kultur, die ganz auf eine Verehrung der »Großen Mutter« eingestimmt ist. Die Archäologen stellt dies vor zahlreiche Rätsel. Zum einen erscheint die Hochkultur von Catal Hüyük und ihre fortgeschrittene Kunst und Symbolik nach herkömmlicher Datierung mindestens 3 000 Jahre zu früh, zum anderen bemerkt der Ausgräber James Mellaart, daß zwar »die neolithischen Kulturen Anatoliens die ersten Anfänge der Landwirtschaft und Viehzucht und einen Kult der Muttergöttin, mithin die Grundlage unserer Zivilisation, einführten«, doch diese Pionierleistungen auf die nachfolgenden Kulturen in der Region offenbar kaum irgendwelche Auswirkungen hatten. Und ebenso wie Nachfolger zu feh-

---

[18] Vgl. *Riane Eisler: Kelch und Schwert (1993), Marija Gimbutas: The Civilization of the Goddess (1991), James de Meo: Entstehung und Ausbreitung des Patriarchats, in: J. de Meo/B. Senf (Hrsg.): Nach Reich – neue Forschungen zur Orgnonomie (1998).* Die Existenz matrilinearer kooperativer Strukturen in den nacheiszeitlichen Gesellschaften ab 50 000 v. Chr. ist durch archäologische Funde mittlerweile vielfach bestätigt. Das Auftauchen aggressiverer, »emotional gepanzerter« Kulturen wird durch die verheerenden klimatischen Folgen eines Kometeneinschlags, der ca. 7500 v. Chr. die Sintflut auslöste, erklärbar.

len scheinen, deutet die ausgereifte Kultur an dieser Stelle darauf hin, daß es einen Vorgänger gegeben haben muß, »von dem wir nicht die geringste Spur haben«.[19] Wir können jetzt eine Spur identifizieren. Sie weist zurück in das afrikanische Evolutionslabor des Homo sapiens, in die Savannenlandschaft des Tassili-Plateaus, wo 5 000 Jahre zuvor das Geheimnis entdeckt worden war, das mit dem Untergang von Catal Hüyük dann fast vollständig verschüttet wurde: die »schamanische Dreifaltigkeit« (McKenna) von Rindern, Pilzen und der Großen Göttin.

Viele Interpreten der Steinzeit haben die häufigen Tier-Mensch-Schimären der Höhlenmalereien als Ausdruck einer primitiven Bewußtseinsstufe aufgefaßt, als ein »magisches Bewußtsein«, das noch nicht zwischen sich selbst und der Natur unterscheiden kann: Weil die Vorstellung eines Selbst noch nicht vorhanden gewesen sei, hätten die Menschen auf diesem Entwicklungsniveau in direktem Einklang mit der Natur gelebt. Wenn das stimmt, dann wären die steinzeitlichen Darstellungen von Tiermenschen oder die Pilzläufer von Tassili so etwas wie die Zeichnungen von Kindern, die sich als Flugzeug oder Superman zeichnen: naives Wunschdenken. Doch eher scheint das Gegenteil der Fall. Die Arbeiten von Lewis-Williams und Dowson, die den psychedelischen Charakter der Felszeichnungen der südafrikanischen Buschmann-Kultur aufdeckten, haben, so Paul Devereux, »dafür gesorgt, daß die Art, wie wir prähistorische Felsmalerei überall auf der Welt betrachten, revolutioniert wurde«. Diese Bilder waren keine willkürlichen Alltagskritzeleien, sondern wurden oft unter großem Aufwand an bestimmten wichtigen Plätzen angefertigt, um etwas ganz Unerhörtes mitzuteilen: daß es dem Menschen möglich ist, den Körper zu verlassen, sich in ein Tier zu versetzen (oder das Tier in sich zu entfesseln), und daß das Bewußtsein in direkten Kontakt mit der Natur treten kann. Wenn bereits Gorillas ihr Spiegelbild erkennen können,

---

[19] Zit. nach *Leaky (1997)*, S. 152.

dann konnten die Zeichner dieser Bilder allemal zwischen sich und der Natur unterscheiden, die Vorstellung eines Selbst oder Ego war durchaus schon ausgeprägt. Die Graffitis aus der Steinzeit zeugen deshalb weniger von einer primitiven, vorbewußten Entwicklungsstufe, sondern dokumentieren vielmehr die erste Herausbildung eines erweiterten, die Grenzen des Ichs überschreitenden Bewußtseins. Daß es sich bei diesen Darstellungen um naive Magie handelt, einen irrationalen Glauben, durch Anfertigen von Bildern an einer Felswand der Jagdtiere habhaft zu werden, diese bisher übliche Interpretation wird auf diesem Hintergrund relativiert. Nach drei Millionen Jahren Sammeln und Jagen war die Härte des Tagesgeschäfts, der Nahrungsbeschaffung, diesen Menschen viel zu vertraut, als daß sie sich jetzt plötzlich auf merkwürdige Bilder verlassen hätten, um ihren Magen zu füllen. Vieles spricht dafür, daß es sich bei diesen Höhlenbildern um Nachrichten handelt, um Schulungsunterlagen – Overhead-Folien – für nachfolgende Generationen, denen an diesen Initiationsplätzen im Bauch der Erde die wichtigste Botschaft überhaupt vermittelt wurde: die Existenz eines Bewußtseins, das den Körper verlassen, die Grenzen zwischen Außen und Innen überwinden kann. Diese frühesten Darstellungen schamanischer Tier-Menschen, die sich dann in den nachsintflutlichen Kulturen in der bekannten Vielfalt von Tier-Gottheiten und faunischer Symbolik niederschlagen, haben mit wie immer gearteter Symbolik noch nichts zu schaffen, sie sind nackte, naturalistische Information: Piktogramme.[20]

---

[20] H.P.Duerr weist auf die Intentionen des unbekannten Malers hin, der die Höhlenzeichnungen wie den berühmten Zauberer von Les Trois Frères einst erschuf: »Er wollte eben *nicht* einen verkleideten Mann darstellen, sondern offenbar einen tanzenden, in ein tierisches Mischwesen verwandelten Schamanen.« *(Sedna, 1984, S. 75)* Nicht der Bann eines Tieres, nicht die Verkleidung eines Mannes, nicht ein Tanz im Büffelgewand steht im Zentrum der Darstellung der nacheiszeitlichen Tier-Menschen, sondern die nur als Bewußtseinsreise vorstellbare Verwandlung. Vgl. dazu, sowie grundsätzlich zum Thema »Götterspeise«, *Paul Devereux, The long trip – A prehistory of psychedelia (1997).* Devereux gibt auch eine ausführliche Darstellung der Arbeiten von Lewis-Williams/Dowson (siehe Anm. 15), siehe dazu ebenfalls: *Richard Rudgely: Essential Substances – A cultural history of intoxicants in society (1995), S. 16 ff.*

Die Bilder der in Catal Hüyük erst teilweise ausgegrabenen Ritualstätten zeigen neben weiblichen Rindern auch einige Stiere sowie Leoparden und Geier. Die Verehrung solcher in Anatolien nicht vorhandenen Tiere wird ebenfalls als Hinweis auf die afrikanischen Spuren dieser Kultur gesehen – den Garten Eden einer gartenbauenden, viehhütenden Zivilisation, die uns das erste Zeugnis einer einzigartigen Errungenschaft überliefert: Transzendenz von Raum und Zeit. Die reale Vertreibung aus diesem Paradies besorgte kein Jehova, sondern der Rückzug der Gletscher, die das afrikanische Grasland langsam austrockeneten und die Bewohner nach Osten wandern ließen. Sie hinterlassen ihre Spuren in der archaischen Kultur Palästinas und schließlich auf der anatolischen Hochebene in Catal Hüyük, das kein Ursprungsort, sondern der Schlußpunkt einer Zivilisation war und deshalb keine Nachfolger fand.

Sowenig wie eine von männlichem Pflug und dem Ackerbau bestimmte Gesellschaft noch weibliche Gottheiten duldet, sowenig ließ sich die Strukturreform, die diese Technologie erforderte, mit einem rituell-religiösen Halluzinogengebrauch vereinbaren, lautet die These. Diese rituellen Feiern, die den Beteiligten lustbetont orgiastische Kollektiv-Verzückungen bescherten, fanden jeweils zum Vollmond statt, und McKenna weist darauf hin, daß der Rhythmus des Mondes, der Menstruation und Pilzwachstum steuerte, den Turnus der sexuellen und religiösen Ekstasen in Konflikt mit der neuen Technologie brachte. Wer nächtens im Mondschein tanzte, sich »Wurzel, Kalk und Stein« (Benn) anverwandte und *communio* mit dem Kosmos feierte, konnte morgens früh schlechter ackern als derjenige, der »nüchtern« zu Werke ging. Wer zudem auf diesen Bewußtseins-Reisen authentisch erlebte, daß der ganze Kosmos aus einem immateriellen Stoff gemacht ist, war für materielle Unsterblichkeits-Simulationen wie Eigentum und patriarchalische Abstammungs- und Erbschaftslinien weniger empfänglich. Das Fehlen von Kriegs- und Verteidigungsanlagen in Catal Hüyük, die Abwesenheit von Waffen und Spuren der Sklavenhaltung oder Unterdückung werden als Hinweise auf ein anderes Wertesystem, auf eine partnerschaftliche Kultur gedeutet. Hochgerüstete Invasoren, die das Pferd domestiziert und Streitwagen entwickelt hatten, übernahmen die Region von Catal Hüyük: Sie ersetzten die Große Göttin durch einen patriarchalen Gott, die Kuh – »Unsere Liebe Frau der Mammute« (Joseph Campbell) – durch einen Stier und den magischen Pilz durch einen verdünnten Metkult, der weitere 3000 Jahre später im christlichen Abendmahlwein mündet. Daß Jesus selbst Anhänger eines geheimen Pilzkults gewesen sei und seine letzten Worte richtig übersetzt »Ich bin ein Pilz« lauten, wie der Sprachforscher und Alt-Hebräist John Allegro behauptet hat, wurde zwar mittlerweile als sensationsheischender Unsinn entlarvt, der Zusammenhang des christlichen Ritus mit der Einnahme einer bewußtseinsverändernden Substanz, der Ursprung des Sakraments in schamanistischen Pilzpraktiken ist dennoch unübersehbar. Selbst für den Vatikan, der in Gestalt des päpstlichen Hausprälaten Dr. phil. Dr. theol. Dr. h.c. Wilhelm Keilbach urteilt: »Dennoch unterliegt keinem Zweifel die Tatsache, daß heilkräftige Pflanzen und aus ihnen gewonnene aktive Substanzen in der Geschichte der Religionen eine nicht zu übersehende Rolle gespielt haben. (...) Gemeint sind wirkliche Pflanzen, die zunächst den Botaniker beschäftigen, die aber wegen ihrer Wirkfähigkeit auch in die Dimension des Seelischen hineinragen und deshalb sogar kultbegründend sein können.«[21]

Ebenso unübersehbar ist auch der Zusammenhang der berühmten

---

[21] *John Allegro: The sacred mushroom and the Cross (1970).* Das Buch erschien auch in einer deutschen Ausgabe: *Der Geheimkult der heiligen Pilze: Rauschgift als Ursprung unserer Religionen (1972).* Weil es sich bei Allegro um einen renommierten Bibelforscher und Hebräisch-Spezialisten handelte, erregte sein Buch, das zuvor als Serie in einem englischen Magazin erschienen war, kurzzeitig einiges Aufsehen, hielt einer kritischen Prüfung aber weder von sprachhistorischer noch von halluzinogen-historischer Seite stand. Es stellte sich heraus, daß Allegro die Veröffentlichungen von Wasson über den archaischen Fliegenpilz-Gebrauch in Sibirien und Indien einfach ausgeschlachtet, sie in ein nah-östliches Ambiente verpackt und aus Geldmangel zu einem Sensationsbericht verarbeitet hatte.
Wilhelm Keilbach, zit. nach: *Martin Haseneier: Der Kahlkopf und das kollektive Unbewußte – Anmerkungen zur archetypischen Dimension des Pilzes,* in: *Integration. Zeitschrift für geistbewegende Pflanzen und Kultur,* Nr. 2/3 (1992), auch abgedruckt in: *R. Rippchen: Zauberpilze (1995).*

Geschichte vom Goldenen Kalb mit den Rinder und Pilze verehrenden archaischen Religionen. Zweitausend Jahre Theologie haben uns eingeschärft, daß mit dem Tanz um das Goldene Kalb ein gottloser Tanz ums Geld, um materielle Werte, gemeint ist. Weil es sich um etwas Goldenes handelt und weil offenbar kaum jemand die Geschichte aus dem Buch Exodus nachliest, gilt diese Auslegung heute als selbstverständlich. Wo immer man unter dem Stichwort »Goldenes Kalb« nachschlägt, findet sich die Interpretation, daß mit der Ächtung des Tanzens ums Goldene Kalb die verbotene Anbetung des Mammons gemeint sei. Doch in Wirklichkeit berichtet die Bibel etwas ganz anderes: Während Moses' Abwesenheit hatte das Volk von seinem Bruder Aaron neue Götterbilder verlangt, die dieser verweigerte. Als das Drängen stärker wurde, schob Moses' Statthalter mangelnde Finanzmittel vor, doch das Volk war bereit, dafür alle seine Wertsachen (Gold) herzugeben, aus denen Aaron dann das Bild eines Kalbs gießen ließ. Als Moses mit den Gesetzestafeln vom Berg Sinai zurückkommt, hört er sein Volk schon von weitem »lärmen und jauchzen« und ein »lautes Singen«: »Er näherte sich nunmehr dem Lager und sah das Kalb und die Reigentänze; da entbrannte der Zorn des Moses, und er schleuderte die Tafeln aus seiner Hand. Dann nahm er das Kalb, das sie verfertigt hatten, ließ es im Feuer verbrennen und zermalmte es zu feinem Staube, den er in Wasser schütten ließ, und gab den Israeliten davon zu trinken.« (Exodus, 32) In diesen Sätzen wird deutlich, warum es hier nicht um den schnöden Mammon geht, wie die theologischen Interpreten von jeher behaupten, sondern abermals um eine Drogenrazzia. Das Volk tanzt nicht um das Gold, es hat im Gegenteil all sein Gold hergegeben, um wieder um das alte Symbol der Kuh tanzen zu können. Die neuen ekstatischen Werte, die die Abkehr vom Gold dem Volk einbringt, sind so gewaltig, daß Moses sie bei seiner Rückkehr zuerst für Kriegslärm hält – so begeistert wie mit der neuen, alten Göttin hatten die Kinder Israels wohl seit langem nicht mehr gefeiert. Auch wenn von psychoaktiven Pflanzen nicht direkt die Rede ist – die Kuh und die ekstatischen Reigentänze sprechen ebenso für sich wie Moses' unzweideutige Reaktion: Er vernichtet das Kalb und gibt seinem Volk ein verdünntes Ersatzgetränk. Wäre mit dem Tanz um das Kalb wirklich die Verehrung von Gold gemeint, wäre dieser Schluß der Geschichte völlig überflüssig und unsinnig, erst der heilige Trank der alten Pflanzenreligion gibt der mosaischen Verteilung einer Ersatzdroge einen Sinn. Vor allem wenn wir den erschreckenden Fortgang dieser Drogenrazzia betrachten, als sich ein großer Teil des Volks mit dem verordneten Ersatzgetränk nicht zufriedengeben will, worauf der Patriarch ihnen »die Leviten« liest. Was sich heute nach beiläufiger Strafpredigt anhört, war in Wahrheit ein brachiales Gemetzel: »Da stellte sich Moses an das Tor des Lagers und rief: ›Wer für den Herrn ist, trete her zu mir!‹ Da scharten sich die Leviten um ihn. Er sprach zu ihnen: ›Es gürte ein jeder sein Schwert um die Hüfte! Zieht hin und her im Lager von Tor zu Tor! Es töte jeder selbst seinen Bruder, Freund und Nächsten!‹ Die Leviten handelten nach des Moses Befehl. So fielen an jenem Tag vom Volk gegen 3 000 Mann.« Es ist diese Todesschwadron, die den mosaischen Kult von seinen Ursprüngen in der Pilzreligion der Großen Mutter endgültig abschneidet. Zwar suchen in der Folgezeit auch im Rahmen der jüdisch-christlichen Tradition immer wieder pflanzenbefeuerte Ekstasen den Durchbruch zur Innenwelt, doch gleich ob es sich um die frühchristlichen Gnostiker, die tanzenden Sufis des Islam oder die »Hexen« des Mittelalters handelte, wurden sie stets aufs unnachgiebigste verfolgt. Überall, wo Menschen künftig auf dem Weg zur Transzendenz den Interspezies-Kanal des Pflanzenreichs anzapfen, schlagen Jehovas Sturmtruppen dazwischen.[22]

---

[22] Dies gilt auch für die späteren Lehren der jüdisch-christlich-islamischen Gnosis, die wir als »ernüchterte« Nachfolger der archaischen Pilzreligion sehen können. *Hans Jonas: Gnosis und spätantiker Geist (1934)* hat als Grundbefindlichkeit der Gnosis »Weltangst« und »Entweltlichungstendenz« diagnostiziert – ziemlich das Gegenteil dessen, was die Kinder Israels bei ihrer (Vollmond?-)Party um das Kalb der Großen Mutter zelebrierten. Wahrscheinlich sind die weltverneinenden, erd-abgewandten Aspekte der Gnosis ebenso ein Produkt der Sintflut-Katastrophe wie die »emotionalen Panzer« der patriarchalen Eroberervölker. Ohne den »Kontaktkleber« der

Das »Telestrion«, der große Sakralraum des eleusischen Tempels, war nicht von ungefähr fensterlos: eine Höhle. So riesig, daß so viele Menschen darin unterkamen wie in den größten Amphitheatern der Zeit. Die christlichen Eiferer, die das Bauwerk vor 1 700 Jahren zerstörten, haben von möglichen Malereien in dieser virtuellen Höhle nichts übriggelassen. Wenn überhaupt welche vorhanden waren – schließlich ging es hier um ein inneres Schauspiel –, dann dürften sie am ehesten den Nachrichten aus der schamanischen Steinzeit entsprochen haben. Denn um nicht mehr, aber auch nicht weniger ging es in diesem Ritual: Öffnung der Sinne, Überwindung des Körpers, »Kommunikation mit dem All«. Generationen wackerer Gräcisten und Philosophen ohne jede psychedelische Erfahrung haben sich vergeblich bemüht, hinter das Geheimnis dieser Initiation zu kommen, selbst comicreife Vorschläge wie die These, daß im Telestrion ein erleuchteter Phallus sowie ein weiblicher Schoß gezeigt wurden und sich die guten Griechen hernach wieder alle als Demeters Darling fühlten, wurden über Jahrzehnte ernsthaft diskutiert. Erst heute können wir uns ein Bild davon machen, was die in Eleusis Eingeweihten tatsächlich erlebten.

Am Karfreitag 1962, bevor der Gottesdienst in der Kapelle der Universität von Boston begann, verteilte Walter Pahnke Kapseln an 20 Studenten der evangelischen Theologie. Die eine Hälfte enthielt Psilocybin (30 mg), die andere ein Placebo-Präparat. Ziel des Experiments, das der Arzt und Theologe Pahnke im Rahmen seiner Doktorarbeit bei Timothy Leary an der Harvard-Universität durchführte, war die Bewertung von Psilocybin als Auslöser von mystischen Er-

---

Pflanzenintelligenz laufen die Menschen Gefahr, in ihrer Gnosis (= Erkenntnis) der Ganzheit im Dualismus von Geist und Materie (Licht und Finsternis) steckenzubleiben. Ob da die von Prof. Sloterdijk empfohlene Dosis »Weltfremdheit« (vgl. *P. Sloterdijk: Eurotaoismus (1989), ders./T. Macho: Weltrevolution der Seele (1991))* als Remedium der abendländischen Neurosen wirklich heraushilft, ist fraglich– es sei denn, sie wird mikrogrammweise verordnet!

fahrungen. Die Studie war als Doppelblind-Versuch angelegt – weder die Versuchsleiter noch die Probanden wußten, wer ein echtes Präparat erhalten hatte –, und die Bewertung der Erlebnisse während des Gottesdienstes fand später anhand eines Fragebogens statt, auf dem acht verschiedene Kriterien mystischer Erfahrung abgefragt wurden:

1) Erlebnis der Einheit (unity), 2) Transzendenz von Raum und Zeit, 3) Empfinden des Heiligen, 4) Empfinden objektiver Realität, 5) Tiefe, positive Stimmung, 6) Vieldeutigkeit, 7) Unaussprechlichkeit, 8) Vergänglichkeit. Das Ergebnis der Befragung war eindeutig: 80 % der Psilocybin-Gruppe berichteten von starken Erlebnissen in mindestens sieben dieser Kategorien, in der Kontrollgruppe hingegen erreichte kein einziger diesen Umfang der Erfahrung, und alle blieben in den einzelnen Kategorien hinter den »bepilzten« Probanden zurück. Bei den Studenten handelte es sich um »ziemlich un-mystische Persönlichkeiten« (Pahnke), bodenständige Amerikaner, die vorher nicht aufgefordert worden waren, Bücher über mystische Erfahrungen zu lesen, und von einer Ausnahme abgesehen angegeben hatten, eine solche Erfahrung noch nie gemacht zu haben. Um so erstaunlicher war dieses Ergebnis, das später vor allem von christlicher Seite kritisiert worden ist, weil zu einer »echten« mystischen Erfahrung notwendigerweise die personale »Begegnung mit Jesus Christus« gehöre, ein Einwand, den wir freilich eher als schnöde Vereinsmeierei denn als ernsthafte Kritik zu verstehen haben. Viel aufschlußreicher ist da die Langzeituntersuchung, die Rick Doblin ein Vierteljahrundert nach diesem Karfreitag bei 19 der 20 damaligen Probanden durchführte. Alle Mitglieder der Psilocybin-Gruppe hatten lebendige Erinnerungen an das Ereignis und bezeichneten sie als einen der Höhepunkte ihres spirituellen Lebens, während die Kontrollgruppe sich kaum noch an irgendein Detail erinnern konnte:

»Jeder der Psilocybin-Gruppe empfand, daß diese Erfahrung sein Leben in einer positiven Weise beeinflußt hat, und war froh, daran teilgenom-

men zu haben. Die in den Langzeitfolgen-Interviews am meisten erwähnten Effekte drehten sich vor allem um die erweiterte Wahrnehmung des Lebens und der Natur, einen vertieften Sinn für Freude, eine tiefere Verpflichtung für den christlichen Dienst oder den gewählten Beruf, erweiterte Wahrnehmung ungewöhnlicher Erfahrungen und Gefühle, gewachsene Toleranz gegenüber anderen religiösen Systemen, verstärkten Gleichmut in schwierigen Lebenskrisen, größere Solidarität und Identifizierung mit Fremden, Minderheiten, Frauen und Natur. Die Aussage der Versuchsperson K.B. ist repräsentativ für die geschilderten Langzeit-Effekte der Erfahrung:

›*Sie hinterließ mich mit einer völlig unhinterfragbaren Sicherheit, daß es da eine größere Umwelt gibt als die, der ich mir bewußt bin. Ich hatte meine eigene Interpretation davon, was das ist – aber sie entwickelte sich von einer theoretischen Vorstellung zu einer Erfahrung. In mancher Hinsicht hat diese Erfahrung überhaupt nichts geändert, ich entdeckte nichts, von dem ich nicht schon geträumt hätte, aber was ich vorher gedacht hatte, auf der Basis von Lesen und Lernen, war da. Ich wußte es. Irgendwie war es sehr viel realer für mich. Ich erwarte bestimmte Dinge von Meditation, Gebet und so weiter und war vorher etwas skeptischer… ich habe Hilfe gefunden bei Problemen, und ich glaube, etwas Richtung und Führung beim Lösen dieser Probleme. Was ich gesehen habe, war nichts völlig Überraschendes, doch es gesehen zu haben, war ein machtvoller Anstoß für mich.*‹«[23]

Ein anderer Befragter beendete sein Statement mit der Bemerkung: »Wir haben nur eine unendlich kleine Menge Psilocybin genommen,

---

[23] Rick Doblin, *Journal of Transpersonal Psychology*, 1991, Vol 23., No 1., Walter Pahnke. *Drugs and mystizism*, Diss. (1963). Pahnke setzte seine Forschungen bis zu seinem Unfalltod 1971 fort, zuletzt arbeitete er mit sterbenden Krebspatienten. Ders.: *The psychedelic mystical experience and the human encounter with death*, Psychedelic Review, 1971, Nr. 11, 4-13. Die Polemiken von christlichen Theologen wie Ernst Benz, die drogeninduzierte Gotteserfahrung als »unverdient« und »unwürdig« abqualifizieren, dürften sich spätestens mit Doblins Untersuchung der Langzeitfolgen erledigt haben.

aber sie verband mich mit der Unendlichkeit.« So wie das Essen eines Pilzes ein winziger Schritt für den Hominiden war, aber ein gigantischer für die Menschheit, weil es sie ebenfalls mit der Unendlichkeit verband. Die Sätze erinnern an das Raunen der Eingeweihten von Eleusis, die sich wahrscheinlich sehr ähnlich geäußert hätten. Beziehungsweise noch sehr viel deutlicher und genauer, und deshalb müßte dieses Experiment heute noch einmal mit einer dritten, einer Eleusis-Kontrollgruppe, durchgeführt werden. Denn anders als die jungen Pastoren-Anwärter wurden die Teilnehmer der eleusischen Feiern zuvor in Athen bei einem sechswöchigen Kursus auf die Erfahrung vorbereitet. Diese Einführungen wurden nur in Griechisch abgehalten, die Kenntnis der Sprache war das einzige Dogma der weltoffenen Erleuchtungs-Höhle von Eleusis.[24]

In seinem Höhlengleichnis berichtet Platon, wie wir uns die Erkenntnis der Welt vorzustellen haben: Wir sind in einer Höhle gefesselt und können nur in eine Richtung blicken; ein rückwärtiges Feuer wirft Licht, vor dem einige Gaukler Gegenstände vorbeitragen, die als Schatten an die Wand geworfen werden. Da wir nur diese Schatten wahrnehmen, halten wir sie für die einzige, »wahrhaft wirkliche« Realität. Was würde nun passieren, wenn einer der Gefesselten sich befrei-

---

[24] *H.P. Duerr (1984)* zeigt, daß als Vorgänger des eleusischen Demeter-Tempels tatsächlich eine Höhle fungierte, die der Geburts- und Unterweltgöttin Eleutho gewidmet war. Zu Platon bemerkt er: »Es scheint kein Zufall zu sein, wenn gerade in dieser klassischen Zeit Plato seine Ideenlehre formulierte: Ist auch das *Seiende* dem Werden und damit der Vergänglichkeit unterworfen, so wurzelt es doch im Zeitlosen, dem alles *Sein* eignet. Wer also in den Eleusinen initiiert war, der wußte, daß sein überindividuelles Wesen unsterblich war, und dieses Wissen entschärfte die Angst vor dem Tode und damit die Lebensangst.« (S. 198) Warum aber war Platons Lehre kein Zufall, und warum *wußten* die Initiierten von der Unsterblichkeit? Weil sie in eine Höhle krochen und ihnen dort eine wie immer »mystische« oder fleischliche Vulva gezeigt wurde? Als Experte für den Mythos des Zivilisationsprozesses (vgl. *Duerr:* »*Nacktheit und Scham« (1988), ders.:* »*Intimität« (1990))* sollte der Autor die sog. Naturvölker eigentlich besser kennen, als daß er ihnen eine Affektstruktur unterstellt, die durch eine derartige Peep-Show so nachhaltig zu beeindrucken gewesen wäre. Auch wenn die ollen Griechen den Naturzustand des Paradieses schon gut 10 000 Jahre hinter sich hatten, waren sie doch noch keine teutonisch verklemmten Oberstudienräte.

te und gezwungen würde, sich sofort umzudrehen und in das Licht zu schauen? Zuerst wäre er geblendet, doch dann könnte er die Gegenstände des Schattenspiels erkennen – und würde sie nicht verstehen. Noch größer wären sein Augenschmerz und sein wütendes Unverständnis, wenn man ihn aus der Höhle ans Tageslicht zerrte, doch nach einer Weile der Gewöhnung könnte er die Sonne, die Jahreszeiten, die Welt vollständig erkennen. Soweit ist diese Geschichte als Beispiel für den platonischen Idealismus gelesen worden, den Aufstieg ins Reich der Ideen, von deren Klarheit die Materie nur ein schattenhaftes Abbild darstellt. Der Münsteraner Philosoph Hans Blumenberg, der den »Höhlenausgängen« Platons 1989 auf über 800 Seiten in einer wunderbaren, gelehrten Studie nachgegangen ist, kann deshalb schon seine Eingangsfrage: »Wie hat Platon sich entschließen können, von seiner Höhle zu sprechen, wie hat er sie erfinden können?« nicht richtig beantworten, weil er zwar »das sprichwörtliche Licht von Eleusis« kennt, aber nichts weiß von dem psychedelischen Erlebnis, bei dem Platon im fensterlosen Höhlensaal des Demeter-Heiligtums die Realität dieses Lichts erfahren hat. Nicht in Form eines Schattenspiels, einer Sinnestäuschung oder gar einer Peep-Show, sondern als authentische, »wahrhaft wirkliche« Erleuchtung. Über diese Erfahrung hat er nie geschrieben, auch nicht in seinem letzten, autobiographischen Brief, und dies auch begründet: »Von mir selbst wenigstens gibt es keine Schrift über diese Gegenstände, noch dürfte eine erscheinen; läßt es sich doch in keiner Weise wie andere Kenntnisse in Worte fassen, sondern indem es, vermöge der langen Beschäftigung mit dem Gegenstand und dem Sichhineinleben, wie ein durch einen abspringenden Funken plötzlich entzündetes Licht in der Seele sich erzeugt und dann von selbst Nahrung erhält.« Das Eigentliche kann nur selbst, direkt erfahren werden, im »Sichhineinleben« – wo Logos und Mythos verschmelzen, versagt das Medium der Schrift. Daß Platons Schweigen über das Geheimnis der Höhle freilich auch noch andere als nur medientechnische, methodologische Gründe hatte, zeigt der Schluß des Gleichnisses. Den aus der Höhle Befreiten überkommt nämlich Mitleid mit seinen gefesselten Genossen, und er überlegt, hinabzusteigen und sie aus ihrer mißlichen Lage zu befreien. Doch an dieser Stelle läßt Platon den Sokrates, der die Höhlen-Geschichte erzählt, eine Warnung anfügen: Bei diesem Befreiungsversuch würde er sich, vom Dunkel wieder geblendet, »zum Gespött machen und sich nachsagen lassen, er käme von seinem Aufstieg mit geblendeten Augen zurück, und es könne sich nicht lohnen, sich an diesem Aufstieg zu versuchen«. Bei dieser Schwierigkeit des Erleuchteten, seine neu gewonnenen Wahrheiten zu vermitteln, bleibt Platon jedoch nicht stehen: »Wollte er nun Hand anlegen, andere zu befreien und hinaufzuführen, würden sie dann, sofern sie sich seiner bemächtigen könnten, ihn nicht wirklich töten?« (»Politeia« VII, 514) Die rhetorische Frage, die er an das Ende des Höhlengleichnisses stellt, ist bisher allgemein als Anspielung auf den Tod des Sokrates verstanden worden, obwohl es eigentlich gar keinen Grund gibt, warum Platon hier, mitten in seiner Abhandlung über den Staat, noch einmal auf den in seinem ersten Buch längst erzählten Tod seines Lehrers zurückkommen soll. Nein, vor dem Hintergrund des geheimen heiligen Tranks von Eleusis als letztem Relikt matriarchaler Weisheitspraxis zielt Platons Warnung nicht auf den (letztlich im übrigen freiwilligen) Tod des Sokrates, sondern viel eher auf patriarchale Todesschwadronen vom Kaliber der Leviten.

Der Hinweis von Alfred N. Whitehead, daß die gesamte abendländische Philosophie eigentlich nichts anderes sei »als eine Reihe von Fußnoten zu Platon«, kann an dieser Stelle um eine Pointe erweitert werden, nämlich daß die von Platon hinterlassene Philosophie ihrerseits nichts anderes als eine Reihe von Fußnoten zur eleusischen Erfahrung darstellt. Man hat erfolglos nach irgendeiner Geheimlehre gesucht oder Platons Besuche bei einigen pythagoreischen Kollegen als Hinweis für eine nur mündlich weitergegebene Numerologie oder Zahlenmagie gedeutet. Vor der Entdeckung der bewußtseinserweiternden Kraft des eleusischen Tranks konnte Platons Hinweis, über das

Eigentliche keine Zeile geschrieben zu haben, für die Philologen nur nebulös bleiben. Wie oft er an der Zeremonie teilgenommen hat, ist nicht überliefert, doch daß seine Erlebnisse die oben erwähnten acht Kriterien in vollem Maße erfüllten, davon ist auszugehen. Einem die Grenze überschreitenden Bewußtsein, einem Bewußtsein, das über alles Sein, alles Manifestierte hinausragt, kann die Welt tatsächlich nur als Schatten, als Kopie, als Illusionstheater vorkommen, und nichts anderes erzählt uns Platon im Höhlengleichnis. Bemerkenswert und wichtig ist, in welchen Kontext er diese Geschichte gestellt hat: mitten in seine große Abhandlung über den Staat. Im Zentrum der Diesseitigkeit also erläutert Platon uns seine Vorstellungen über das Jenseits, die Erkenntnis des Absoluten und die Schwierigkeit, sie zu vermitteln – und unterscheidet sich damit wesentlich von einer im Dualismus von Materie und Geist steckengebliebenen Gnosis, deren Weltverneinung letztlich nur der Affirmation des elenden Status quo dient. Für Platon hingegen ist selbst die kleinste lockere Schraube im weltlichen Universum nicht überflüssig, und er verlegt sich mit Inbrunst auf die Lösung völlig diesseitiger Probleme wie Recht, Moral und Staatsführung – und unterscheidet sich somit nicht von den Schamanen der Frühzeit, deren Jenseitsreisen kein ekstatischer Selbstzweck waren, sondern dazu dienten, die Dinge im Diesseits geradezurücken, mit Worten. »Den Urheber und Vater dieses Weltalls aufzufinden ist schwer«, schreibt Platon, »*nachdem man ihn aber auffand*, ihn allen zu verkünden, ist unmöglich.« (»Timaios« 28c/ V, 154) »Nachdem man ihn aber auffand« – beiläufiger läßt sich die Frage der Gotteserkenntnis, wegen der sich die »dominatorischen« Zivilisationen seit nunmehr 6000 Jahren die Seele aus dem Leibe prügeln, wohl nicht beantworten. Mit der Zerstörung des »gemeinsamen Tempels der Welt«, jener virtuellen Höhle, in der Platon mit einem wohldosierten Anstoß aus dem Pflanzenreich seinen »sichtbaren, fühlbaren Gott« fand, ging die letzte Einrichtung einer Kulturen, Rassen, Klassen und Spezies überwindenden *communio* verloren. Metaphysik, seit den Tagen von Tassili eine praktische, erfahrbare Wissenschaft, wurde zu einem Disput von Blinden über die Farbe, Theologie von einem kontemplativen »Sichhineinleben« zu einem tyrannischen Dogmatismus und die mystische Erfahrung zu einem Fall für die Irrenanstalten.

So weist uns Platon, als Euro-Schamane, zurück an die archaische Weisheit des Anfangs, jenen Informationstransfer der Pflanzenintelligenz, mit dem wahrscheinlich alle Religion begann.

Die Blindheit gegenüber Platons mystischer Erfahrung hat vor allem auch mit der christianisierten Interpretation zu tun, die ihn als »jenseitigen« Idealisten zurechtbastelte und den integralen Bestandteil der griechischen Kultur – die dionysische Besessenheit, das orgiastische Kultleben, die »abscheulichen« Riten – beständig ignorierte. »Zwei Dinge erfüllen das Gemüth mit immer neuer und zunehmender Bewunderung und Ehrfurcht, je öfter sich das Nachdenken damit beschäftigt: der bestirnte Himmel über mir und das moralische Gesetz in mir«, wundert sich dann Immanuel Kant in seiner »Kritik der praktischen Vernunft«. Daß in Eleusis ebendiese Integration von äußeren und inneren Gesetzen, Himmel und Moral geleistet wurde, ist 2000 Jahre nach Platon vergessen. Auch von Aldous Huxley, der Albert Hofmanns Entdeckung des eleusischen Geheimnisses nicht mehr erlebte, sonst hätte er Platons »Timaios« – das Buch, in dem er seine Kosmologie darlegt – mit Sicherheit noch einmal zur Hand genommen. Huxley schreibt in »Die Pforten der Wahrnehmung« (1958):

»Istigkeit – war das nicht das Wort, das Meister Eckhart zu gebrauchen liebte? Das _Sein_ der platonischen Philosophie – nur daß Plato den ungeheuren, den grotesken Irrtum begangen zu haben schien, das Sein vom Werden zu trennen und es dem mathematischen Abstraktum der Idee gleichzusetzen. Er konnte nie, der arme Kerl, gesehen haben, wie Blumen von ihrem eigenen, inneren Licht leuchteten und unter dem Druck der sie erfüllenden Bedeutung fast erbebten, nicht mehr und nicht weniger waren, denn was sie waren – eine Vergänglichkeit, die doch ewiges Leben war, ein unaufhörliches Vergehen, das gleichzeitig reines Sein war, ein

Bündel winziger, einzigartiger Besonderheiten, worin durch ein unaussprechliches und doch selbstverständliches Paradox der göttliche Ursprung allen Seins sichtbar wurde.«[25]

Es geht mit diesen Hinweisen nicht darum, als Heilmittel für die »abendländische Schicksalsneurose« den direkten Regress-Express in Platons Acid-Höhle oder die psychedelische Steinzeit anheimzustellen. Paradiesische Zeiten, als wilde Kerle noch barfuß jagten, rührige Frauen Beeren sammelten und man abends am Lagerfeuer mit Hanf und Pilzen den lieben Gott eine gute Frau bzw. Jehova einen eifersüchtigen Impotenzling sein ließ, können kaum als Modell für die Zukunft dienen. Auch nach einem brutalen Zeitalter wie dem der Großen Mutter mit

---

[25] *Aldous Huxley: Die Pforten der Wahrnehmung (1954)*. Huxley, seit *»Brave New World« (1932)* ein weltberühmter Autor, hatte sich über 20 Jahre mit kontemplativen buddhistischen Techniken beschäftigt, bevor ihm kurz vor seinem 60. Geburtstag von »vier zehntel Gramm Meskalin in einem Wasserglas aufgelöst« die Doors of perception geöffnet wurden. Mit diesem Buch sowie mit *Himmel und Hölle (1957)* und *Moksha – Writings in Psychedelics and visionary experience (1963, dt. 1983)* wurde Huxley zu einem der wichtigsten Wegbereiter der kurzen Wiederkehr von Eleusis im Summer of love 1967. Warum »Love« zur zentralen Message der Bewegung wurde, wußte schon Huxleys Lieblingsautor Meister Eckhart: »Was aber in der Kontemplation empfangen wird, muß in der Liebe wieder abstrahlen.«
Was Huxleys Einschätzung Platons angeht, daß dieser das Sein vom Werden getrennt und zur Idee abstrahiert habe, trifft so nicht zu. Vielmehr findet das »Alles fließt« Heraklits, die Natur als sich ständig selbst Erschaffende, das evolutionäre Denken der Vorsokratiker, in Platons Kosmologie ihren letzten Niederschlag. Der eigentliche Schnitt erfolgt erst bei Aristoteles, dessen Vorstellung einer starren und mechanistischen Natur als »unbewegt Bewegendes« dann zu einem mächtigen Paradigma wird. Noch die heutigen Vertreter eines szientistischen Wissenschaftsbilds wie B. Kannitschneider geißeln Platons Kosmologie deshalb als »animistischen Hylozoismus«. Vgl. *Gernot Böhme (Hrsg.): Klassiker der Naturphilosphie (1989)* – was insofern korrekt ist, als »hyle« im Griechischen nichts anderes ist als die personifizierte Mutter Erde, und »zoe« »lebendig« – die indogermanische Wurzel von »hyle« bedeutet soviel wie »Zeugung, Schwangerschaft, Gebären« – sowie, vgl. *J. Pokorny: Indogermanisches Wörterbuch (1989), S. 912*, »berauschender Trank«!
Für Nietzsche, der sich zugute hält, der erste gewesen zu sein, der »jenes Phänomen ernst nahm, das den Namen Dionysos trägt«, geht »das in der Tiefe fortwirkende metaphysische Mysterienwesen« *(Werke Bd. IX, S. 173)* schon mit Anaxagoras zu Ende, Platon ist für ihn bereits eine Ausgeburt des »Sokratismus«, der rein intellektualistischen Verstandeskultur. Wir sehen Platon hingegen noch an der Grenze stehen: schon der Botschafter des »reinen« idealistischen Aufstiegs, aber noch verwurzelt im Bauch der Erde und angeschlossen an den phytopharmakologischen Informationstransfer – der letzte Schamane und erste Philosoph des Abendlands.

einem Durchschnittslebensalter von kaum 25 Jahren können wir uns ebensowenig zurücksehnen wie nach der auf Sklavenarbeit basierenden Gesellschaft des alten Griechenlands. Auch der Schamane, als geistiger Abenteurer und Kartograph der inneren Landschaften der eigentliche Held am Anfang des Menschengeschlechts, kann als Lebensmodell nicht einfach in das 21. Jahrhundert übertragen werden. Und doch werden wir die drängenden Probleme unserer Zeit nicht lösen ohne die Rückwendung zu jenem Punkt, an dem die Differenzierung von Ich und Natur, von Ego und Öko einst begann. »Zurück zur Natur!« kann dabei nicht »Zurück auf die Bäume« heißen, denn zum einen sind viel zu wenige davon da, als daß wir als gute Wilde dort alle Platz fänden, und zum anderen würde das bedrohliche Fortschreiten der Umweltzerstörung dadurch in keiner Weise aufgehalten: Die Probleme des Treibhausklimas, der Artenvernichtung oder des Ozonlochs können durch Handanlegen allenfalls manipuliert werden, gelöst werden müssen sie im Kopf. Nicht Machbarkeit und Technik sind das Problem, sondern fehlende Einsicht.

Es geht um planetarisches Bewußtsein, nicht als romantisches Geschwätz, sondern als unabdingbare Notwendigkeit für die Zukunft unserer Spezies. Die Techniken, mit denen der Homo sapiens sein egozentrisches Säugetier-Bewußtsein transformieren kann, sind bekannt – weder braucht man unbedingt dazu Drogen noch Gurus, Erleuchtungs-Seminare oder Brain-Machines, obwohl das alles durchaus hilfreich sein kann. Eigentlich braucht man nur bewußt zu atmen, die Sinne statt nach außen nach innen zu richten und versuchen, nicht zu denken. Nicht denken, und doch aufmerksam bleiben, keinen Gedanken haben, aber höchste Achtsamkeit üben. Was sich so banal anhört, ist die einfachste und gleichzeitig schwierigste Übung, die wir unserem Geist zumuten können. Und eine Grundvoraussetzung, die Buchstabensuppe des irdischen Gehirns zu verlassen. Daß dieser Weg hinaus aus der Suppenschüssel des Realen zu den seligmachenden Buffets der Hyperrealität ein langwieriger ist und nur zu oft von Alarmmeldungen der unteren Schaltkreise (Suppenfleisch, Knochen) unterbrochen wird, scheint die planetarische Küchen-Intelligenz aber geahnt zu haben. Und hat im Grandhotel Gaia eben deshalb »Magic Mushrooms«, »Heilige Pilze«, »Fleisch der Erde« – kurz: Götterspeise – auf die Karte gesetzt. Die ersten Hotelgäste, so berichten die Chroniken, sollen nach dem Genuß dieses Desserts überhaupt erst gemerkt haben, daß es sich bei diesem Haus nicht um eine beliebige Affenabsteige, sondern um das luxuriöseste 5-Billionen-Sterne-Hotel im bekannten Universum handelt. Seit allerdings im Namen eines neuen Hauptveranstalters, der Gesellschaft zur Organisation des Theistischen Tourismus (GOTT), das himmlische Dessert diskriminiert und von der Karte verbannt wurde, häufen sich die Klagen. Je weiter man das Originalrezept verfälscht und verdünnt hätte, heißt es aus der Direktion, desto ungenierter hätten sich die Gäste aufgeführt. Besonders schlimm sei es geworden, als man damit beginnen mußte, nur noch dünnen Wein und geschmacklose Oblaten zu reichen. Zwar sei das Haus seitdem ständig erweitert worden und platze vor Überbuchungen aus allen Nähten – die von GOTT durch das neue Menu versprochene »Erlösung« der Hotelbesucher sei allerdings nicht eingetreten. Im Gegenteil: Vielmehr hätten sie nun völlig entfesselt damit begonnen, die Hoteleinrichtung zu verheizen, die einst paradiesische Lounge gleiche mittlerweile schon einem giftigen Backofen, ehemals prächtige Suiten seien nur noch stinkende Kloaken. »Wenn das so weitergeht«, heißt es in einer aktuellen Presseerklärung der seit 4,6 Milliarden Jahren amtierenden Direktorin, »werden wir den seit kurzem eröffneten Hotelbetrieb für die Gattung Homo sehr bald wieder einstellen müssen. Ihre Ignoranz hat das Maß des Erträglichen überschritten, die Übergriffe auf unsere alteingesessenen Stammgäste gefährden den wirtschaftlichen Bestand des gesamten Hauses. Daß täglich ganze Schwärme von Gästen ausbleiben, weil die eingeflogenen GOTT-Urlauber alles in Schutt und Asche legen, kann selbst ein katastrophen- und kometengeprüftes Grandhotel wie Gaia nicht länger hinnehmen. Aus diesem

Grund werden erwachsene Exemplare der Gattung Homo künftig nur noch beherbergt, wenn sie sich zuvor erfolgreich mit der Hausordnung – den Gesetzen der Symbiose – vertraut gemacht haben. Um dabei langwierigen Verständnis- und Übersetzungsproblemen vorzubeugen, stellt die Direktion kostenlos Simultan-Dolmetscher aus dem Reich der Flora zur Verfügung: Als Willkommens-Drink werden zur Initiation im abgedunkelten Zimmer obligatorisch 5 Gramm Pilze gereicht, zur Auffrischung bietet die Bar während der Happy hour den Mutterkorn-Cocktail ›Eleusis Light‹.«[26] So, oder so ähnlich, wird die Therapie im nächsten Jahrhundert wohl ausfallen müssen, wenn wir als Gattung im Grandhotel Gaia anwesend bleiben wollen. Auch wenn man New Age insgesamt als den Versuch beschreiben könnte, die höheren Schaltkreise ohne pflanzliche Unterstützung zu erreichen, der weisen Direktorin ist recht zu geben: Ohne einen Schlüssel, der den wildgewordenen Intelligenzbestien schleunigst die Säle ihrer inneren Paläste und den Wellness-Bereich kosmischer Symbiose erschließt, wird ihr äußerer Zerstörungswahn kaum noch zu stoppen sein. Ein menschliches Wesen, hat Einstein einmal gesagt, »erfährt sich selbst, seine Gedanken und seine Gefühle als etwas von allem anderen Getrennten – eine Art optische Täuschung des Bewußtseins. Diese Täuschung ist für uns eine Art Gefängnis, das uns auf unser persönliches Verlangen und unsere Zuneigung für einige wenige uns nahestehende Personen beschränkt. Unsere Aufgabe muß es sein, uns aus diesem Gefängnis zu befreien.« Die Vorstellung, daß wir auch im Wachzustand nur schlafen, beziehungsweise aufgrund einer Art optischen Täuschung den Kosmos in unserem Kopf nicht wahrnehmen, ist die einzige Entschuldigung für die verluderte Dumpfheit, mit der die Menschheit über den Planeten torkelt.

Der Aufstieg des emotional gepanzerten und mit dem Wunderwerkzeug der Vernunft bewaffneten Egos hat zu einem so phantasti-

---

[26] Vgl. das 6. Kapitel sowie: *Robert Forte (Hrsg.): Entheogens and the future of Religion (1997).*

schen Zuwachs von Problemlösungen geführt, daß es möglich wäre, noch für die doppelte Menge Menschen auf diesem Planeten ausreichend Nahrung, Energie und erträgliche Umweltbedingungen zu schaffen und diesen Reichtum auch gerecht zu verteilen. Im Prinzip und theoretisch, doch praktisch lassen wir jedes Jahr ein paar Millionen Menschen verhungern, was unser »Zeitalter der Vernunft« von den archaischen Ritualen der Steinzeit und dem Sklavenstaat Griechenlands gar nicht so weit entfernt. Was die Zahl der täglichen Menschenopfer betrifft, nimmt es der Tempo-Gott Auto allemal mit den allesverschlingenden Ungeheuern der Vorzeit auf. Wie auch immer – daß die rationale und technische *Erfassung* der Welt nicht gleichbedeutend ist mit einer Rationalität des Handelns, ist offensichtlich. Der Verhaltensforscher Konrad Lorenz hat dafür einmal das Bild eines Neandertalers gebraucht, der am Startknopf einer Atomrakete sitzt: Seine technischen Fertigkeiten, die Beherrschung der Details sind immens fortgeschritten, der Durchblick auf das Ganze, auf die Konsequenzen aber auf der Strecke geblieben. Wer erfährt, daß der ganze Kosmos aus einem Stück ist, daß alles mit allem zusammenhängt und sich dieses Eine als Eines und gleichzeitig in einer unermeßlichen Vielfalt manifestiert, erfährt auch sein Ich nur als eine dem Verstand dienstbare Fiktion. Generationen von Philosophen haben sich darüber gewundert, wie Platon die Existenz eines Guten, eines Schönen sowie einer höheren Wahrheit einfach voraussetzen kann – seit dem »Weg nach Eleusis« ahnen wir, woher er seine Sicherheit nahm: Er hat dieses Wahre, Gute, Schöne, das sich aus der Wahrscheinlichkeitswolke des Einen jeden Augenblick neu manifestiert, schlicht und ergreifend erlebt. Die Dynamik eines Naturgeschehens, das von den Nebeln der Galaxien bis in den neurochemischen Mikrokosmos des Gehirns ein einziges selbstorganisiertes System darstellt, das aus dem Ungleichgewicht ständig neue, höhere Ordnungszustände anstrebt. »Wenn man einen solchen visionären Zustand erfahren hat«, schreibt Antonin Artaud, »ist es ausgeschlossen, daß man wie zuvor Wahrheit und Lüge verwechselt. Man hat gesehen, woher man kommt und wer man ist. Denn im Bewußtsein ist das Wunderbare, mit ihm gelangt man über die Dinge hinaus.« Der Surrealist und Theaterrevolutionär Artaud, der sein Eleusis bei einem Peyote-Ritual mexikanischer Indianer erlebte, hat sich nicht nur noch drastischer als Platon gegen die schriftliche Übermittlung des Eigentlichen geäußert (»Alles Geschriebene ist Schweinerei«), sondern auch einen wichtigen Hinweis auf die Sprachmagie der mystischen Erfahrung gegeben: »Die Kruste der Wörter: Man darf sich nicht einbilden, daß die Seele nicht darin eingeschlossen ist«, heißt es in seinem »Höllentagebuch«. Das Eigentliche ist unsagbar, weil sich die Sprache mit ihrem symbolischen System dazwischenschiebt und eine symbolische Welt erschafft, die nicht mehr identisch ist mit dem Eigentlichen, das nur erfahren werden kann, wenn die »Kruste der Wörter« abgeschüttelt ist.[27]

Daß Studenten des psychologischen Seminars im Garten der ehrwürdigen Harvard-Universität am Rasen schnupperten, Baumrinde knabberten und grunzende, atavistische Geräusche von sich gaben, hielt ihr Professor, Timothy Leary, zwar für ganz selbstverständlich – sie nahmen, gefördert durch 50 Mikrogramm LSD, gerade Kontakt mit den Bewußtseinsebenen der Erde, Bäume und Tiere auf – und im Sinne des Demeter-Mythos war dieser Abstieg ins Elementare ebenfalls ganz normal. (»Oh, daß wir unsere Ur-ur-ahnen wären, ein Klümpchen Schleim in einem warmen Moor«, heißt es bei Benn.) Die Harvard-Direktion und die Öffentlichkeit sahen das allerdings etwas anders, und so währte die Wiederkehr von Eleusis im westlichen Wissenschaftstempel Nr. 1 nur einige Semester lang. Nach einem überwältigenden Erlebnis auf seinem ersten Pilz-Trip bei einem Urlaub in Mexiko hatte Leary 1960 sofort damit begonnen, Halluzinogene in

---

[27] *Antonin Artaud: Frühe Schriften (1983).* »Was schwatzest du von Gott, wo doch alles, was du sagst, falsch ist«, hat der Mystiker des deutschen Mittelalters, Meister Eckhart, es ausgedrückt – ganz auf einer Linie mit Laotse: »Das Tao, über das man sprechen kann, ist nicht das eigentliche Tao.«

seine verhaltenspsychologische Forschung einzubeziehen. Neben dem Karfreitags-Experiment gehörte dazu auch ein äußerst interessanter Versuch mit Gefangenen eines Staatsgefängnisses, bei denen die Wirkung einer Psilocybin-Therapie auf die Resozialisierungschancen getestet wurde. Während die normale Rückfallquote in diesem Gefängnis bei 80 % lag, sank sie bei den Gefangenen, denen der (nunmehr synthetische) Pflanzenwirkstoff offenbar einen Kontakt zum platonischen Reich des Guten vermittelt hatte, auf 25 %. Es ist Leary später von einigen Forschern vorgeworfen worden, er habe durch seine messianische Propaganda für den individuellen Halluzinogen-Gebrauch selbst dafür gesorgt, daß die Anfang der 60er Jahre noch legalen Substanzen verboten und dadurch die Fortsetzung solcher vielversprechenden Experimente über Jahrzehnte blockiert wurde. Daran mag einiges richtig sein, doch andererseits löste Leary als gefallener Engel der Wissenschaft eine Kulturrevolution aus, deren soziale und politische Experimente die folgenden Jahrzehnte sehr viel nachhaltiger beeinflußt haben, als es einer kontrollierten, wissenschaftlichen Erforschung dieses chemischen Wunders je möglich gewesen wäre.[28]

Bei den Geheimdiensten und Militärs, die an neurologischen Kampfstoffen stets als erstes Interesse zeigen, war Albert Hofmanns LSD in den 50er Jahren durchgefallen: sowohl als Wahrheitsdroge wie auch als Gehirnwaschmittel oder Chemiewaffe zur Auslösung von Massenpsychosen hatte sich das eleusische Ambrosia als strategisch unkalkulierbar erwiesen. Mit welchen unverantwortlichen Methoden (und üblen Folgen) der CIA diese »Menschenversuche« an unwissenden, unvorbereiteten Versuchspersonen durchführte, kam erst im Zuge des »freedom of information act« in den 80er Jahren ans Licht – die Vorwürfe im Prozeß gegen Leary hingegen, daß seine Aufrufe zur neuro-

---

[28] Vgl. *T. Leary: Flashbacks – Denn sie wußten, was sie tun (1987). Martin A. Lee/Bruce Shlain: Acid Dreams – The complete social history of LSD: The CIA, the sixties and beyond (1992), Paul Devereux: The long trip (1997).*

chemischen Bewußtseinsrevolution »Tausende junger Amerikaner das Leben gekostet hat«, ließen sich mit seinen Schriften und Äußerungen genausowenig belegen wie mit anderen Fakten. Um ihm als »Verführer der Jugend« dennoch die Leviten zu lesen, hat man ihn wegen ein paar Gramm Marihuana, die man bei einer Grenzkontrolle bei seiner Tochter entdeckt hatte, zu 38 Jahren Zuchthaus verurteilt. Er war eine Art Sokrates der Gegenkultur. Anfang der 60er Jahre hatte er noch mit den Weisen der damaligen Zeit psychedelische Symposien abgehalten und über den rechten Weg gestritten, wie das eleusische Wunder der Welt nahezubringen wäre. Aldous Huxley, der mit seinen Büchern über »Die Pforten der Wahrnehmung« und »Himmel und Hölle« gerade so etwas wie das Manifest des anbrechenden Zeitalters geliefert hatte, plädierte für eine diskrete Unterwanderung der intellektuellen und politischen Eliten. Arthur Koestler sah allenfalls rekreative Verwendungsmöglichkeiten, lehnte aber jeden »Instant-Mystizismus« ab: »Es ist wunderbar, kein Zweifel – aber es ist Fake, Ersatz ... es ist keine Weisheit da. Heute nacht habe ich das Geheimnis des Universums entdeckt, aber heute morgen habe ich vergessen, was es war.« Der Dichter Allen Ginsberg hingegen war so überwältigt, daß er kaum davon abzubringen war, nackt auf die Straßen zu laufen, um allen New Yorkern von der Brüderschaft der ewigen Liebe zu künden. Ihm wäre wohl nichts anderes widerfahren als das, was auch Platons Höhlenflüchtling von der Verkündigung der Wahrheit abhielt. Nur William S. Burroughs, der Junkie und Drogen-Magier, blieb gelassen und gab seinen enthusiasmierten Kollegen die nüchterne Weisheit mit auf den Weg: »Alles, was mit Chemie erreicht werden kann, kann man auch ohne sie erreichen.« Martin A. Lee und Bruce Shlain haben in ihrer Sozialgeschichte des LSD (»Acid Dreams«, New York 1992) die Wiederentdeckung des eleusischen Rituals – nunmehr in Form der von Leary und seinen Kollegen erarbeiteten Gestaltungs- und Verhaltensregeln (»set« und »setting«) – detailliert beschrieben und auch gezeigt, wie die »Leviten« dieses Mal auf die Wiedereinführung der alten, pflanzenbefeuerten Religion reagierten. Nicht nur indem sie Leary als vermeintlichen Hohepriester einer Art Inquisitionsprozeß unterwerfen und jugendliche Anhänger der neuen Kultur (»Langhaarige« und »Gammler«) als parasitären Abschaum ausgrenzen, sondern auch indem sie ein »Ersatzgetränk« anbieten. Im Jahr 1967 wird die Szene an der Westküste und New York plötzlich mit Heroin überschwemmt, und die »Väter« der psychedelischen Bewegung wie Ginsberg erfuhren recht bald, wer die neue Quelle für das ruhigstellende, tödliche Opiat war: der CIA. Als Ginsberg den Geheimdienst in der »New York Times« öffentlich anklagte, erntete er Beschimpfungen des Herausgebers C.L. Sulzberger, für die dieser sich allerdings zehn Jahre später entschuldigte und nach Durchsicht von Akten über das CIA-Engagement im Goldenen Dreieck dem Schriftsteller gegenüber zugab: »Tatsächlich hatten Sie recht.« Die pharmakologische Befriedung des kulturellen Aufruhrs gelang, die Helden der Gegenkultur – Hendrix, Joplin, Morrison – fielen wie die Dominosteine, Energie und Euphorie des kurzen, eleusischen »Summer of love« weichen einem dumpfen, tranquillierten »burn out«. Ein Tanz ums Goldene Kalb war einmal mehr mit Gewalt beendet worden – und auch der Blick auf die Gegenkultur der 60er Jahre zeigt, wie unsinnig die gängige Interpretation der Geschichte ist. Was die Patriarchen der 60er unterbinden, ist nicht der Tanz um das Gold, die Verehrung des Materiellen, sondern das Gegenteil: daß die Hippies und Gammler auf den Mammon pfeifen, sich tanzend mit den Alkaloiden der Pflanzenwelt verbünden und die Symbole der alten, weiblichen Gottheiten wiederauferstehen lassen. Es würde den Rahmen dieser Arbeit sprengen, die Folgen des gewaltigen Impakts aufzuzeigen, den das kurze Aufscheinen des eleusischen Lichts für die Kulturrevolution der 60er Jahre hatte. Einige Stichworte und Äußerlichkeiten müssen genügen. Feminisierung (langhaarige, weichere Männer/ selbstbewußtere, stärkere Frauen), gesteigerte Naturwahrnehmung (»Entdeckung« der Ökologie, aus den Rainbow Gatherings der Hippiebewegung entsteht später »Greenpeace«), allgemeine Sensibilisierung (ganzheitliches Denken,

Vegetarismus, Bio-Energie) Hedonismus (Entkrampfung der Sexualität, Happenings, Be-Ins), Kollektivierung (Kommunen, Kooperativen; aus der neuen, undogmatischen Linken werden später – Demeter läßt grüßen –»Die Grünen«). Ebenso deutliche Spuren wie in den gesellschaftlichen Strukturen hat die Wiederkehr des eleusischen Tranks in der Ästhetik der westlichen Welt hinterlassen (von den »psychedelischen Beatles« zum Neo-Schamanen Joseph Beuys, vom Stroboskop der Acid-Tests zur Video-Ästhetik der 90er) – sowie in der Religion (»Jesus Christ Superstar«, Spiritualisierung, Yoga) und Wissenschaft (New Age). Ich behaupte damit nicht, daß alle diese Entwicklungen allein deshalb stattgefunden haben, weil zwischen 1960 und 1967 plötzlich einige Millionen Menschen LSD nahmen, doch daß ohne diesen mächtigen Katalysator diese Kulturrevolution zu diesem Zeitpunkt und mit dieser Ausprägung nicht stattgefunden hätte, scheint mir so sicher wie das Amen, das die Kirchen dazu verweigern. Auch was sich unter dem Schlagwort »68« bereits zum 30. Male gejährt hat, wäre ohne die »eleusische« Vorgeschichte, die mit Hofmanns Entdeckung beginnt und ab 1960 Kreise zieht, nicht denkbar. Ja, es ließe sich zeigen, daß die Impulse der »Blumenkinder«, wie die geistig wiedergeborenen Geschöpfe Demeters in den Medien tatsächlich genannt wurden, gesellschaftlich sehr viel wirksamer waren als die rein politischen Aktivitäten der studentischen Kader.[29]

Erinnern wir uns noch einmal an das Diktum von Burroughs – alles, was mit Alkaloiden erreicht werden kann, kann auch ohne sie erreicht werden. Tatsächlich ist das Gehirn in der Lage, bestimmte Neurotransmitter selbst zu produzieren, deren Wirkung denen

---

[29] Wer's nicht glaubt, lese heute noch einmal die Polit-Pamphlete von 1967 ff – ein grauenhaft dogmatischer Murks zwischen Marx und Mao. Geblieben und für die heutige Zeit wichtig ist davon wenig bis nichts. Damit soll die Bedeutung der sozialen Bewegung von '68 nicht heruntergespielt werden, überlebt haben aber letztlich nur die kulturellen Impulse. Die »Kommune 1« war insofern wichtiger als der ganze SDS, eine Handvoll Haschrebellen und Spaßguerilleros waren wirksamer als das ganze Wahnsinnskommando RAF, die »Körnerfresser« und »Müslifreaks« – und nicht die KPDML/AO und andere Politsekten – die eigentliche Avantgarde.

pflanzlicher Alkaloide entspricht. So können Marathonläufer und Ausdauersportler ein Lied von der Ekstase singen, die beim Erreichen eines bestimmten Schmerz- und Erschöpfungsniveaus durch den Ausstoß von Endorphinen (körpereigenen Opiaten) ausgelöst wird. Anfang der 90er Jahre entdeckte Raphael Mechoulam an der Universität Jerusalem einen neuronalen Botenstoff, der dieselbe psychoaktive Wirkung wie Cannabis auslöst und Anandamid (nach dem Sanskritwort *ananda* = Glückseligkeit) genannt wurde.[30] Auch DMT (Dimethyltryptamin), ein dem Psilocybin verwandtes extrem starkes Halluzinogen, das für die Wirkung der heiligen Pflanzentränke im Amazonasgebiet (Yage) sorgte, gehört zur körpereigenen Hausapotheke. Unter bestimmten Bedingungen ist das Gehirn also auch selbst in der Lage, außergewöhnliche Bewußtseinszustände herzustellen, und die verschiedenen »heiligen« Praktiken – vom rituellen Tanzen und Trommeln über Meditations- und Atemübungen bis zu den Techniken der Deprivation (Fasten/Reizentzug) – dienen letztlich nichts anderem als einer solchen Erweiterung des Bewußtseins. Es müßte also nicht zwingend so gewesen sein, daß der Funke der Erleuchtung den Hominiden kurz nach dem Mittagessen traf, wie oben behauptet – eine durch Naturkatastrophen ausgelöste längere Fastenzeit oder ein kilometerlanger Dauerlauf auf der Flucht vor einem hungrigen Raubtier könnte ähnliche Zustände ausgelöst haben. Doch die ersten Meister dieser Technik, die Schamanen, treten uns nicht als Asketen oder Jogger entgegen, sondern als Pflanzenkundige, und die Gründe für die Ausbreitung ihrer Kunst sind mit Sicherheit weniger in Volksläufen oder kollektiven Hungerstreiks zu suchen als in der Anwesenheit

---

[30] Vgl. *F. Grothenhermen: Cannabis als Medizin (1996), L. Grinspoon: Marihuana, die verbotene Medizin (1994).* Hanf ist eine der ältesten Heilpflanzen der Menschheit, das Aspirin der Antike, und war noch um die Jahrhundertwende eine der meistverordneten Arzneien in Europa. Abgelöst wurde die krampflösende und entspannende Universalmedizin vom Acker erst durch ein Stöffchen, das als Bestseller die kleine Farbenfirma Bayer zum Weltkonzern machte – Heroin. Vgl. *Mathias Bröckers/Jack Herer (Hrsg.): Die Wiederentdeckung der Nutzpflanze Hanf (1993).*

heiliger Pfanzen auf dem steinzeitlichen Speiseplan. Der denkbar schlechte Ruf, der Zusammenhang mit Elend, Sucht und Kriminalität, in dem diese Pflanzen als »Drogen« heute stehen, macht es schwierig, ihre wichtige Rolle bei der Entstehung der Religionen anzuerkennen: daß ausgerechnet diese dem »Reich des Bösen« entstammenden Substanzen grundlegend für die Erkenntis des »Reiches Gottes« gewesen sein sollen, mag je nach Standpunkt des Beobachters nach Blasphemie, nach Naivität oder nach beidem klingen. Doch lassen die erst in den letzten drei Jahrzehnten gewonnenen Erkenntnisse aus den Bereichen der Ethnobotanik, der Gehirn- und Bewußtseinsforschung, sowie der anthropologischen und archäologischen Entdeckung der »psychedelischen Steinzeit« den Schluß zu, daß die Rolle bewußtseinserweiternder Pflanzen am Anfang der Religion bisher deutlich unterschätzt worden ist. Bei einer Neubewertung dieser Rolle gilt es freilich, den simplifizierenden Kurzschluß Heilige Pflanzen = Höheres Bewußtsein = Bessere Menschen zu vermeiden – und festzuhalten, daß Ekstase, das Außer-sich-Geraten des Bewußtseins, am Anfang der Religion steht und die heiligen Pflanzen einen, aber nicht den einzigen Schlüssel bereitstellen, der dem menschlichen Geist diese Bewußtseinsräume öffnet.

Wenn, wie beschrieben, die Rationalisierungsmaßnahme »Monotheismus« mit einer stetigen Verdünnung der entheogenen (»den inneren Gott auslösenden«) Substanzen einhergeht, haben sich die verschiedenen kontemplativen Techniken der Gotteserfahrung vermutlich erst als Folge dieser Maßnahmen entwickelt. Seit der Zugang zum Baum der Erkenntnis tabuisiert ist, müssen Adam und Eva sich »im Schweiße ihres Angesichts« kasteien, um zum Eigentlichen durchzudringen, der Lift zur Gipfelerfahrung ist geschlossen. Der große Erfolg dieser Maßnahme beruhte vor allem darauf, daß er das Einssein mit dem Absoluten vom nächsten Vollmond auf den Sankt-Nimmerleins-Tag verschob und als Vollstrecker dieser Erlösung einen kommenden Messias installierte; Gott also von einer irdischen, jederzeit erreichbaren Angelegenheit zu einer jenseitigen machte – und dadurch ein ungeheures Arbeitspotential freisetzte. Der evolutionäre Vorteil, den dieses Organisationsmodell in der nach-sintflutlichen Zeit für das Bio-Überleben mit sich bringt, ist offensichtlich – um den emotionalen Panzer seines Egos stark zu machen, um Trauma und Terror der Katastrophe zu überleben, mußte der Mensch für eine Weile vergessen, daß das Werkzeug zur Auflösung des Egos im Absoluten allzeit aus dem Unrat und Moder am Wegesrand wächst. Die Drogenrazzia im Garten Eden und der Massenmord der Leviten wären insofern auch als eine Art Notstandsmaßnahme zur allgemeinen Mobilmachung zu lesen, und nichts anderes sagt das Buch Genesis ja auch mit seiner Anweisung: »Geht und macht euch die Erde untertan.« Weil es aber an der Zeit ist, diese mittlerweile selbstmörderische Mobilmachung zu stoppen, von einem dominatorischen wieder zu einem partnerschaftlichen, symbiotischen Verhältnis zur Erde zu kommen, scheint es auch notwendig, sich wieder der archaischen Techniken dieses Kontakts mit dem Absoluten zu besinnen. Nicht um damit in das Zeitalter des Prä-Rationalen und des Aberglaubens zurückzufallen, sondern um der Tunnelrealität eines an sein Ende gekommenen, destruktiven Rationalismus den Horizont des Trans-Rationalen zu öffnen.

Die Furcht ist's, die den Weinberg hütet.

Albanisches Staatsmotto

8

Kinder der Katastrophe
Über Kometen, Kataklysmen und die Erfindung der Himmelsgötter

Daß Asterix und seine Gallier dank ihres druidischen Zaubertranks vor nichts anderem Angst haben, als daß ihnen der Himmel auf den Kopf fallen könnte, hat einen guten Grund: Noch 1790 hatte die Französische Akademie der Wissenschaften vom Himmel fallende Steine für »physikalisch unmöglich« und Bauern, die auf einem Meteoritenfall auf ihren Acker beharrten, für verrückt erklärt. Erst als in der Nacht zum 26. April 1803 über dem Dörfchen L'Aigle ein Schauer von über zweitausend kosmischen Gesteinsbrocken niederging, sah sich die Académie Française gezwungen, den unter anderem durch den großen Chemiker Lavoisier vertretenen Humbug (»am Himmel gibt es keine Steine«) als ebensolchen zu entlarven. In den europäischen Museen finden sich deshalb heute kaum Meteoriten-Funde aus der Zeit vor 1790, sie waren als Relikte einer abergläubischen Vorzeit auf den Müll gewandert.[1]

Die Angst der Menschen, daß ihnen der Himmel auf den Kopf fallen könnte, ist das genaue Gegenteil eines Aberglaubens und wahrscheinlich die elementarste Lebensangst auf diesem Planeten. Diese Einsicht wird erst seit dem 6. Juni 1980 wieder so recht verstehbar, als mit dem Erscheinen der Arbeit von Louis Alvarez und seiner Mitarbeiter in der Zeitschrift »Science« ein neues Kapitel in den Erdwissenschaften aufgeschlagen wurde. Alvarez, Nobelpreisträger für Physik, sein Sohn Walter Alvarez sowie die Coautoren Frank Asaro und Helen V. Michel wiesen nach, daß das Aussterben der Saurier am Ende der Kreidezeit – vor etwa 65 Millionen Jahren – auf den Einschlag eines riesigen Asteroiden zurückzuführen ist. Das Impaktszenario der Autoren – ein Himmelskörper von etwa 10 Kilometer Durchmesser und einer Geschwindigkeit von 20 Kilometer pro Sekunde schlug etwa auf der Höhe von Yukatán (Mexico) ins Meer und setzte dabei die fünfmilliardenfache Sprengkraft einer Hiroshima-Bombe frei – war mehr als nur eine kühne Hypothese. Nach ihrer Vorstellung müßten sich die Staubwolken der Explosion auf der ganzen Erde verbreitet haben und

---

[1] Die den Helden von Kleinbonum zugesprochene Angstfreiheit geht auf ihr Vorbild, die Kelten, zurück: Lange Zeit vor Majestix hatten einige tapfere Kelten eine Unterredung mit dem Welteroberer Alexander dem Großen, der sie fragte, wovor sie denn Angst hätten. Der Feldherr erwartete, daß die Kelten darauf antworten würden, daß sie ihn, den großen Kriegshelden, fürchten. Aber statt dessen sprachen sie, ohne einen Moment zu zögern, die denkwürdigen Worte aus, daß sie vor nichts Angst hätten. Außer, daß ihnen der Himmel auf den Kopf fallen könnte.« *R. van Rofen/A. van der Vegt: Asterix, die ganze Wahrheit (1998).*
Über die »unmöglichen« Meteoritenschauer 1803 und andere Fälle von im Namen der Aufklärung unterdrückten Tatsachen, bis hin zur vielfach reproduzierten »physikalisch unmöglichen« Kalten Fusion siehe *R. Milton: Verbotene Wissenschaft (1996).* Der Journalist, Schriftsteller und Humorist Charles Fort (1874-1932) hat nahezu sein gesamtes Autorenleben damit verbracht, ungewöhnliche Ereignisse zu sammeln, die von der Wissenschaft nicht erklärt werden können. Seine Sammlung der als Humbug aus dem wissenschaftlichen Diskurs verbannten Daten nannte Fort – ein echter Radikaler im öffentlichen Gebrauch der Vernunft – das *Buch der Verdammten (1919; dt. 1995).*

anhand der Gesteinsablagerungen vom Ende der Kreidezeit nachweisbar sein, darunter auch Iridium, ein Material, das auf der Erde kaum vorkommt, jedoch ein Bestandteil von Asteroiden ist. Und ebendiesen Nachweis von Iridium in den entsprechenden Gesteinsschichten an vielen Stellen der Welt konnten sie erbringen. Damit war nicht nur ein neues Kapitel in der Geologie aufgeschlagen, sondern auch in der Evolutionstheorie; es galt, sich von einer liebgewordenen Vorstellung zu verabschieden, die sich seit den Zeiten Darwins und des Geologen Charles Lyell (1795-1875) durchgesetzt hatte: der Vorstellung einer sich allmählich und uniform entwickelnden Natur. Daß die Natur keine Sprünge macht, daß sie sich in langen Zeiträumen gradualistisch – Schritt für Schritt – entwickelt, daß sie dabei der Logik von plötzlicher Mutation und langwieriger Selektion folgt, daß der Planet und die Biosphäre sich so in Jahrmillionen in geordneten Bahnen entwickelt haben – diese Sichtweise der Evolution hat die Geologie und alle benachbarten Disziplinen seit eineinhalb Jahrhunderten geprägt. Bis dahin hatte es in den Wissenschaften mehr oder weniger als ausgemachte Sache gegolten, was der anglikanische Bischof James Usher im 17. Jahrhundert ausgerechnet hatte: daß nämlich die Schöpfung der Welt exakt am 22. Oktober des Jahres 4 004 vor Christus stattgefunden habe. Sich von dieser naiven biblischen Chronologie zu verabschieden und statt dessen die Aufmerksamkeit einer über Milliarden von Jahren sich erstreckenden Vorgeschichte des Lebens zuzuwenden, fiel den nunmehr aufgeklärten Wissenschaftlern des 18. und frühen 19. Jahrhunderts nicht leicht. Der Evolutionsbiologe Stephen J. Gould hat die Verwerfungen und Spannungen geschildert, die »Die Entdeckung der Tiefenzeit«, der unermeßlichen Vorgeschichte der Erde, mit sich brachte. Das Aufregende und Moderne an Lyells Theorie der Erdgeschichte war, daß sie »keine Zuflucht zu außergewöhnlichen Agenzien« brauchte, sondern sich allein aus dem kontinuierlichen, evolutiven Wandel erklären ließ. Mit diesen »Agenzien« waren vor allem die Katastrophen gemeint, die Lyells großer Gegenspieler Georges Cuvier (1769-1832) postuliert hatte. Nach Cuviers Vorstellung war »das Leben auf unserer Erde oftmals von furchtbaren Ereignissen gestört worden«, seine Analyse von Fossilienfunden deuteten auf plötzliche, katastrophale Ereignisse in der geologischen und biologischen Geschichte hin: »Unglücksfälle, die unter Umständen von Anfang an die äußere Erdrinde bis zu großer Tiefe in Mitleidenschaft zogen und umpflügten ... Lebewesen ohne Zahl sind diesen Katastrophen zum Opfer gefallen.« Daß Cuvier die biblische Sintflut als letzte dieser Großkatastrophen ansah, hat wohl ganz entscheidend dazu beigetragen, daß seine Theorie einer kataklystischen Entwicklung der Natur mit dem Erscheinen von Lyells »Prinzipien der Geologie« (1830) abgelöst wurde. Obwohl Cuvier, anders als der gelernte Rechtsanwalt Lyell, als streng empirischer Naturforscher einer der größten Paläontologen seiner Zeit war und alles andere als ein bibelhöriger Pseudowissenschaftler, sein katastrophisches Weltbild war mit dem Zeitgeist des beginnenden Industriezeitalters nicht kompatibel. Lyells Doktrin räumte dagegen elegant mit zwei Mythen auf, die dem anbrechenden Zeitalter der vermeintlichen Naturbeherrschung im Wege standen. Indem sie »außergewöhnliche Agenzien« – wie eine Schöpfung oder kosmische Katastrophen – überflüssig machte, entlarvte sie die Bibel und damit alle alten Überlieferungen als vor-wissenschaftlichen Humbug, der für das Dampfmaschinenzeitalter keine Rolle mehr spielte. Der zweite Mythos, mit dem der smarte Anwalt Lyell, der zum Vater der modernen Geologie wurde, aufräumte, betraf die von alters her stets in Abhängigkeit vom Himmel gedachte Erde als unsicheres, von kosmischen Strafgerichten heimgesuchtes Jammertal. Lyells neues Bild der Natur, dem Darwin mit der Entdeckung des Selektions-Mechanismus den Feinschliff gab, ließ mit ihren allmählichen, langsamen Evolutionsschritten die Erde als jederzeit sicheren Ort erscheinen – eine perfekte Kulisse für den Aufstieg des vernunftbegabten, naturbeherrschenden Affen. Schon Newton hatte große Probleme, den von seinem Kollegen Halley entdeckten Kometen zu akzeptieren, und erkannte ihn erst an, nachdem jener ihm versichert hatte, daß ein Einschlag auf der Erde oder sonstige Störungen der wohlgeordneten Himmelsmechanik dadurch nicht zu befürchten seien. Was für diese mechanische Ordnung am Himmel stand, galt korrespondierend auch für die von Lyell und Darwin etablierte natürliche Ordnung auf der Erde. Schon die Erwähnung möglicher erdgeschichtlicher Katastrophen reichte fortan, um als Angriff auf die moderne Lehre der aktualistischen, gleichförmigen Entwicklung unter »Humbug« abgespeichert zu werden. Gould hat gezeigt, wie sich diese Haltung bis in die biologischen und geologischen Lehrbücher unserer Tage durchzieht und Cuvier, »den vielleicht besten Kopf der Naturwissenschaft des 19. Jahrhunderts« (Gould) als theologisch inspirierten Wirrkopf abstempelt. Gould selbst hatte in seinen paläontologischen Arbeiten mit seinem Kollegen Niles Eldredge an die alten Theorien Cuviers angeknüpft, indem er eine Modifikation des neodarwinistischen Schemas vorschlug. Da sich viele Formbildungen der Evolution nur durch plötzliche, jähe Wendungen und nicht durch systematische Selektion erklären lassen, brachten Gould und Eldredge Ende der 70er Jahre den Begriff des »unterbrochenen Gleichgewichts« ins Spiel. Mit der 1980 erschienenen Arbeit von Alvarez dann, dem Nachweis eines gigantischen Asteroiden, dessen Einschlag vor 65 Millionen Jahren allen Lebewesen mit einem Körpergewicht von über 20 Kilogramm den Garaus machte, war der »Humbug« des alten Cuviers schlagartig wieder aktuell. Und machte deutlich, daß es in dem alten Streit um Gradualismus oder Katastrophismus nur um die zwei Seiten des einen Evolutionsprozesses gegangen war und die Wahrheit ziemlich genau in der Mitte lag – im Bild eines lebenden Planeten, der sich sowohl in langen kosmischen Zeiträumen nach strengen Regeln entwickelt als auch periodisch, durch äußere oder innere Einflüsse, immer wieder ins Ungleichgewicht geraten war.[2]

---

[2] Vgl. z.B. *S. Gould: Die Entdeckung der Tiefenzeit (1990), N. Eldredge: Wendezeiten des Lebens – Katastrophen in Erdgeschichte und Evolution (1997), D. Raup: Der schwarze Stern (1990), E. Sens: Die unterbrochene Musikstunde*, in: *F. Hoyle: Kosmische Katastrophen und der Ursprung der Religion (1997).*

Daß sich das nach wie vor von einer göttlichen Schöpfung und dem biblischen Weltenplan geprägte Menschenbild des 19. Jahrhunderts durch Darwins Abstammungslehre schwer gekränkt fühlen mußte und eben deshalb der Affe als direkter Vorfahr nur schwer Anerkennung fand, gehört zu den oft zitierten wissenschaftsgeschichtlichen Beispielen über die Akzeptanzschwierigkeiten neuer Ideen. Noch viel deutlicher wird dies aber am Fall Cuvier und der späten Anerkennung seiner Sichtweise der Evolution, denn was der Kreidezeit-Asteroid für das Menschenbild bedeutet, ist noch um einige Grade kränkender als die Verwandtschaft mit den Affen. Ohne diesen kosmischen Klops, der Gaia vor 65 Millionen Jahren durchrüttelte, hätte sich die Nische, in der einige eichhörnchengroße Primaten »ihren Siegeszug bis zum Leser« (Eberhard Sens) antraten, gar nicht aufgetan. Nicht daß der Mensch vom Affen abstammt, sondern daß diese ganze Abstammungslinie auf einem Zufall, einem kosmischen Zusammenstoß beruht, wäre der eigentliche Skandal – und der Grund dafür, warum es noch dem naturwissenschaftlichen Weltbild des 20. Jahrhunderts so schwerfällt, das Chaos am Himmel und seine Konsequenzen für die Erde wirklich anzunehmen.

Wie schwer, das zeigt die Rezeptionsgeschichte jenes Forschers, dessen Arbeit die Wiederkehr des Verdrängten in diesem Jahrhundert mit einem Paukenschlag einleitete – die Rede ist von Immanuel Velikovsky und seinem 1950 erschienenen Hauptwerk »Welten im Zusammenstoß«. Kaum eine andere wissenschaftliche Hypothese ist in diesem Jahrhundert vehementer bekämpft worden als Velikovskys Behauptung, daß ein Beinahezusammenstoß mit einer kometenhaften Venus vor etwa 3 400 Jahren für eine Katastrophe auf der Erde gesorgt und Sintfluten sowie andere in den Volksmythen beschriebene Naturereignisse ausgelöst habe. Immanuel Velikovsky wurde 1895 in Vitebsk (Rußland) geboren. Nach dem Studium an verschiedenen europäischen Universitäten 1921 in Moskau zum Arzt approbiert, ging er nach Berlin und heiratete dort die Geigerin Elisheva Kramer. Bei Freuds erstem Schüler Stekel unterzog sich Velikovsky einer Psychoanalytikerausbildung und praktizierte von 1924 bis 1939 in Palästina. Er arbeitete am Aufbau der jüdischen Universität mit und gab das Journal »Scripta Universitas« heraus, dessen mathematisch-physikalische Redaktion von Albert Einstein betreut wurde. Den Stein des Anstoßes, der seinem Leben und seiner wissenschaftlichen Karriere die entscheidende Wende gab, entdeckte er 1939 in einer Buchhandlung in Tel Aviv, wo zwei Neuerscheinungen eingetroffen waren, die ihn interessierten: Hitlers »Mein Kampf« und Sigmund Freuds »Der Mann Moses und die monotheistische Religion«. Velikovsky, der nur ein Buch kaufen wollte, entschied sich für letzteres und arbeitete in den folgenden Monaten an einem Nachweis, daß es sich bei der mythologischen Figur des Ödipus um den historischen Ägypterkönig Echnaton handelt. Bei dieser Arbeit stieß er auf eine alte ägyptische Aufzeichnung – das Ipuwer-Papyrus –, das dieselben Naturkatastrophen und Plagen beschreibt, die im Buch Exodus des Alten Testaments aufgezeichnet wurden. Eine weitere merkwürdige Koinzidenz entdeckte Velikovsky anhand eines im Buch Joshua beschriebenen Meteoritenschauers, in dessen Folge »die Sonne stillstand«: In den Schöpfungsmythen zahlreicher anderer Kulturkreise wird ein solches Ereignis ebenfalls beschrieben. Diese Entdeckungen führten nach Velikovskys Übersiedlung in die USA zu einer zehnjährigen multidisziplinären Recherche der Mythen, Chronologien und Astronomien nahezu sämtlicher Kulturkreise.

»Im Jahr 1950 glaubte man – und das ist weithin bis heute so geblieben – die Theorie des Aktualismus (einer gleichförmigen, kontinuierlichen Evolution, M.B.) *müsse wahr sein, und alles, was man bis heute nicht beobachten kann, habe es früher auch nicht gegeben. Und man hielt ferner daran fest, alle Himmelskörper, die Erde eingeschlossen, zögen seit ewigen Zeiten gelassen ihre Bahnen durch die Leere des Raums. In ›Welten im Zusammenstoß‹ (1950) stellte ich folgende These vor: »Erstens, daß es in geschichtlicher Zeit Naturkatastrophen von erdweitem Ausmaß gab, zweitens, daß diese Katastrophen durch außerirdische Ursachen ausgelöst wurden, und drittens, daß diese Ursachen benannt werden können‹ (…). Die Folgerungen*

aus der Theorie wirkten auf fast alle Natur- und viele Geisteswissenschaften. Als besonders tadelhaft galt meine Aussage, Ereignisse solchen Ausmaßes habe es in historischer Zeit gegeben. ›Welten im Zusammenstoß‹ schildert zwei (die beiden letzten) Katastrophen, die 34 und 27 Jahrhunderte zurückliegen. Nicht nur die Erde, sondern auch die Venus, der Mars und der Mond stießen beinahe zusammen, als der Morgenstern nach seinem Ausbruch aus dem Riesenplaneten Jupiter auf einer langgezogenen elliptischen Bahn das Sonnensystem durcheinanderbrachte, ehe er in seine heutige Umlaufbahn einschwenkte. Die Schilderung beruhte auf Hinweisen in den literarischen Zeugnissen der alten Völker in der ganzen Welt. Das archäologische und paläontologische Beweismaterial für die Theorie wurde in einem eigenen Band, ›Erde im Aufruhr‹ (1955), zusammengefaßt. Als Erklärung für das Zustandekommen gewisser Erscheinungen – wie beispielsweise die Venus, ein Neuankömmling, ihre kreisförmige Umlaufbahn erreichen konnte oder wie die Erde über ihre Achse kippen konnte – nahm die Theorie elektrische Ladungen auf der Sonne, den Planeten und Kometen sowie ausgedehnte Magnetfelder überall im Sonnensystem an. Das erschien sogar noch anstößiger, weil die Himmelsmechanik streng auf den Vorstellungen von Gravitation, Trägheit und Lichtdruck aufgebaut war. Sie galten als einzig wirkende Kräfte im leeren Raum, und die Himmelskörper waren in ihrer Einwirkung aufeinander neutral. Schon im Vorwort zu ›Welten im Zusammenstoß‹ räumte ich ein, ich sei ein Ketzer auf dem Gebiet, in dem Newton und Darwin unumschränkt herrschen. (…) Die jüngsten Entdeckungen auf astronomischem Gebiet haben mich von oben her bestätigt; Ozeanographie, C 14, Paläomagnetismus und Archäologie haben von unten das ihre getan.«[3]

---

[3] Zit. nach A. de Grazia: *Immanuel Velikovsky – Die Theorie der kosmischen Katastrophe (1979, orig. The Velikovsky Affair 1966), S. 224 f.* Velikovskys Hauptwerk, *Welten im Zusammenstoß (1950, dt. 1951, 1978)*, konnte nur nach schwersten Auseinandersetzungen erscheinen: Eine Gruppe maßgeblicher Wissenschaftler hatte dem Verlag Macmillan gedroht, sämtliche Publikationen aus dem Programm zurückziehen, das Buch erschien daraufhin bei einer Tochtergesellschaft und wurde zum Bestseller des Jahres, was die erfolglosen Boykotteure erst recht hysterisch machte. Vgl. auch I. Velikovsky: *Erde im Aufruhr (1995, dt.1980), Das kollektive Vergessen (1982, dt. 1985).*

Daß Velikovsky auch noch zwei Jahrzehnte nach dem Erscheinen seines ersten Buchs so selbstsicher auftrumpfen konnte, hatte mit den zahlreichen Bestätigungen zu tun, die vor allem die beginnende Raumfahrt für seine Hypothesen gebracht hatte. Wäre es freilich nach dem akademischen Establishment gegangen, hätte »Welten im Zusammenstoß« erst gar nicht bei einem angesehenen Wissenschafts-Verlag erscheinen können – noch zehn Jahre später notierte die »New York Times« über die wüsten Beschimpfungen der Rezensenten, vor allem die Astronomen hätten sich aufgeführt, »als seien sie von Hornissen aus dem Weltraum gestochen worden«. Albert Einstein, der in seinen letzten Lebensjahren als einer der Nachbarn Velikovskys in Princeton mit dessen Frau Hausmusik machte und die Manuskripte für den Nachfolgeband »Erde im Aufruhr« mit dem Autor diskutierte, hat die inquisitorische Verdammung, die Velikovskys Katastrophentheorie erfuhr, mit dem Fall eines Johannes Kepler verglichen. Dennoch hielt Einstein natürlich an seinen physikalischen Prinzipien fest und war vor allem nicht bereit, Velikovskys Behauptung über elektromagnetische Kraftfelder von Planeten zu akzeptieren – »*Katastrophen* ja, *Venus* nein« lautete deshalb eine seiner ersten Anmerkungen in der Diskussion mit Velikovsky, die sie von 1953 und 1955 in mündlicher und schriftlicher Form führten. Als wenige Wochen vor Einsteins Tod die von Velikovsky vorhergesagte Radiostrahlung des Jupiters zufällig gemessen wurde, erbot er sich sofort, mit seinem persönlichen Einfluß weitere Experimente zu ermöglichen, doch diese Hilfe des berühmten Freunds kam zu spät – als Einstein starb, soll sein Exemplar von »Welten im Zusammenstoß« offen auf seinem Schreibtisch gelegen haben.[4]

---

[4] Vgl. *de Grazia (1979), Charles Ginnenthal: Carl Sagan & Immanuel Velikovsky (1997).* Auch wenn Velikovskys Hypothese über einen Beinahezusammenstoß mit der Venus mittlerweile von plausiblen Kometen-Szenarien überholt scheint (siehe unten Clube/Napier), bleibt die Venus, so die ›New York Times‹ in einer aktuellen (16.7.1996) Zusammenfassung, »der ungewöhnlichste Himmelskörper im gesamten Sonnensystem«. – Neben der inneren Hitze gibt vor allem ihr glattes Gesicht im Vergleich zu den von kosmischen Geschossen verkraterten und vernarbten

Die völlig irrationale Hysterie, mit der Wissenschaftler sämtlicher Fachgebiete 1950 über Velikovsky herfielen und jede ernsthafte Diskussion seiner Thesen verweigerten, veranlaßte den New Yorker Soziologie-Professor Alfred de Grazia zu einer behavioristischen Fallstudie über das Rezeptionssystem der Wissenschaft. Obwohl diese Arbeit haarsträubende Dokumente über die Art und Weise präsentiert hatte, wie eine revolutionäre Hypothese mit Unterstellungen, Verleumdungen und wissenschaftlichen Mafiamethoden lächerlich und unmöglich gemacht wird, wiederholte sich die »Velikovsky Affair« (1966) in den 70er Jahren auf exakt dieselbe Weise. War es in den 50er Jahren der Chef des Harvard-Observatoriums Harold Shapley, der die inquisitorische Front gegen Velikovsky anführte, suchte in den 70ern der aufstrebende Harvard-Astronom und mittlerweile zum TV-Wissenschaftler und Science-Bestsellerautor aufgestiegene Carl Sagan sich zu profilieren. Shapley war als prominente, linksliberale Wissenschafts-Eminenz zu diesem Zeitpunkt eine der Haupt-Zielfiguren des Kommunistenjägers McCarthy, und de Grazia sieht eben darin einen wichtigen Grund, warum Shapley mit derart hysterischem Eifer gegen Velikovskys Buch vorging: Es gab ihm die Möglichkeit, von seinen anrüchig gewordenen Links-Kontakten abzulenken, sich als Hüter der reinen Wissenschaft zu profilieren und die akademische Gemeinde auf ein Unterschrifts-Kartell einzuschwören. Insofern wurde Velikovsky indirekt das Opfer eines linken McCarthyismus, während seine Frau, die nach ihrer Übersiedlung in die USA ein Bildhauerei-Studium begonnen hatte, bei ihrer ersten Aus-

---

Oberflächen der anderen Planeten Rätsel auf und deutet auf ein sehr viel jüngeres Alter. Nach Auswertung der Daten der Magellan-Sonde hält man seit Mitte der 90er Jahre sogar ein astrophysikalisch »undenkbares« Szenario für denkbar, wie es Velikovsky nahegelegt hatte – daß sich vom Jupiter ein Kometenbrocken gelöst und nach einem Vorbeirauschen an der Erde als »Venus« in einer Umlaufbahn etabliert habe – allerdings wird die Möglichkeit eines solchen Geschehens auf ein Datum vor 300 Millionen Jahren datiert. Vgl. dazu auch *Gunnar Heinsohn, Die Erschaffung der Götter (1997), S. 52 f.*

stellung im New Yorker Metropolitan Museum 1951 die wüsten Attacken einer rechten McCarthy-Kampagne gegen die moderne Kunst zu spüren bekam. Nachdem Velikovskys Behauptungen über physikalische Vorgänge und Zustände im Kosmos, deretwegen man ihn in den 50ern als naiven Spinner und »Wahnsinnigen« abgestempelt hatte, in den 70er Jahren allesamt bestätigt worden waren, startete Carl Sagan eine weitere Kampagne, die 1977 in einem Symposion der »American Association for the Advance in Science« (AAAS) der Cornell-Universität gipfelte: »Wissenschaftler konfrontieren Velikovsky«. Wie der merkwürdige Titel bereits andeutet, ging es dabei nicht um eine Diskussion – der rüstige und diskussionsbereite Autor wurde erst gar nicht eingeladen, Stellungnahmen seiner Verteidiger nicht angenommen –, sondern um einen szientifischen Inquisitionsprozeß unter dem Deckmantel objektiver Wissenschaft. Charles Ginnenthal, Wissenschaftslehrer an einer Behinderten-Schule in New York, der durch Sagans vernichtende Kritik auf Velikovsky aufmerksam wurde, hat in 20jähriger Kleinarbeit alle Kritikpunkte Sagans zerpflückt und auf fast 500 Seiten in einem Opus magnum en détail widerlegt. Ein kleines Beispiel für den unsäglichen Umgang Sagans mit dem Gegenstand seiner Kritik mag genügen; in seinem Bestseller »Broca's Brain« (S. 86) schreibt er: »Ich erinnere mich lebhaft an die Diskussion von ›Welten im Zusammenstoß‹ mit einem angesehenen Professor für Semitische Geschichte an einer führenden Universität. Er sagte in etwa: ›Das Assyrologische, Ägyptologische, die Bibelforschung und all das aus dem Talmud und Midrash Stammende ist natürlich Unsinn, aber ich war beeindruckt von der Astronomie.‹ Ich hatte ziemlich die gegenteilige Ansicht. Aber ich möchte mich nicht von der Meinung anderer beeinflussen lassen.« Ginnenthals 1995 erschienene Arbeit zitiert zu dieser Stelle von Sagans Kritik drei Weltautoriäten – den Archäologen Claude F.A. Schaeffer, den Ägyptologen Etienne Droiton und den damaligen Leiter des Instituts für semitische Sprachen und Geschichte von Harvard, Robert Pfeiffer – die Velikovsky unter anderem zur »Tiefe und Breite seiner Erkenntnisse« gratulieren. Damit ist natürlich nicht gesagt, daß Velikovsky frei von Fehlern und seine Katastrophentheorie richtig ist. Bei anderen, ebenso namhaften Experten dieser Fachgebiete stieß sie auf harsche Ablehnung – Sagans Vorgehensweise aber ist typisch für die gesamte zweite Anti-Katastrophen-Kampagne in den 70er Jahren. Hatte es in den 50ern noch ausgereicht, Velikovsky einfach nur als »Verrückten« abzutun, forderte die Evidenz seiner »unmöglichen« Behauptungen nun anderes Geschütz – zwar wimmelt es immer noch von wüsten Beschimpfungen (Sagan nennt ihn »ignorant und doktrinär«, andere Autoren versteigen sich zu »crank«, »crack-pot« oder »charlatan«), doch wird jetzt die nächste Phase der Rückspiegelpolitik (siehe S. 125 f.) erkennbar, die der ersten Zugeständnisse unter dem Tenor »Was wollt ihr denn, das ist doch gar nichts Neues«. Zwar war man weit davon entfernt, Velikovskys Angriff auf die Himmelsmechanik zu akzeptieren, doch daß irgend etwas dem Menschen auf den Kopf fallen könnte, schien Mitte der 70er Jahre in den Bereich des Annehmbaren zu rücken. Man verwies nun auf Velikovskys Vorgänger wie Cuvier oder den US-Abgeordneten Donelly, der Ende des vorigen Jahrhunderts sein Mandat niedergelegt hatte, um die Atlantis- und Sintflut-Katastrophe zu erforschen, erklärte die neuen Bestätigungen weg und baute neue Berge neuer »Irrtümer« auf. Auf dem Symposion verkündete Sagan: »Meine Zusammenfassung ist, daß Velikovsky da, wo er originell ist, sehr oft falsch liegt, und da, wo er recht hat, der Idee schon frühere Forscher zuvorgekommen waren. Und es gibt eine große Zahl Fälle, in denen er weder recht hat noch originell ist.« Die angekündigte Abschlußdiskussion ließ Sagan dann mit dem Hinweis ausfallen, er müsse dringend zur Johnny-Carson-Show. In diesem TV-Interview berichtete er dann über die falschen »Mars-Städte«, die von der Mariner-Sonde gerade als pockennarbige Krater erkannt worden waren – und erwähnte in der gesamten Sendung mit keinem Wort, daß er selbst es war, der die Idee einer Mars-

Zivilisation als Koautor des Buchs »Intelligent life in universe« in die Welt gesetzt hatte.[5]

In der Atmosphäre der Venus, so glaubte man in den 40er Jahren, herrschten kühle Temperaturen von etwa minus 25 Grad Celsius. Velikovskys Behauptung, nach seiner Theorie müsse die Venus als junger Planet und ehemaliger Komet sehr viel heißer sein, wurde als völlig unsinnig abgetan. Seine heiße Venus galt als Lachnummer unter den Astronomen, bis die Mariner-II-Sonde eine Venus-Temperatur von mindestens 430 Grad Celsius feststellte – eine Hitze, die ausreicht, um Blei zu schmelzen. Hatten die vernagelten Kritiker die ebenfalls für unmöglich gehaltene und dann bestätigte Radiostrahlung des Jupiters noch als »Zufallstreffer« Velikovskys bezeichnet, gerieten sie in Sachen Venus nun in Erklärungsnotstand. Niemand anderes als der junge Carl Sagan bot damals eine passende Erklärung an: Eine Art Treibhauseffekt würde für die hohen Venus-Temperaturen sorgen. Zwar zeigten die späteren Messungen der Pioneer-Sonde schnell, daß an diesem Treibhauseffekt einiges nicht stimmen kann, denn auf dem Boden der Venus war es wärmer als in der oberen Atmosphäre, d.h., die Venus strahlt Wärme offenbar von innen ab (wie Velikovsky seit 1946 behauptete) und fängt nicht nur äußeres Sonnenlicht durch Treibhaus-Bewölkung ein (wie Sagan erstmals 1961 meinte). Für Sagan war dies freilich nicht nur kein Grund, seine spekulative These zu verwerfen – im Gegenteil, nachdem er Velikovsky mit szientischem Getöse zur Unperson der Wissenschaft erklärt hat, läßt sich Sagan in der Autorenangabe zur Taschenbuchausgabe seines Buchs »Broca's Brain« (1977) selbst als »Führer bei der Etablierung der hohen Oberflächen-Temperatur der Venus« preisen. »Die größ-

---

[5] Zur Auseinandersetzung mit Sagan vgl. *Charles Ginnenthal: Carl Sagan & Immanuel Velikovsky (1997)*. Die Protokolle des Inquisitions-Symposiums hat Donald Goldsmith herausgebracht: *Scientists confront Velikovsky (1977)*.

ten Kritiker der Elche werden später selber welche«, könnte man frei nach einem Sprichwort der Neuen Frankfurter Schule dazu sagen. Waren es nicht sachliche Argumente, sondern persönliche Eitelkeit und Entdeckerehrgeiz, die für Sagans Schläge gegen die Thesen Velikovskys verantwortlich waren? Einiges scheint dafür zu sprechen, denn neben einem großen Werk über Kometen hat sich Sagan in der Folge vor allem als Spezialist für den »nuklearen Winter« profiliert, jener klimatischen Phänomene, die nach einem Asteroideneinschlag auftreten – und deren Relikte sowohl in den Mythen als auch in den geologischen und archäologischen Funden Velikovsky eindringlich beschrieben hatte. Der kosmische Zusammenstoß wird, nachdem ihr Entdecker in einem Inquisitionsverfahren 1977 als spekulativer Dilettant abserviert worden ist, nunmehr zum ernstzunehmenden, seriösen Thema.

»Die Astronomen weisen nicht die Idee von großen Kollisionen zurück, sondern die Idee von großen Kollisonen *in jüngster Zeit*«, verkündete Sagan nunmehr in seinem Werk »Cosmos« (1980) – wie viele Behauptungen des meinungsfreudigen Pulitzer-Preisträgers ein Muster mit schnellem Verfallsdatum. 1982 erscheint »The Cosmic Serpent«, eine Arbeit von zwei Astronomen, Victor Clube und Bill Napier, die ebendiese großen Kollisionen in jüngster Zeit aufs eindrucksvollste belegt. Wie Velikovsky zitieren die Autoren die mythologischen und frühschriftlichen Belege aus Kulturkreisen der ganzen Welt, wie Velikovsky entdecken sie in der kosmischen Schlange, dem Drachen, das Himmelszeichen einer planetaren Katastrophe, wie Velikovsky verweisen sie auf die erdgeschichtlichen Spuren und auf die neuesten archäologischen und geologischen Befunde – der einzige Unterschied besteht darin, daß bei Clube/Napier die Erde nicht von einer vom Jupiter abgesprengten, prä-planetarischen Venus, sondern von einem riesigen Kometen heimgesucht wird. Der renommierte britische Astronom Patrick Moore, der Velikovsky in seinen früheren Veröffentlichungen stets als »Scharlatan« und seine These als »spinnerte Wissenschaft« abzutun pflegte, schreibt 1982 in einer Rezension des Clube/Napier-Buchs: »Es ist revolutionär und unorthodox, es ist spekulativ, aber es ist wert, ernst genommen zu werden.«[6] Drei Jahrzehnte nach ihrer Verdammung, zwei Jahrzehnte nach dem Unwichtigerklären ihrer Bestätigungen und fünf Jahre nach Sagans »Was wollt ihr denn, das ist doch gar nichts Neues«-Symposion – Sagans Kritik sei »der Sargnagel auf der Katastrophen-Theorie«, hatte die Zeitschrift »Science« damals notiert – ist die totgesagte Theorie der kosmischen Katastrophen Anfang der 80er Jahre plötzlich wert, »ernst genommen« zu werden. »Velikovsky ist nicht so sehr der erste der neuen Katastrophisten …, er ist der letzte in einer Reihe von traditionellen Katastrophisten, die bis auf das Mittelalter und vielleicht noch frühere Zeiten zurückgehen«, schreiben die neuen Katastrophisten Clube/Napier über den alten, dem sie mehr verdanken, als es den Anschein hat. So richtig es ist, Velikovsky in eine Reihe mit den genialen Irrtümern der Vergangenheit zu stellen, so viele Vorgänger er hatte, so klar sollte jedoch auch sein, daß er der originelle Kopf war, der dem Denken der Katastrophe in diesem Jahrhundert die Bahn gebrochen hat.

Der intellektuelle Impakt, den »Welten im Zusammenstoß« auslöste, ließ die wissenschaftlichen Welten kollidieren, und der über 30 Jahre währende »Fallout« dieser Debatte hat zu einer evolutionären Wende geführt. Zwar versuchen die Verteidiger des orthodoxen Neodarwinismus wie Richard Dawkins noch händeringend, Phänomene wie das »unterbrochene Gleichgewicht« – eine von kosmischen Zusammenstößen und periodischem Massenaussterben gebeutelte Evolution – in ihre Theorie einer gleichförmigen, allmählichen Selektion

[6] Zit. nach *Ginnenthal (1997), S. 429.* Zum »rezenten« Katastrophismus vgl. *S.V.M. Clube/W.M. Napier: »The Cosmic Serpent – A Catastrophist View of Earth History« (1982), dies.: The Cosmic Winter (1990), D.I. Steel: Rogue Asteroids and Doomsday Comets (1995).*

zu integrieren.[7] Doch die jüngsten Erforschungen der Prinzipien der Selbstorganisation, dem plötzlichen Emergieren neuer biochemischer Ordnungszustände sowie der Rolle des Chaos und der Symbiose deuten darauf hin, daß auch dieser Neodarwinismus zum alten Eisen gelegt beziehungsweise durch einen Neo-Neodarwinismus ersetzt werden muß. So wie die Kosmologen über zwei Jahrhunderte lang fälschlicherweise lang auf einer ehernen Mechanik des Himmels bestanden und Störenfriede wie Kometen und vom Himmel fallende Steine einfach wegerklärten, haben die Biologen als blinde Uhrmacher seit Darwin nur die eine Seite der Evolutionsmedaille betrachtet – die natürliche Auslese als individuellen Kampf ums Dasein – und den Zwang zu Kooperation und Symbiose völlig übersehen. In beiden Fällen dienten diese Denkbewegungen der wissenschaftlichen Überwindung religiöser Weltbilder – eines theologischen Schöpfers des Kosmos und eines teleologischen (d.h. zielgerichteten) Prinzips der Natur –, und in beiden Fällen wurde das Kind mit dem Bade ausgeschüttet, was aber im Überschwang der Begeisterung lange Zeit unbemerkt blieb. Die Rückholbewegung setzte erst Mitte dieses Jahrhunderts ein, und »Welten im Zusammenstoß« war so etwas wie das Fanal. Mit dem Alvarez/Alvarez-Asteroiden, dem Kreidezeit-Impakt und dem Aussterben der Dinos kam 1980 die offizielle Anerkennung des Neo-Katastrophismus, Clube/Napiers periodische Riesenkometen werden seit Mitte der 80er Jahre zumindest »ernst genommen«,

---

[7] Vgl. *R. Dawkins: »Der blinde Uhrmacher« (1990), S. 274 f.* Zu blinden Mechanisten wie Dawkins schreibt Niles Eldredge: »Viele Biologen vertreten immer noch die Ansicht, das Leben sei so etwas wie ein Pferderennen. Die Umwelt wandele sich, und der heilige Gral perfekterer Anpassung an ihre Erfordernisse sei ein niemals zu erreichendes Ideal. (…) Aber diese Metaphorik ist mit einem Problem behaftet. Die fossile Überlieferung zeigt eindeutig, daß sich Arten, sind sie erst einmal da, gewöhnlich kaum verändern. Zwar wandeln sich die Arten im Lauf der Zeit ein wenig, aber nur selten so, wie einige Evolutionsforscher seit Darwin bis zur Gegenwart anscheinend meinen, daß sie sich wandeln *müßten*. (…) Die Alternative lautet nicht, sich zu entwickeln oder sterben, sondern einen geeigneten Lebensraum finden oder vom Erdboden verschwinden.« *N. Eldredge: Wendezeiten des Lebens (1997), S. 32 f.*

und gegen das, was im Anschluß daran Fred Hoyle in den 90er Jahren vertritt, ist Velikovsky fast schon ein Waisenknabe: »Die gesamte Geschichte der Zivilisation hängt mit dem Erscheinen eines gigantischen periodischen Kometen zusammen, der vor ungefähr 15 000 Jahren die Erde kreuzte.«[8]

Sir Fred Hoyle ist eine der herausragendsten Gestalten der Astrophysik des Jahrhunderts. Seine mit Hermann Bondi und Thomas Gold in den 40er Jahren entwickelte »steady state«-Theorie eines ewigen, sich ständig erneuernden Universums wurde in neuerer Zeit durch das Urknall-Modell abgelöst, dessen populären Namen er in einem BBC-Interview prägte: Big Bang. Obwohl Hoyles Vorstellung vom Kosmos ohne einen Urknall auskommt – und damit auch den logischen Widerspruch vermeidet, daß die Naturgesetze, nach denen die Teilchen auseinanderstreben, schon vor dem Knall bestanden haben müssen –, ist Sir Fred den kosmischen Katastrophen nicht abgeneigt. Im Gegenteil sieht er großformatige Probleme auf uns zukommen, und als graue Eminenz der Astrophysik kann er sich schadlos zum Anwalt jenes »kohärenten Katastrophismus« aufschwingen, wie er von den Astronomen Victor Clube, Bill Napier, Duncan Steel und Mark Bailey vertreten wird. Danach wurde von unserem Planetensystem vor etwa 15 000 Jahren ein gigantischer Komet eingefangen, der dabei auseinanderbrach und sich in eine Wolke aus kosmischem Staub, kleinen Kometen und Asteoriden, den sogenannten »Taurid-Encke-Komplex«, auflöste. Etwa alle 1 600 Jahre kreuzt dieser Schauer die Umlaufbahn der Erde. Ein Frontalzusammenstoß unseres Planeten mit einem solchen intakten Riesenkometen wäre für die Biosphäre absolut tödlich, doch die Wahrscheinlichkeit ist äußerst gering, pro Sonnenumlauf beträgt sie nach Hoyles Schätzung etwa 1:1 Milliarde.

---

[8] *F. Hoyle: Kosmische Katastrophen und der Ursprung der Religionen (1997), S. 57.*

» Weil sich aber der Komet in immer mehr Bruchstücke aufteilt, wächst die Wahrscheinlichkeit, daß das eine oder andere davon die Erde trifft, sehr steil an, bis schließlich eines der Bruchstücke als Volltreffer auf unserem Planeten landen wird. Dies wird über einen Zeitraum von 10 000 Jahren geschehen, nachdem sich der ursprüngliche Komet in ungefähr 1 Million Bruchstücke aufgeteilt hat. Wenn eine solche Kollision dazu imstande sein soll, eine Eiszeit zu beenden, muß das entsprechende Stück ziemlich groß sein, etwa 10 000 Millionen Tonnen schwer. Wenn dies nur einem Millionstel der ursprünglichen Kometenmasse entsprechen sollte, so müßte dieser vor dem Auseinanderbrechen eine Masse von 10^{16} Tonnen gehabt haben. Das ist genau das, was Clube und Napier als Riesenkometen bezeichnen. Hieraus ergeben sich schreckliche Konsequenzen. Während die Bruchstücke immer kleiner werden, werden die Zusammenstöße immer häufiger, bis die Stücke von jeweils 1 Million Tonnen – was einer Größe von etwa 100 Metern entspricht – mit einer Trefferhäufigkeit von 1 pro Jahr je Umlauf einschlagen.«[9]

Möglicherweise ereignete sich ein solcher Zwischenfall in der Nacht zum 1. Juli 1908 in der Nähe des Tunguska-Flusses in Sibiren. Der Lichtblitz war dabei so gewaltig, daß er bis nach England zu sehen war. Erst 1927 drang eine Expedition in die Gegend vor und entdeckte ein eigenartiges Zerstörungszenarium. Es gab keinen Krater, sondern die Bäume waren über 1 000 Quadratkilometer hinweg entwurzelt und verbrannt, woraus man schloß, daß der Komet in fünf bis acht Kilometer Höhe zerplatzt ist und die Zerstörungen durch eine gigantische Druckwelle ausgelöst worden sind. Da die Gegend unbesiedelt ist, fielen dem Einschlag nur Pflanzen und Tiere zum Opfer, Menschen hätten in weitem Umkreis nicht überlebt – noch 100 Kilometer entfernt brachte die Hitzewelle der Explosion die Kleidung eines Zeugen zum Brennen. Die Mehrheit der Kosmologen und Kometenforscher hält

---

[9] F. Hoyle: *Kosmische Katastrophen und der Ursprung der Religionen*, S. 61

Zwischenfälle wie den Tugunska-Impakt nach wie vor für äußerst unwahrscheinlich, wenn aber Clube/Napier und Hoyle recht haben, dann steigt die Wahrscheinlichkeit solcher Impakte beim Durchgang des »Taurid-Encke«-Kometenschwarms alle 1 600 Jahre dramatisch an – und die Erde war seit etwa 10 700 v. Chr., als ein größerer Kometenbrocken das Ende der Eiszeit einleitete, einem periodischen Bombardement aus dem All ausgesetzt. Um das Jahr 9100 setzten kleinere Einschläge den Wollmammuts schlagartig ein Ende: Ihre Hitzewelle taute den Permafrost, auf dem sie lebten, für einige Stunden auf, und der sofort darauf einsetzende »kosmische Winter« – das Verdunkeln der Sonne durch den Explosionsstaub – sorgte für die Schockgefrierung der ertrunkenen Herden. Um das Jahr 7500 v. Chr. besiegelte ein weiterer größerer Einschlag das Ende der Eiszeit und löste vermutlich jenes Ereignis aus, das in den späteren Aufzeichnungen der Menschheit als »Sintflut« beschrieben ist. Weitere 1 600 Jahre später entdeckten die Menschen nach der Hitzewelle eines Impakts die natürliche Metallschmelze, was ab 4300 v. Chr. zur Nutzung der Schmelztechnik durch den Menschen führt – sowie zum Aufstieg des Patriarchats und zur Zerstörung von Catal Hüjük. Zu der Tatsache, daß die bemerkenswerte Entdeckung des Metalls kaum dem abstrakten Einfall, Steine zu erhitzen, geschuldet sein kann, bemerkt Hoyle:

»Bislang war es schwierig zu verstehen, wie sich ein so bemerkenswerter Zufall unabhängig voneinander an den vielen weitverstreuten Orten ereignen konnte, an denen archäologische Funde den Gebrauch von Kupferwerkzeugen ungefähr 4000 v. Chr. nachweisen. (...) In bewaldeten Regionen der Erde müssen Ereignisse wie die am Tunguska-Fluß zu gewaltigen Bränden geführt haben, wodurch Mengen glühender Holzkohlen entstanden. Dort, wo gleichzeitig Erzadern an die Erdoberfläche traten, kam es vermutlich zu einem natürlichen Schmelzvorgang. Später könnten nomadische Stämme das so geschmolzene Kupfer an verschiedenen Stellen vorgefunden und mitgenommen haben. Es handelt sich nicht um Rein-

schmelze, was erklären würde, daß Kupfer das erste in archäologischen Funden nachweisbare Metall war.«[10]

Daß Katastrophen immer auch Chancen bedeuten – ohne den zerstörerischen und traumatischen Angriff aus dem All wäre die Steinzeit nicht überwunden worden –, wird an diesem Beispiel deutlich. Und auch, daß der Zusammenhang der Schmiede, Schamanisten und Alchemisten mit dem Kosmos keine spinnerte Magie, sondern praktische Wissenschaft war: Metall war wortwörtlich ein Geschenk des Himmels. Das nächste Eintreffen des Kometenschwarms führte um 2700 v. Chr. zum Zerfall der ägyptischen Dynastie und dem anschließenden Bau der Pyramiden – als Bollwerk gegen die Schockwelle von tunguska-ähnlichen Himmelskörpern: Bunkergrab der Pharaonen. Weitere 1 600 Jahre später löste der von Velikovsky dem Venusausbruch zugeschriebene Kometeneinschlag die im Buch Exodus beschriebenen Plagen und Wunder aus – das Meer teilte sich, eßbare Kohlenwasserstoffe (Manna) fielen vom Himmel. Diesen von dem römischen Naturforscher Plinius »Typhon« genannten Kometen mit der Venus verwechselt zu haben, war nach Clube/Napier Velikovskys einziger Fehler, und er war entschuldbar, weil in vielen mythologischen Berichten der Venus ein Doppelaspekt als göttlicher Planet und als riesiger Komet zugesprochen wird – »Velikovskys These war weniger falsch, sondern eher fehlgeleitet«, konzedieren sie deshalb in »Cosmic Serpent«. Daß ihre Hypothese eines periodischen Kometenschauers im Abstand von 1 600 Jahren richtig sein könnte, davon zeugen auch die Spuren der nächsten Katastrophe: der Zerfall des Römischen Weltreichs und der Beginn des »dunklen Mittelalters« im 6. Jahrhundert. Nicht nur wegen der relativ bald im nächsten Jahrhundert drohenden Konsequenz ist die Theorie der »kohärenten Katastrophe« noch um ein Stück radikaler als Velikovskys Behauptung – und auch wenn sie

---

[10] F. Hoyle: *Kosmische Katastrophen und der Ursprung der Religionen*, S. 86

die vielen Anomalien der Venus nicht erklären kann, scheint sich mit diesem Modell nicht nur eine Synthese von Velikovskys visionärer Arbeit mit den bekannten Gesetzen der Physik anzubahnen, sondern auch eine Neuordnung der vor- und frühgeschichtlichen Chronologie und eine Lösung etlicher prähistorischer Rätsel von der Metallschmelze bis zu den Pyramiden. Fred Hoyle schreibt:

»*Clube und Napier führen den Aufstieg und Niedergang von Zivilisationen auf die Bündelung von tunguska-ähnlichen Ereignissen zurück, den Niedergang während der kürzeren schlechten Perioden starker Einschläge und den Aufstieg während der weitaus längeren einschlagfreien Zeiträume. In den schlechten Perioden entstanden Religionen mit strenger und dunkler Grundstimmung, während in den längeren freien Intervallen die vorherigen strengen und düsteren Vorstellungen abgemildert werden. Clube und Napier nehmen an, daß die Auflösung ihres gigantischen Kometen ihr Maximum vor sechs- bis siebentausend Jahren erreichte, als die Verdampfung der flüchtigen Anteile spektakuläre Erscheinungen am Nachthimmel erzeugt haben mußte, mit bis zu vielen Tausenden kometengroßer Körper, die Gasströme und kleinere Teilchen nach Art der Kometenschweife ausstießen. Dieses brillante Schauspiel am Nachthimmel löste im Verein mit den Einschlägen auf der Erdoberfläche den Glauben der Kulturen des Altertums an die Kriege der Götter aus, wobei die Einschläge als fehlgeleitete Schüsse dieses Kampfs gedeutet wurden. Nach dem Verschwinden der kleineren Objekte blieb ein deutlich sichtbarer Teilchenkörper übrig, der weiterhin Teilchenströme ausstieß. Dieses letzte Objekt wurde zum legendären Götterkönig Zeus, der am Ende mit seinen Blitzen die anderen Götter besiegt hatte.*«[11]

Die Tatsache, daß die Religion der Großen Mutter der Hochkultur von Catal Hüyük keine Nachfolger fand, daß ihre auf Kooperation und Kollektivität gründende Gesellschaft durch hierarchisch-diktatorische

---

[11] *Ebenda, S. 75*

Strukturen abgelöst wurde, daß emotional gepanzerte, egozentrierte Eindringlinge mit High-Tech-Waffen aus Metall diese Ablösung besorgten und statt der weiblichen Erdgottheit einen männlichen Himmelsgott installierten – diese historische Rekonstruktion wird erst vor dem Hintergrund eines periodisch wiederkehrenden Kometenbombardements, das um etwa 4300 v. Chr. die höchste Trefferwahrscheinlichkeit aufwies, verständlich. Solange die Erde als ruhiger, sicherer Ort empfunden wird, gibt es für die archaischen Menschen keinerlei Grund, den Himmel mit Argwohn zu betrachten, im Gegenteil muß die astrale Illumination für sie ein ähnlich phantastischer und friedlicher Anblick gewesen sein wie für einen heutigen europäischen Stadtmenschen, der seinen von Smog und Abgas getrübten Blick erstmals über das Panorama des afrikanischen Nachthimmels schweifen läßt. Wie kommt der sprechende Affe überhaupt auf die Idee von Himmels- und Planetengöttern, wie kommt er dazu, die Sterne zu beobachten, ihnen eine Macht zuzuweisen? Ohne erderschütternde Katastrophen, die sich am Himmel andeuteten, bleibt eine solche Zuweisung völlig unerklärlich. Daß die Sternenkunde in der Frühzeit als erste und bedeutendste Wissenschaft galt, daß im 3. Jahrtausend mit gigantischem Aufwand astronomische Stationen wie Stonehenge errichtet wurden, daß die Menschen auf die Idee »überirdischer«, »himmlischer« Mächte kommen – all dies macht unter einem ruhig und beständig funkelnden Sternenzelt wenig Sinn. Wir haben oben gesehen, wie mit Moses' Zerstörung des Goldenen Kalbs sich die Rationalisierungs- und Mobilmachungsmaßnahme Monotheismus durchsetzt. Einher mit dieser »Jahwe allein«-Bewegung ging auch das Verbot jeglicher Planeten- und Himmelsgötter und der ihnen dargebrachten Opfer. Im Anschluß an Velikovsky, der die historische Entstehung des (Menschen-)Opfers als traumatische Wiederholung der kosmischen Katastrophe deutet, hat Gunnar Heinsohn mittlerweile eine Theorie des Opfers erarbeitet – einmal mehr wirft so die »katastrophische« Sichtweise klärendes Licht auf ein bis dato ungelöstes Rätsel der Frühgeschichte.[12] Wie Kinder, die als psychologische Reaktion auf traumatische Erlebnisse diese im Spiel nachinszenieren, wiederholen die überlebenden Menschen das Schockerlebnis der lebenvernichtenden Katastrophe in den Ritualen des Opfers. Sowenig die Technik der Metallschmelze einer abstrakten Überlegung zu verdanken ist, sowenig kann auch die Technik des Opfers – als freiwilliges Befriedungs- und Vermittlungsersuchen an zornige Himmelsmächte – ausgedacht worden sein. Erst die reale Gier des siebenköpfigen Drachens, des in sieben Teile aufgespaltenen Sintflut-Kometen, der Pflanzen, Tiere und Menschen in Massen dahinraffte, macht die »perversen« Opferpraktiken der Frühmenschen verständlich – und verdeutlicht gleichzeitig die großartige Modernität der jüdischen Stämme, die das Opfer wie oben beschrieben durch die Einführung eines Sündenbocks auf eine symbolische Ebene verschoben. Bei Alexander und Edith Tollmann, Geologen und Paläontologen an der Universität Wien, die den um das Jahr 7500 v. Chr. einschlagenden Sintflut-Kometen und die in den Mythen davon überlieferten Beschreibungen in einer umfangreichen Studie untersucht haben (»Und die Sintflut gab es doch«, 1993) heißt es dazu:

»Daß dieses Prinzip des Opferns in unmittelbarer Folge der Sintflut bei den Überlebenden auftauchte, geht aus zahllosen klassischen Mythen hervor, in denen die Helden nach ihrer Rettung umgehend den Göttern Opfer darbringen – von Noah über Utnapischtim bis zu Manu in den indischen Mythen. Welch ungeheuer tiefen Schock das Sintfluterlebnis bewirkt hat, zeigt sich gerade darin, daß man so lange beharrlich an Menschenopfern festgehalten hat, um die Götter umzustimmen. Das geht trotz aller modernen Denkweise so weit, daß noch heute – zehn Jahrtausende später – in der christlichen Religion täglich das Opfer des Gottessohnes in der heiligen Messe erneuert wird – wenn auch nur mehr symbolhaft. »Dies ist mein Fleisch, dies ist mein Blut.« Und dies bei einem Gott, der für seine un-

---

[12] G. Heinsohn: *Die Erschaffung der Götter – Das Opfer als Ursprung der Religion* (1997).

endliche Güte gepriesen wird, aber dennoch Gefallen daran finden soll, wie ihm, dem Vater, sein eigener Sohn geopfert wird.« (S. 451)

Was ist das für ein sadistischer Himmelsvater, der am Tod seines eigenen Sohnes Gefallen findet? Es ist einer der vereisten Gesteinsbrocken aus dem »Taurid-Encke-Komplex«, der bei seinem Zusammenstoß mit der Erde rücksichtslos ganze Generationen und Geschlechter auslöschte – und den man nur durch das Hinopfern des Wertvollsten überhaupt, des eigenen Fleisches und Blutes in Form des Sohnes, besänftigen kann. Auch die apokalyptischen Visionen der Propheten des Alten Testaments und das siebenköpfige Ungeheuer in der Apokalypse des Johannes klären sich vor diesem Hintergrund: Es sind keine Vorhersagen, auch wenn ein frühes Wissen über die Periodizität von Impakten durchaus existiert haben könnte, sondern Erinnerungen und Überlieferungen historischer Katastrophen, die in die Zukunft projiziert werden. Daß sie als Strafgericht ausgelegt werden, ist wenig verwunderlich, anders denn als brutale Strafe konnten die Überlebenden die vom Himmel kommende Katastrophe kaum auffassen. Dieser Selbstbezug, die Einbildung, daß die vom Chaos am Himmel ausgelöste Vernichtung auf der Erde gezielt den Menschen galt, wird dann auch in umgekehrter Richtung installiert: in der Vorstellung, daß der strafende Himmel durch gottgefälliges Verhalten auf der Erde beruhigt werden kann. Die Behauptung, daß nur die gottesfürchtigen Geschöpfe vor Flut und Weltenbrand gerettet werden, hat dabei eindeutig ideologisch-disziplinarischen Charakter – schon Cuvier stellte die ironische Frage, ob die Fische die Sintflut wohl deshalb überlebten, weil sie ein weniger lasterhaftes Verhalten an den Tag gelegt hätten als die Menschen. Als Maßnahmen eines autoritären Priestertums müssen auch diese Disziplinierungen als Teil des nach-katastrophischen Notstandsprogramms verstanden werden, mit dem die Überlebenden auf diesseitigen Aktionismus, den Wiederaufbau, eingeschworen werden. Warum noch ackern und schuften, wenn die grausamen Götter am Himmel doch jederzeit nach Belieben alles wieder zunichte machen?

Die Propheten kontern diesen Fatalismus mit dem Versprechen, das die Gottesfürchtigen von künftigen Verheerungen verschont bleiben und gerettet werden. Ein Versprechen, das noch bis in unsere Tage Wirksamkeit zeigt und unter anderem zu Phänomenen wie dem kollektiven Selbstmord der Ufo-Sekte »Heavens Gate« beim Vorbeiflug des Kometen Hale-Bopp führte.

Bei Gewittern versuchen männliche Schimpansen manchmal den Blitzen und Donnern zu trotzen, indem sie auf Anhöhen laufen und brüllend einen Knüppel gen Himmel schwingen. Kaum anders dürften sich unsere Vorfahren verhalten haben, wenn sie als Überlebende eines Desasters ihre Angst in Wut verwandelten und wie wilde Tiere schreiend ihre Anklage gegen die Himmelsmacht richteten. Wir können uns vorstellen, wie sich die Ohnmacht ihrer Wut in Aggressivität wandelt, gegen sich selbst oder gegen andere, wie der Zusammenbruch der natürlichen und sozialen Ordnung zu Verstörtheit, Hoffnungslosigkeit, Depression führt und wie das Schockerlebnis sich Nacht für Nacht in schrecklichen Träumen wiederholt. Der Schmerz über die erlittenen Verluste, die Not, in dem entstandenen Chaos zu überleben, und die panische Angst, daß sich das Inferno jederzeit wiederholen könnte, machen jeden einfachen Übergang zur Tagesordnung unmöglich. Nicht nur weil die nach-katastrophischen Naturereignisse wie Fluten, Brände und Klimaveränderungen die physische Existenz erschweren, sondern vor allem, weil die traumatisch geschädigte Psyche nicht mitspielt.

In den 60er Jahren untersuchte der amerikanische Psychiater Robert Jay Lifton die geistig-seelische Verfassung von Überlebenden der Hiroshima-Bombe und fand bei den Menschen der verschiedensten Gesellschaftsschichten stets die gleichen Bewältigungsstrategien: »Die Hauptabwehr der Überlebenden gegen Todesangst und Todesschuld ist das Aufhören der Gefühlsempfindung. Bei unseren Beobachtungen über Hiroshima sprachen wir von diesem Vorgang in seiner akuten Form als einem psychischen Abschalten und in seiner mehr oder weniger chronischen Form als einer psychischen Abstumpfung. Ich möchte nunmehr vorschlagen, daß eine solche psychische Abstumpfung die gesamte Lebensweise des Überlebenden überhaupt kennzeichnet.«[13]

Die typischen Abwehrmechanismen gegen das Trauma – nach Lifton »Verdrängen, Verleugnen, Entwicklung von Reaktionen, Auslöschen (...) aussiebendes Gedächtnis, Suchen von Sündenböcken und Alibis, Haß gegen sich selbst, um der Angst des Preisgegebenseins zu entgehen, Identifizierung mit der Macht, die einem Schaden zugefügt hat, um die Angst vor Impotenz zu vermeiden, Umlenken des Zorns gegen sich selbst, um schuldig zu werden« – diese Mechanismen sind kennzeichnend für die grundlegenden psychischen Strategien, mit denen sich die Menschheit nach den Katastrophen der Frühzeit mental wiederaufrichtete. Wie die Überlebenden der Bombe 1945 mit verfeinerten Tabus reagierten – die Frauen trugen keine Nylonstrümpfe, weil diese von dem US-Chemieriesen DuPont kamen –, reagierten auch die Überlebenden der kosmischen Zusammenstöße mit neuen Tabus gegenüber der Himmelsmacht. Velikovsky zitiert in diesem Zusammenhang Paul Goodmann, der über die von Lifton befragten Überlebenden schreibt: »Sie betonen mit Nachdruck die bleibende Gegenwärtigkeit des Ereignisses. Sie weigern sich, die geheiligte Buchstäblichkeit der Einzelheiten zu verraten. Das Ereignis war von erhabener Größe, einige konnten sogar von einem ›schnellen Glücksgefühl‹ im Sinne eines Erwachens aus den Illusionen dieser Welt sprechen. Sie sind Auserwählte. (...) Die Grundsubstanz menschlicher Existenz ist zusammengebrochen. Der Daseinsordnung ist eine Wunde geschlagen; man kann nicht leben, wenn es nicht einen neuen Himmel und eine neue Erde gibt: ›Ich habe in dieser Welt die wirkliche Hölle gesehen.‹ Die herkömmliche Religion, sei sie buddhistisch oder katholisch, ist der neuen Tatsache nicht gewachsen.«[14]

---

[13] *Robert Jay Lifton: Death in Life,* zit. nach *Velikovsky: Das kollektive Vergessen, S. 140.*
[14] *Ebenda*

Im Angesicht der Katastrophe macht es keinen Unterschied, ob sie wie Hiroshima menschengemacht ist oder durch kosmisches Chaos ausgelöst wird, und so dürften wir es hier mit einer psychischen Grunddisposition der Zivilisationsgeschichte zu tun haben, die seit dem Ende der letzten Eiszeit mindestens alle 1.600 Jahre in globalem Maßstab wieder aufgefrischt wurde – wobei die von Clube/Napier belegte Periodiziät keineswegs bedeutet, daß zwischenzeitlich andere Unfälle mit Himmelskörpern ausgeschlossen sind. Der Ausgang der Steinzeit, die Entdeckung des Metalls, das Ende der kooperativen, kollektivistischen Gartenbaugesellschaften, der Niedergang der weiblichen Erdgottheit und der Aufstieg der männlichen Himmelsgötter, das Aufkommen von Kriegen und der gewaltsame Übergang zum Patriarchat, die Erfindung des Monotheismus, der Anbruch der wissenschaftlichen Moderne mit Aristoteles und seiner unerschütterlich ruhigen Erde als Zentrum des Universums – die hier nur unvollständig skizzierten Eckpfeiler der Zivilisationsgeschichte können nur vor dem psychohistorischen Hintergrund dieser Disposition zu seelischer Abstumpfung, emotionaler Panzerung und kollektivem Vergessen richtig verstanden werden. Auch hier steht Platon, als Euro-Schamane, an der Zeitenschwelle, doch so wie seine eleusische Ganzheitsphilosophie später zum christlichen Idealismus verkitscht wird, kommt das Chaos- und Katastrophen-Wissen seiner Kosmologie schon bei seinem Schüler Aristoteles unter die Räder. Platons detaillierte Überlieferungen des Untergangs der Insel Atlantis werden ebenso als »unwissenschaftlich«, »phantastisch« und »erfunden« abgetan wie seine Berichte über die »Abweichungen der Körper, die am Himmel kreisen« – die Erinnerung an die Katastrophe wird unterdrückt und verlischt.

Die letzten Verheerungen durch lokale, tunguska-ähnliche Einschläge besiegeln im 6. Jahrhundert den finalen Niedergang des römischen Imperiums: Sie sorgen in den Wüsten des Orients für den Aufstieg des neuen Propheten Mohammed und bringen in Europa ein tausendjähriges Zeitalter der Denkverbote und des Dogmatismus hervor. Die Auswirkungen dieser christlich-aristotelischen Amnesie spüren wir noch 1790, als die hellsten Köpfe des Abendlands vom Himmel fallende Steine für »physikalisch unmöglich« erklären, wir hören sie ein Jahrhundert später in der schneidenden Arroganz der Vertreter einer gradualistischen, uniformen Evolution gegenüber den »bibelgläubigen« Katastrophisten. Und wir finden in ihr auch den eigentlichen Grund für die groteske Hysterie, mit der die Wissenschaftspäpste in unserem Jahrhundert in scholastischer Manier über Velikovsky herfallen. Erst seit 1980, mit der Akzeptanz des von Alvarez/Alvarez identifizierten »Dino«-Asteroiden, geht das Mittelalter langsam zu Ende. Wenn dieser Befund zutrifft, dann wiederholen wir zur Zeit eine jener Phasen der mentalen Lockerung, in denen die Menschheit im historischen Abstand zur überwundenen Katastrophe sehenden Auges auf die erschreckende Wahrheit ihrer Geschichte zurückblicken kann.

»Diejenigen, die sich an die Vergangenheit nicht erinnern, sind gezwungen, sie nochmals zu erleben« – die Erkenntnis des Harvard-Philosophen und Mythenforschers Giorgio de Santillana erhält auf dem katastrophischen Hintergrund der Menschheitsgeschichte erst ihre Tiefendimension.[15] Vor den vergleichsweise kleinen Impakten der letzten 12 000 Jahre hat der Planet in seiner Geschichte fünf Großkatastrophen überlebt, die letzte davon vor 65 Millionen Jahren, als mit den Sauriern zwei Drittel aller Arten vernichtet wurden. Die Ge-

---

[15] *Giorgio de Santillana/Hertha von Dechend: »Hamlets Mill / Die Mühle des Hamlet«, (1969/1993).* Die tiefschürfende Arbeit Santillanas und seiner deutschen Assistentin Hertha von Dechend macht anhand universeller Mythen wie der »Mühle des Hamlet« deutlich, daß diese Geschichten nicht auf der Erde, sondern am Himmel spielen: sie sind eine Überlieferung astronomischen Wissens. Dies weisen sie vor allem anhand der durch die Neigung der Erdachse entstehenden Abweichungen und deren detaillierte Beschreibungen in den Kosmogonien und Volksmythen nach. Bedauerlicherweise ist diese Studie vom katastrophischen Paradigma vollkommen unbeleckt, so daß der entscheidende Punkt nicht in den Blick gerät, warum nämlich ein derart detailliertes Himmelswissen überhaupt notwendig und seine Weitergabe so wichtig war: Der Himmel war den frühen Zivilisationen gerade erst auf den Kopf gefallen. Als ich in einem Interview Hertha von Dechend in den 80er Jahren einige Fragen in diese Richtung stellte, wich sie aus, als ich vorsichtig Velikovskys Thesen erwähnte, tat sie diese als »völligen Unsinn« ab.

schichte dieser fünf Massenauslöschungen ist in den fossilen Schichten mittlerweile zweifelsfrei belegt – und die Schicht der sechsten wird gerade angelegt: Durch menschliche Einwirkung werden derzeit pro Jahr nach vorsichtiger Schätzung etwa 30 000 Arten vernichtet, was ziemlich genau der Auslöschungsrate der vorangegangenen Großkatastrophen entspricht.[16] Ist die Menschheit, unfähig, sich an die chaotischen Grundbedingungen irdischer Existenz zu erinnern, in unbewußtem Wiederholungszwang dabei, selbst zu der Vernichtungswelle zu werden, die sie nicht wahrhaben will? Ist es ein seit Hunderten von Generationen vererbter Selbsthaß, gespeist aus dem Schuldgefühl der Überlebenden, der uns die hemmungslose Zerstörung der Natur und damit der eigenen Lebensgrundlagen betreiben läßt? Haben wir uns deshalb mit der vielfachen Overkill-Kapazität der Wasserstoffbombe das Idol eines Ersatzkometen geschaffen? Ist die »Nach uns die Sintflut«-Mentalität der industriellen Ausrottung von Pflanzen- und Tierarten, die immer brutalere Ignoranz einer technologisch entfesselten Gattung gegenüber menschlichem und nichtmenschlichem Leben, die explodierende Gefräßigkeit des Molochs Menschheit – sind diese Ursachen der globalen Krise im Kern jener unbewältigten Urangst vor dem Inferno geschuldet? Sind wir Menschen keine unbelehrbaren »Irrläufer der Evolution«, wie Arthur Koestler im Rückblick auf die Gewalttätigkeit und Sadismen der Menschheitsgeschichte resignierend feststellte, sondern vielmehr therapiebedürftige Kinder kosmischer Katastrophen? Wie eine Therapie auszusehen hätte, deutet Santillanas Hinweis an: Wenn wir uns von den Zwängen dieser kollektiven Urangst lösen wollen, müssen wir uns erinnern. Dies ist leichter gesagt als getan. Unser Ich-Bewußtsein hütet, wie die Psychoanalytiker herausfanden, ängstlich seine Überlegenheit und versucht zu verhindern, die Schatten und Schrecken des Unbewußten wahrzunehmen. Drängen diese aber doch

---

[16] Vgl. *R. Leaky/R. Lewin: Die sechste Auslöschung* (1996).

hervor, sind panische Reaktionen die Folge. Wir werden, so C.G. Jung in »Die Archetypen und das kollektive Unbewußte«, »mit Schrecken inne, daß wir Objekte (nicht wahrgenommener) Faktoren sind. (...) Solches zu wissen ist entschieden unangenehm; denn nichts enttäuscht mehr als die Entdeckung unserer Unzulänglichkeit. Es gibt sogar Anlaß zu primitiver Panik, denn die ängstlich geglaubte und gehütete Suprematie des Bewußtseins, die in der Tat ein Geheimnis menschlichen Erfolges ist, wird gefährlich in Frage gestellt.«

Wie können wir dieser »Suprematie des Bewußtseins« entkommen, der Schein-Souveränität des Egos, der eingebildeten Sicherheit der Vernunft, die in panischer Mobilmachung die Weltzerstörung betreibt? Der neue Archetyp der menschengemachten Katastrophe tritt uns nicht als kosmischer Gesteinsbrocken entgegen; auch nicht als blitzeschleudernder, Fluten auslösender Himmelsdämon oder als metallisch funkelnde Bombe – das archetypische Bildnis, das seit Hiroshima in das kollektive Gedächtnis eingeprägt, eingebrannt wurde, ist ein Pilz: der Atompilz. Für unsere These, daß es sich bei der Menschheit weniger um einen mißratenen Irrläufer als um einen zwangsneurotischen Schockpatienten der Evolution handelt, spricht beispielhaft die groteske Naivität, mit der sich in den 50er Jahren die neuen Helden der Naturbeherrschung bei ihren Atomwaffenversuchen im Bikini-Atoll hochradioaktiver Strahlung aussetzen, um dem erhabenen Anblick des Infernos und seinem himmlischen Pilzzeichen nahe zu sein. Die Bevölkerung wird angewiesen, sich im Falle eines atomaren Angriffs mit einer Aktentasche oder Zeitung zu bewaffnen und den Kopf zu schützen – der in den 80er Jahren montierte Film »The Atomic Cafe« ist voll von derart bizarren Dokumenten aus der Frühzeit der Wasserstoffbombe in den 40er und 50er Jahren. In ihnen sind unschwer die klassischen Symptome eines traumatischen Schocks wiederzuerkennen: Gedächtnisverlust und Wiederholungszwang. Die im Buch Exodus beschriebene Rauchsäule als Folge eines Impakts ist aus der kollektiven Erinnerung gelöscht, ein Bewußtsein der aktuellen atomaren Gefahren aber scheint genausowenig vorhanden. Die hochdekorierten Militärs, die ihren selbstgezündeten Kometen aus nächster Nähe beobachten, wissen nicht, was sie tun; sie bombardieren sich selbst mit überdosierter Strahlung und klatschen noch dazu – Beifall, Bubenstolz, befreiendes Gelächter.

Das Nacherleben traumatischer Erfahrungen, die Re-Inszenierung des Schocks, hat eine erlösende und befreiende Wirkung. Diese Katharsis (griech.: Reinigung) ist auch der Motor der unbewußten Zwangshandlungen und Wiederholungszwänge, mit denen die Opfer dieses Nacherleben inszenieren. Wenn unser Verdacht stimmt, daß der einstürzende Himmel das kollektive Urtrauma der Menschheit ist, dann stünden diese Explosions-Exerzitien als zwanghaftes Nachinszenieren der Katastrophe in einer Linie mit den Blutopfern der Bronzezeit, den noch bis ins 16. Jahrhundert auf den Höhen der Anden den Kometengöttern dargebrachten Kindern, dem bis heute in der christlichen Liturgie tradierten Opferritual. So wie die Überlebenden der Katastrophe nach einer »neuen Erde« schreien, versprechen die Opferrituale den Teilnehmenden eine Neugeburt, neue psychische Stabilität beim Ertragen des Schocks – und so ist es kein Zufall, daß auch die atombewaffneten Katastrophenkinder des Jahres 1945 für ihr Ritual Metaphern der Geburt verwenden: Sie taufen ihre Atombombe »Little boy« und melden nach erfolgter Detonation den erlösenden Funkspruch verschlüsselt nach Washington: »The baby is born.« Was sind das für kleine Jungs, die sich im Inferno eines vom Himmel stürzenden Feuerballs wiedergebären müssen, oder andersherum gefragt, wie ließe sich das ererbte kollektive Urtrauma erinnern ohne den furchtbaren Preis der atomaren Selbstzerstörung? Ohne ein Anzapfen der Bewußtseins-Schaltkreise, die diese Erinnerungen speichern, ohne einen Sturz in die Tiefe des phylogenetischen Gedächtnisses, ohne ein inneres Vergegenwärtigen des Schreckens – ohne Eleusis – wird eine (Er-)Lösung auch hier nicht zu haben sein.

»I love desaster, and I love what comes after« – die Zeilen des Dichters Verlaine umreißen die Anforderungen an die neue wissenschaftliche Lagebestimmung, des Standorts Erde und der psychischen Kondition des Menschengeschlechts: Es gilt, sich von eineinhalb Jahrhunderten dogmatisiertem Darwinismus zu verabschieden und sich mit dem Desaster, dem stürzenden Stern, anzufreunden – einer von Ungleichgewicht und Erschütterungen geprägten und an den Grenzen des Chaos operierenden Naturgeschichte. Und es gilt, die gestaltende Kraft wieder lieben zu lernen, die nach dem Absturz in das Desaster neue Ordnungszustände entstehen läßt, nicht in sanften Übergängen, sondern plötzlich und unmittelbar – ein ganzheitliches Gedächtnis der Natur, das Kooperationen und Symbiosen steuert. Auch was die Psyche des Menschen betrifft, verschiebt der Neokatastrophismus die Perspektive: Zur Erklärung der Neurose reicht es nicht länger aus, nur bis zu intra-uterinen, pränatalen Erfahrung und dem Trauma der Geburt zurückzugehen. So wie ein Embryo bei seinem Wachstum sämtliche Phasen der phylogenetischen Säugetier-Entwicklung wiederholt, so wird vermutlich auch das Gehirn während seines Wachstums durch sämtliche Inhalte des kollektiven Unbewußten geprägt. Und so gleichen sich die Schreckensvisionen und Horrorerfahrungen, die Menschen verschiedenster Kulturkreise etwa bei den therapeutischen Rückführungen Stanislav Grofs und anderer Psychiater machen. Der in den Mythen von Himmelskämpfen und Sintfluten weltweit präsente »Weltverschlinger«, der in tausenderlei Verkleidung als Ungeheuer und Monster erscheinende Komet, treibt in den Tiefenschichten der zeitgenössischen Seelen sein Unwesen. Die Tiefenerinnerung an diese Weltkatastrophe – und nicht an die Selbstverständlichkeit der Geburt – speist auch Horror-Ekstasen und das Jammergeschrei der griechischen Dionysos-Kulte, die unseren Gelehrten bisher ebensolche Rätsel aufgegeben haben wie die eleusischen Erleuchtungen. Erst der Hintergrund der katastrophischen und der psychedelischen Vorgeschichte der Menschheit eröffnet ein neues Verständnis für die »epileptoide Mischung unserer Persönlichkeitsentstehung« (Benn). Die durch Trancetechniken und Pflanzenkraft geöffneten Bewußtseins-Schaltkreise lieferten nicht nur Erfahrungen aus göttlichen Höhen – Gefühle der Allverbundenheit und der überschwenglichen Ekstase des Lebens –, sondern auch aus den Abgründen der Hölle und des Todes: Erinnerungen an den Sturz, das Chaos, die Zerrissenheit.

Die genauen Chronologien der katastrophischen Zivilisationsgeschichte sind bisher noch nicht geschrieben, ebensowenig wie eine psychohistorische »Geologie des Ich« (Benn), die Kartographie einer von den Erschütterungen der Erde geprägten Seele. Einzutragen wären auf dieser Karte die erdgeschichtlichen Schockwellen, die das Bewußtsein der Erdbewohner in den letzten 12 000 Jahren aufgewühlt und verunsichert haben, sowie die neuen Denk- und Handlungsmuster, die dieses unterbrochene Gleichgewicht plötzlich hervorbrachte. Ebenso wäre auf dieser Karte zu zeigen, wie sich die strengen Mobilmachungsmaßnahmen sofort nach der Katastrophe – Priester-Königtum, Menschenopfer, Tieropfer, Monotheismus – langsam wieder abschleifen und wie in den Perioden eines nunmehr friedlichen Himmels das Bewußtsein zu Erkenntnisfortschritten und Durchbrüchen kommt. Irgendwann in einer solche Phase Anfang des 1. Jahrtausends v. Chr. wird von den wachesten Köpfen im Vorderen Orient sowie im asiatischen Raum die Prozeßhaftigkeit der Natur (wieder-)entdeckt, die Tatsache, daß Werden und Vergehen, Leben und Tod, Evolution und Desaster sich nicht allmählich vollziehen, sondern augenblicklich und ununterbrochen. »Alles fließt und nichts dauert«, erkennt Heraklit, und Buddha entwickelt auf Basis derselben Erkenntnis das erste System, das die infantilen Götter-Projektionen und Messias-Erwartungen überwindet. Das buddhistische Denken integriert die Apokalypse in ein grundsätzlich als leidhaft erkanntes Naturgeschehen und entlarvt sie zugleich als *maya*, als ein für den menschlichen Sinnesapparat veranstaltetes Theater des Materiellen, das durch das Öffnen neuer Bewußtseins-Schaltkreise durchschaut und überwunden werden kann, in einer Lebenshaltung der ständigen

Gegenwärtigkeit, des ständigen Seins und Nicht-Seins. Hier und jetzt.

Neben den klimatischen, ozeanischen und geologischen Folgeerscheinungen planetarischer Katastrophen und ihren Auswirkungen auf das Bio-Überleben wären auf dieser Evolutions-Karte auch die Phasen der Verdunklungen und Überflutungen der Seelen zu verzeichnen sowie die jeweiligen Aufklärungsbewegungen, die als Flut- und Feuerwehr den Verstand wieder mobil machen für den Wiederaufbau. Es würde gezeigt, wie die Macht der Gewohnheit (und die Lust an der Macht) dafür sorgt, daß die emotionalen Panzerungen, auch wenn der Himmel sich längst wieder beruhigt hat, noch über Jahrhunderte beibehalten werden. Eine solche Geo-Psychoanalytik würde Menschheits- und Naturgeschichte wieder als Einheit auffassen und ihre Erforschung in einer Interdisziplinarität von Paläontologie und Tiefenpsychologie, Astrophysik und Psychonautik betreiben. Sie wäre in der Lage, die epileptoide Entstehungsgeschichte der Seele wenn nicht zu heilen, so doch künftige Kurzschlüsse (Panikreaktionen, Katastrophensimulationen, Atombomben) zu vermeiden, indem sie die archaischen Kriechströme identifiziert und ableitet. Sie ließe uns so die Antwort darauf finden, was richtiges Leben auf einem falschen, unsicheren Planeten bedeutet.

Ergebnis und Siegerehrung

Übernatürliches anzunehmen heißt nicht, sich von der Vernunft zu verabschieden, sondern sie auf neuem Niveau zu etablieren. Es heißt auch nicht, sich von der Wissenschaft zu verabschieden und der Irrationalität und dem Aberglauben anheimzufallen, sondern neu zu definieren, was Wissenschaft und Religion in einem nicht-lokalen, beobachtergeschaffenen Universum bedeuten. Das »Übernatürliche«, der Post-Materialismus, ist keine Mode, die den wissenschaftlichen Labors und Forschungseinrichtungen von erlösungssüchtigen Schwärmern aufgepfropft wurde, sondern die Konsequenz, die sich aus den Forschungsdaten der Physiker, Biologen, Neurologen, Lebenswissenschaftler selbst ergibt und ein neues Naturverständnis geschaffen hat:

- Ein neues Verständnis des Standorts Erde. Der Planet lebt und schafft die Rahmenbedingungen, unter denen Leben möglich ist, selbst: eine lebendige Haut »wie das Fell einer Katze« (James Lovelock). Wir Menschen sind Läuse in diesem Fell, Zwerge auf den Schultern dieser Riesin, Gaia, die uns hervorgebracht hat. Sich auf den Geist von »Mutter Erde« zu besinnen, ist kein Rückfall in mythologischen Aberglauben, sondern Grundbedingung für jede rationale Erfassung des planetaren Standorts.
- Ein neues Verständnis der Evolution. Ihr Motor ist nicht allein der individuelle »Kampf ums Dasein«, sondern auch die kollektive Fähigkeit der Symbiose. Gegenseitige Hilfe, Kooperation, Vernetzung sind Grundbedingungen für höheres Leben und jede Form von Weiterentwicklung. Alle Parasiten müssen zu Symbionten werden.
- Ein neues Verständnis des Geists der Natur. Die gesamte Biosphäre – Erde, Wasser, Licht, Pflanzen, Tiere – ist über Bewußtseinsfelder miteinander verbunden. Die Natur hat ein Gedächtnis. Leben ist nicht allein aus Bausteinen (Genen) zusammengesetzt, sondern ent-

steht erst aus ihren Wechselwirkungen. Je mehr Wechselwirkungen stattfinden, je komplexer lebende Systeme vernetzt sind, desto höheres Bewußtsein emergiert aus diesen Systemen. »Geist« ist ein Mannschaftssport.

Mein erstes Buch über Fußball bekam ich Anfang der 60er Jahre geschenkt, es stammte von dem Sportreporter Sammy Drechsel und hieß »Elf Freunde müßt ihr sein«. Damals war die Bundesliga gerade gegründet, Ronaldo noch nicht geboren, und Schalke feierte seinen liebsten Dribbelkünstler mit der Parole »An Jesus kommt keiner vorbei – außer Libuda!« Im Mief von Freiheit und Adenauer galt so etwas schon als ziemlich unchristliche Koketterie, das Lockern der autoritären Blöcke, der Aufbruch in die 68er Kulturrevolution deutet sich auch in den Fankurven bereits an. Daß »Elf Freunde müßt ihr sein« das erste Buch über die Theorie der Selbstorganisation war, das ich zu lesen bekam, ahnte ich natürlich nicht – in jedem Fall war es eines der ersten, das ich freiwillig überhaupt zu Ende las. Als ich viel später den Reporterhelden meiner Kindheit bei seinem Freund Wolfgang Neuss kennenlernte, als der von ihm einen großen Farbfernseher geschenkt bekam, traute ich mich nicht, nach einem Exemplar seines Buches zu fragen. Meines war nämlich längst verschwunden, und so kann ich das folgende nicht mit ein paar Originalzitaten unterfüttern. Doch auch so dürfte auf der Hand liegen, daß Fußball ohne die Kraft der Autopoeisis, ohne das magische Prinzip der Selbstorganisation, nicht erklärbar ist: Eine Mannschaft ist mehr als die Summe von elf Topspielern. Sie ist auch mehr als die Summe von elf Topspielern und einem Trainer, der wie ein Mechaniker aus ihnen eine Tormaschine zusammenbasteln könnte. Wäre dem so, würden die reichsten Vereine, die sich die besten Teile und die besten Mechaniker leisten können, immer gewinnen. Aber das tun sie nicht, und dies ist das eigentlich Spannende: Nicht die individuelle Fitneß der Einzelteile, sondern der Grad ihrer Vernetztheit, die kollektive, kommunikative Fitneß, der »Elf-Freunde-Effekt« entscheidet über den Erfolg. Das Geheimnis der

Selbstorganisation, das aus Vernetzung emergierende Bewußtsein, das »Mehr«, das ganze Systeme von der Summe ihrer Teile unterscheidet – diese unsichtbare Kraft, die wir an vielen Punkten unserer Betrachtungen der Natur gefunden haben, ist auch auf jedem Fußballplatz wirksam. Sie ist es, die den entscheidenden Unterschied zwischen elf Spielern und einer Mannschaft ausmacht, den Unterschied zwischen »Flaschen leer« (Trapatoni) und Roten Teufeln.

Die ersten Ballspiele, die im archaischen Mittelamerika veranstaltet wurden, waren blutige Rituale mit Menschenopfern. Wie im letzten Kapitel gezeigt wurde, sind solche Blutopferrituale psychologisch als Erlösung verschaffendes Nachspielen eines Katastrophen-Traumas zu deuten. Insofern wären auch die Wurzeln des Fußballs eine nach-katastrophische Stabilisierungsmaßnahme, ein Attraktor, an dem sich die von einem Feuerball ins Chaos gestürzten Seelen wiederaufrichten durch Erfindung eines kindlichen Spiels, bei dem die Beherrschung eines chaotischen Balls (Kometen, Planeten) über Leben und Tod entscheidet. Die Grundlegung in einem solchen archetypischen Ritual könnte einiges von der Faszination, der überragenden Anziehungskraft von Fußballspielen erklären, die in den Medien heute mehr Aufmerksamkeit auf sich ziehen als jedes andere Weltereignis. Die regelrechte Heiligenverehrung, die den Heroen des Fußballs zuteil wird, fände ihre Entsprechung: Die Ronaldos und Romarios von heute sind die St. Georgs von einst, Drachentöter, Ordner des planetaren Chaos, Überwinder der kosmischen Katastrophen. Wir können diese sportiven Überlegungen zum Archetyp Fußball hier nicht weiter ausführen, der Steilpaß sollte nur zeigen, daß das sogenannte Übernatürliche auch auf Fußballplätzen zu besichtigen ist, wenn plötzlich »ein Ruck durch die Manschaft geht« und eine vormalige Gurkentruppe Traumfußball zelebriert.

Mit dem Diktum »Ich denke, also bin ich« formulierte René Descartes vor 250 Jahren das Selbstverständnis der nunmehr aufgeklärten Menschheit. Betrachten wir aber den Schatten, den das Licht der Aufklärung seitdem geworfen hat – das unbeirrt fortschreitende Zerstörungswerk der natürlichen Lebensgrundlagen –, müßte der Satz um ein »nicht mehr lange« ergänzt werden. Statt »Cogito ergo sum« wäre »Cogito ergo bumm« die angemessene Formel: Wenn es so weitergeht mit dem pseudo-aufgeklärten Wüten der Sippe *homo sapiens*, wird der große Knall nicht mehr lange auf sich warten lassen. Selbst wenn die drohenden Kometeneinschläge beim nächsten Durchgang des Taurid-Encke-Schauers ab dem Jahr 2010 nur minimalen Schaden anrichten: Die sechste Welle von Massenausrottungen in der Geschichte dieses Planeten läuft, und ginge es mit rechten Dingen zu, müßte in jeder Fußgängerzone längst ein digitaler Countdown über die in jeder Minute vernichteten Tier- und Pflanzenarten flimmern. Verbunden mit dem Hinweis, daß es allein seine Vielfalt und Verschiedenheit ist, die das Netzwerk des Lebens in 4,5 Milliarden Jahren Evolution so stark gemacht hat. Der Engel, der Descartes einst im Traum erschien und ihm offenbarte, daß die Welt »nach Maß und Zahl« einzuteilen sei, dieser Engel, dem wir den kritischen Rationalismus verdanken, hätte für diese Maßnahme Verständnis. Nach Maß und Zahl des Bio-Netzwerks Erde nämlich sind Vielfalt, Verschiedenheit und Vernetzung eine Grundvoraussetzung einer chaosstabilen, selbstorganisierenden Natur. Noch der unscheinbarste Schleimpilz ist in diesem Netzwerk nicht überflüssig, als Partner, Mitstreiter und Koautor der überwältigenden Symphonie des Lebens, auf deren Frequenzhintergrund der Mensch überhaupt erst zu Wort, zu Bewußtsein kommt. Ehrfurcht vor der Schöpfung, Achtung vor dem Leben, Respekt vor der Erde, wie sie *alle* alten Lehren vorschreiben, sind insofern kein hoffnungsfrommes Geschwätz von gestern, sondern zeugen von zukunftsträchtigen Einsichten in die holographische Vernetztheit eines lebenden Planeten, in die ganzheitlichen, biophysikalischen Grundlagen, die jede Form von »Cogito«, von selbstreflexivem Erkennen überhaupt erst hervorbringt. Wir *sind* die Erde: ihre Geschwindigkeit, ihr Druck, ihre fein balancierte Temperatur – wiche eine dieser Größen nur ein paar Grad ab, wäre kein höheres Leben möglich. Wir *sind* das Netzwerk allen Lebens, das sich jeden Augenblick neu manifestiert – nur solange Legionen von Bakterien und Kleinstlebewesen in unserem Körper zu gegenseitigem Nutzen den Stoffwechsel in Gang halten, landen wir nicht auf dem Friedhof. Wir *sind* die Vielfalt sämtlicher Arten, deren Respektierung und Erhalt deshalb ein Gebot des Selbstschutzes ist. Und wir *sind* Lichtwesen einer Quantenwelt, deren »Teile« nicht aus faßbarer Materie, sondern aus schwingender Energie besteht – einerseits kohärent, in Form, in Raum und Zeit verankert, andererseits flüchtig, nicht-lokal, allumfassend.

Das sogenannte Übernatürliche tritt uns nicht erst mit spektakulären Marienerscheinungen oder Ufo-Manövern entgegen, sondern schon in Form des banalen Schleimklumpens, dessen Bestandteile sich vor vielen Milliarden Jahren zusammenschlossen, um einen fortpflanzungsfähigen Mehrzeller zu gebären. Es tritt uns schon entgegen in den einfachsten Lebensformen, wie der Bakterie *Echerina coli*, in der 40 Milliarden Atome auf so einzigartige Weise organisiert sind, daß sie unsere Darmfunktion aufrechterhalten – und erst recht in allen höheren Lebensformen, die nichts anderes sind als gigantische Kolonien solcher Kleinstlebewesen, die sich in einer unglaublichen Kooperationsleistung zusammengeschlossen haben. So wie sich alles Leben zu jener Kooperation zusammengeschlossen hat, die wir Gaia nennen und die seit Milliarden Jahren das atmosphärische »Fell« wachsen ließ, das die Grundbedingung unserer Existenz darstellt. Wenn es um das Übernatürliche geht, sind Engel, Außerirdische und paranormale Erfahrungen insofern nur die Spitze eines Eisbergs, unter der es von »physikalisch unmöglichen« Wundern nur so wimmelt. »Kein Lebendiges ist ein Eins, immer ist's ein Vieles«, sagt Goethe, und wie dieses Viele sich vernetzt und verbindet, ist das eigentliche Wunder: das Wunder des Bewußtseins. Bewußtsein entsteht, wenn genügend selbständige Teile vielfältig miteinander verbunden sind und in Wechselwirkung treten; der kritische Punkt, an dem dann die Quantität in

Qualität umschlägt und aus der natürlichen Vernetzung übernatürlicher Geist, erkennendes Bewußtsein emergiert, scheint bei etwa 10 Milliarden (10^{10}) Teilen zu liegen. Ein Hundegehirn, das über eine Milliarde Neuronen verfügt, ist zur Selbsterkenntnis noch nicht fähig – der Mensch, der mehr als die zehnfache Menge Gehirnzellen sein eigen nennt, zumindest bisweilen.

Die Annahme des Übernatürlichen fordert eine neue Offenheit, eine Erweiterung der Denkräume, eine Überwindung mechanistischer und materialistischer Irrtümer über die Beschaffenheit der Erde, des Wassers, des Lichts – und vor allem und zuallererst über die Beschaffenheit des Beobachterbewußtseins. »Wer das All erkennt, aber sich selbst verfehlt, verfehlt das Ganze« – der Satz (aus dem apokryphen Thomas-Evangelium) ist nicht nur erkenntnistheoretisch auf dem aktuellen Stand der Quantentheorie, er entspricht auch ansonsten den Forderungen des neuen Naturverständnisses. Außen können wir zwar das All vermessen und seine Bausteine identifizieren, das Geheimnis des Ganzen aber finden wir nur auf dem inneren Weg, über uns selbst, mit dem Werkzeug des Bewußtseins. So konnte es kommen, daß schon vor 2 500 Jahren Wissenschaftler wie Buddha, Laotse oder Heraklit kosmologische Strukturen entdeckten, das »Tao der Physik«, wie es Fritjof Capra beschrieben hat, die denen der avancierten Kosmologie 100 Jahre nach Einstein entsprechen. So kommt es auch, daß die uralten Konzepte eines mütterlichen Planeten und einer beseelten, bewußten Natur der heutigen Gaia-Theorie so ähnlich sind: Was außen modernster biochemischer, geologischer und klimatologischer Meßmethoden sowie der Raumfahrt bedurfte, wurde innen vor Jahrtausenden dadurch entdeckt, daß Menschen ihre Bewußtseinsantennen auf die Stimmen der Erde und den Geist der Natur ausrichteten – und entdeckten, daß sie Teil eines größeren Zusammenhangs sind. Wie ein Fisch nur wahrnehmen kann, was Wasser ist, wenn er es verläßt, mußten auch die Menschen das Bewußtseinsmeer ihrer Alltagswahrnehmung erst verlassen, um es zu erkennen. Auch dieser Überschreitungsprozeß des Bewußtseins, mit dem das Denken aus dem Ozean des Raum-Zeit-Kontinuums und der kleinen Mundgeräusche auftauchte, ist ein Resultat von Symbiosen – um außer sich geratend zu sich selbst zu finden, verbündete sich die Gattung mit den Alkaloiden des Pflanzenreichs. Vielleicht, und die psychedelische Steinzeit legt dies ebenso nahe wie die Geschichte der Ekstase und die moderne Gehirnforschung, ist der neuronale Cocktail aus Endorphinen (Opium), Anandamiden (Cannabis) und Tryptaminen (DMT), der unseren Geist am Laufen hält, kein Zufall, sondern die paßgenauen Rezeptoren für solche bewußtseinserweiternden Substanzen an den Nervenzellen stellten so etwas wie eine Ausbaustufe, den Overdrive, dar. Als Anfang der 90er Jahre entdeckt wurde, daß menschliche Gehirnzellen über eine »Andockstelle« verfügen, die einzig und allein auf den Empfang des Cannabiswirkstoffs zugeschnitten ist, fragte die Presse: »Wurde der Mensch geschaffen, um high zu sein?« Drei Jahre später fand Professor Mechoulam an der Universität Jerusalem heraus, daß der Körper selbst einen neuronalen Botenstoff produziert, der mit der Wirkung des Hanfs nahezu identisch ist. Offenbar ist die neurochemische Funktionsweise des Bewußtseins so eingerichtet, daß sie dem System bisweilen die Selbstüberschreitung ermöglicht und durch diesen Blick von außen die Selbstkorrektur. Wer nur sich selbst erkennt, aber das All verfehlt, verfehlt das Ganze ebenso – und erkennt seinen Bewußtseinstümpel meist erst, wenn er an der Angel des Todes zappelt.

Wir stehen an der Schwelle zu einer neuen Revolution. Immer schnellere Computer, immer kleinere Maschinen, immer höhere Vernetzungsgrade – das Wissen der Menschheit und ihre Möglichkeit, dieses Wissen auszutauschen und zu vermitteln, wächst mit atemberaubender Geschwindigkeit. »Das Zeitalter der Entdeckungen geht zu Ende«, verkündet der Physiker Michio Kaku in seinen »Zukunftsvisionen« (1998) (und so weit folgen wir ihm gern), »und die Epoche des Beherrschens beginnt. Wir werden von passiven Beobachtern der Natur zu ihren aktiven Choreographen.« So wie von »passiven Beobachtern der Natur« schon seit Heisenberg korrekterweise nicht mehr geredet werden kann, sowenig können wir zu aktiven Choreographen werden, nur weil wir alle Noten und Schritte – den Gen-Baukasten der Natur – kennen. Wie einfältig ist solcher Bubenstolz – viel mehr als traurige Monstren einer Frankenstein-Tragödie kann bei einer Choreographie nicht herauskommen, die zwar alles von Noten, aber nichts von Musik weiß. Nach welcher Komposition der Tanz des Lebens abläuft, darüber haben wir auch am Ende des Zeitalters der Entdeckungen nur äußerst vage Vorstellungen, und die letzten noch zu entdeckenden Mini-Bausteinchen und Makro-Galaxien werden das Rätsel auch nicht klären. Die Schwelle dessen, was wir mit äußeren Mitteln über die Natur in Erfahrung bringen können, ist erreicht, die Revolution beginnt, weil neue Entdeckungen nur noch mit inneren Technologien möglich sind. Es beginnt also eher ein Zeitalter des Sich-Beherrschens, der Übergang von der »Kommissar- zur Yogi-Wissenschaft« (Arthur Koestler).

Manchmal habe ich das Gefühl, Gaia hätte sich tatsächlich bei alledem etwas gedacht. Noch die irrsinnigsten Machbarkeitsapostel, die zu allen Zeiten die Erlösung durch die neueste High-Tech verkünden, gehörten zu ihrem Programm. Der mechanistische Tunnelblick, mit dem die Wissenschaft in den letzten 250 Jahren die kleinsten Naturbausteine identifiziert hat, wäre demnach notwendig gewesen, um das Leben auf eine neue Evolutionsstufe vorzubereiten: die technische Möglichkeit, die Erde zu verlassen und sich im All auszubreiten. Über die Hälfte ihres Planetenalters ist bereits abgelaufen, und bevor die Sonne verglüht, muß die Nachkommenschaft Gaias auf anderen Sternen gesichert sein – also wird es langsam Zeit, Möglichkeiten des Transfers wie die Weltraumfahrt zu erfinden. Auch der darwinistische Tunnelblick, die jahrhundertelange Überbetonung des »Kampfs ums Dasein« und Ausblendung des Zwangs zur Kooperation, wären dann diesem praktischen Ziel untergeordnet gewesen, weil nur Paranoia und Krieg solche Technologieschübe produzieren. Und noch Edward Teller, der Vater der Wasserstoffbombe und Propagandist eines »Kriegs der Sterne«, fände in diesem Szenario seinen Platz, denn wenn die Vorhersagen kommender Impaktgefahren recht haben, könnte ein solcher »Krieg der Sterne« tatsächlich die einzige Chance darstellen, um einen auf die Erde zurasenden Kometen zu zerstören oder abzulenken. Hat Gaia also 4 Milliarden Jahre geschuftet, damit ihr endlich jemand das lästige und gefährliche Bombardement vom Halse hält, das sie von Anbeginn der Zeiten plagt?

Eine evolutionäre Zukunft hat unsere Spezies nur, wenn sie an den Busen der planetaren Partnerschaft zurückfindet und zu einem transhumanen Wesen wird, einer Art Übermenschheit, die ein globales Gehirn entwickelt. Wenn unter einer Schädeldecke 10 Milliarden Neuronen, die untereinander 4 Milliarden Verbindungen aufweisen, benötigt werden, um selbsterkennendes Bewußtsein emergieren zu lassen, was geschieht dann unter der schützenden Hülle von Gaia mit 10 Milliarden Menschen, die untereinander ebenso komplex vernetzt sind? Daß aus einem solchen Zusammenschluß von »dummen« Einzelteilen höheres Bewußtsein entstehen kann, haben schon die ersten hirnlosen Bakterien bewiesen, deren Kooperation die Kette des Lebens auf diesem Planeten einst anstiftete – warum also nicht die »Horden von Hirnlosen« (Thomas Bernhard) die als Menschen heute die Erde bevölkern? Vermehrt unsere Spezies sich vielleicht deshalb in solchem Tempo, weil sie der kritischen Masse von 10 Milliarden zustrebt? Zu dieser neuen Übermenschheit, die wir nur aus unserem unternatürlichen Blickwinkel heute noch so nennen, zählten dann nicht nur die Menschen selbst, sondern auch ihre Material-, Energie- und Informations-Ströme, ihre Transport- und Versorgungs- und Rohstoffsysteme, Häuser, Städte und Produktionsanlagen – ihre gesamte, an die Erfordernisse Gaias angepaßte Technologie. Eine grüne, lebende Technik, die sich an der Ingenieurkunst der Pflanzen orientiert und wie sie die Energien der Sonne und des Wassers zu nutzen versteht. Eine solche biologische Wende in Wirtschaft, Technik und Gesellschaft steht bereits bevor – und sie geht, wie Kevin Kelly in seiner hervorragenden Arbeit gezeigt hat, nicht einher mit einem neuen Zeitalter der Beherrschens, sondern mit einem Ende der Kontrolle (K.Kelly: »Das Ende der Kontrolle«, 1997). Je organischer, biologischer, lebendiger die Wirtschaftssysteme, Konzerne, Softwareprogramme, Nano-Maschinen, alle uns umgebenden Dinge werden, um so weniger werden sie steuerbar und kontrollierbar. Voraussetzung für jede Selbstorganisation ist die Offenheit der Systeme und ihre Nichtlinearität – und damit die Unmöglichkeit klassischer, geradliniger Kontrolle. Insofern sind die neuen Management-Fibeln über »atmende Unternehmen« oder »Management by Soul«, auch wenn sie oft nur trendmäßiges Geschwafel enthalten, im Kern höchst subversiv für die erstarrten Strukturen des Kapitalismus. Denn wie hätte zum Beispiel »atmendes« Geld auszusehen? Es würde sich nicht zur Hortung und Schatzbildung eignen, weil es wie alles Organische einem Alterungsprozeß unterworfen ist, es würde mit der Zeit beginnen zu »stinken«, d.h. wertlos zu werden. Statt auf unnatürliche Weise durch Zinsen ewig und exponentiell zu wachsen und den gesamten Wirtschaftskreislauf mit diesem Tribut zu lähmen, würde »organisches« Geld durch seinen natürlichen Schwund ein völlig neues Investitionsklima schaffen. Niemand würde es horten, für jede überschüssige Mark würden sofort Investitionsmöglichkeiten gesucht. Die evolutionären Prinzipien des Markts – Konkurrenz und Kooperation – wären befreit von den Trägheitskräften des Geldkapitals, der Macht der Banken, und eine nunmehr wirklich freie Marktwirtschaft würde eine völlig neue Dynamik entfalten. Bereits während der großen Weltwirtschaftskrise in den 20er Jahren wurde dies bei einem Experiment mit »Freigeld« praktisch bestätigt, Theoretiker wie Maynard Keynes, Silvio Gesell, einst Wirtschaftsminister der Münchner Räterepublik, oder in unseren Tagen Helmut Creutz und Margit Kennedy, haben die Grundlagen dieses »dritten Wegs«, nach dem Kommunismus und dem Kapitalismus, erarbeitet. Spätestens die nächste große Weltwirtschaftskrise und die notwendige

Suche nach einem evolutionären, natürlichen Kreisläufen angepaßten Geldsystem wird diese Reformvorschläge wieder in den Mittelpunkt des Interesses rücken. Noch ein weiteres Beispiel zeigt, wie weit- und tiefgreifend die Konsequenzen sein können, wenn die neuesten Erkenntnisse über die Selbstorganisation lebendiger Prozesse ernst genommen werden: das wie ein Pilz rhizomartig aus militärisch-industriellen Kommunikationsverbindungen gewachsene Internet. Die ungeplante, unkontrollierte Ausbreitung zu einem weltumspannenden Informationsnetz erinnert weit mehr an die nichtlinearen, selbstorganisierten Vorgänge organischen Wachstums als an eine technische Maßnahme. Verordnet und von oben hätte weder die Personalisierung des Computers stattgefunden – bekanntlich wurde der erste PC nicht von den »zuständigen« Konzernen wie IBM gebaut und durchgesetzt, sondern in der Garage von zwei Hippies und Eleusisjüngern, den späteren »Apple«-Gründern – noch wäre die Inter-Personalisierung dieser isolierten Schreibtischkisten, ihr Zusammenschluß zum Internet, so verlaufen. So schnell, so billig und so völlig außer Kontrolle hätte »das Netz der Netze« die Überwachungsinstanzen niemals passiert, und spätestens nach der Veröffentlichung von Verschlüsselungsprogrammen wie »Pretty Good Privacy« (PGP) stehen alte Kontrollfanatiker wie unser Innenminister Kanther fassungslos vor dieser Hydra einer frei und unkontrolliert kommunizierenden Bevölkerung. Mittlerweile hat auch die Bundesbank als Hüter des Geldes und Zinses schon mehrfach vor einem unkontrollierten Geldverkehr im Internet gewarnt. Nicht weil Hacker die Übermittlung von Konto- oder Kreditkartennummern belauschen könnten, sondern weil die Internetgemeinde jederzeit in der Lage wäre, ihre eigene, unabhängige Währung für den Waren- und Dienstleistungsaustausch zu schaffen. Diese wäre dank »PGP« noch fälschungssicherer als normale Banknoten, vor bösen Hackern genauso sicher wie das übliche elektronische Geld – doch der Kontrolle von Banken und Staaten entzogen. So könnte im Cyberspace eine userfreundliche Währung jenseits von Zins und Inflation entstehen, in der die kühnsten Träume der Freigeldtheoretiker vom Beginn des Jahrhunderts realisiert werden. Auch dieses Beispiel zeigt, welche weitreichenden Konsequenzen die Übertragung der neu entdeckten Prinzipien der Selbstorganisation auf alltägliche Strukturen wie den Geldverkehr haben können. Sind die wie Pilze aus dem Boden schießenden Knoten des World Wide Web vielleicht so etwas wie Multimediakanäle, die Gaia durch uns, ihre Organe, jetzt wachsen läßt – als kommende Vernetzung jenes globalen Gehirns, das dereinst die Steuerung der zu einem Superorganismus zusammenwachsenden Menschheit übernimmt?

Der nächste Evolutionssprung wird jedenfalls nicht darin bestehen, daß sich eine Übermenschheit zum Chefmaschinisten aufschwingt und versehen mit der Weltformel die richtigen Ventile und Hebel drückt – sondern vielmehr in der Aufgabe der Kontrolle (der Kommissarwissenschaft, des Egos) und der Hingabe in einen größeren Kontext von planetarem Leben und planetarer Evolution. Wird ein solcher Superorganismus der Menschheit, mit einem ungleich höheren Bewußtsein als dem seiner Einzelteile, je entstehen? Deutet nicht das dramatische Bevölkerungswachstum, das in absehbarer Zeit schwere Versorgungskrisen und -kriege heraufbeschwören kann (vgl. Hartmut Dreisbacher: »Kriege der Zukunft«, 1998), im Gegenteil auf einen Rückfall in Zeitalter grauenhafter Barbarei, Zersplitterung und Krisen? Aus der Sicht von Gaia bietet der Standort Erde bei intelligenter, symbiotischer Nutzung noch für die 10fache Menge der heutigen Menschenpopulation ausreichend Ressourcen, ohne daß auch nur eine der 30 Millionen Arten, die auf der Erdoberfläche interagieren, verdrängt werden muß – das Problem ist also weniger die schnell wachsende Menschenpopulation als das Ausbleiben ihrer symbiotischen Intelligenz, das fehlende Bewußtsein für die Zusammenhänge. Die Zeiten, daß sich der FC »Homo Sapiens« als Spitzenclub fühlen konnte, sind vorbei, wir spielen um den Abstieg, und die Krise reicht von der Präsidentenetage bis zum Platzwart. Mit einem schlichten »Schaun mer mal« ist bei dem in Hader verstrickten Verein und den zersplitterten, verfeindeten Spielern wenig auszurichten – der Trend zeigt abwärts, das Klima wird weiter vergiftet. Und doch, so ist es eben im Fußball wie im gesamten Leben, müßte eigentlich nur ein Ruck durch die Mannschaft gehen, und schon ist die Meisterschaft, die Champions League des Übernatürlichen, wieder in greifbarer Nähe.

Vielleicht weil ein massiver Angriff von außen stets das beste Mittel ist, eine Truppe im Inneren zusammenzuschweißen, sorgen außerirdische Objekte demnächst für diesen Ruck: Ein auf die Erde zusteuernder Komet und die Anstrengungen zu seiner Abwehr würden alle nationalen, rassistischen und egoistischen Blockaden eines evolutionären Zusammenwachsens der Menschen beseitigen. Und jenen Geist herstellen, der das Schlagwort »Globalisierung« erst von dem alten Imperialismus der Wirtschaftsblöcke unterscheidet und mit Leben füllt. Wenn die Astronomen Clube und Napier, Fred Hoyle und ihre Kollegen recht haben, droht der Erde in den nächsten Jahrzehnten erneut große Gefahr durch jenen periodischen Kometenschauer, von dessen Verwüstungen die Geschichte der Menschheit gezeichnet ist. Wie sicher diese Prognose und ihre Datierung ist, kann zur Zeit nur schwer beantwortet werden – begeistert über ihre immer tolleren Fernrohre, hat die Zunft der Astronomen in den letzten Jahrzehnten nur in die Weite gestarrt und die erdnahen Objekte völlig aus dem Blick verloren. Der Etat zur Erforschung von herannahenden »Near Earth Objects«, so vermeldete unlängst BBC, liegt derzeit weit unter dem Budget für zwei Hollywoodfilme über den »Doomsday-Asteroid«. Ob sich hier die Künstler einmal mehr als sensible Seismographen erweisen oder nicht, können wir nur abwarten. Doch wie immer die Frage um die äußere Bedrohung entschieden wird: Was es zur Stabilisierung der inneren Lage braucht, ist bekannt. Es ist neues Bewußtsein davon, was es heißt, ein Erdling zu sein.

Berlin, 1. Mai 1998

Danksagung

Ich danke Eberhard Sens für die zahlreichen Traumflanken und Steilvorlagen, ohne die dieses Buch nicht zustande gekommen wäre. Ich danke meiner Frau Rita und unseren Kindern Hannah und Boris, ohne die überhaupt nichts zustande kommen würde. Ich danke meinem Witz- und Weisheitslehrer Wolfgang Neuss (1923-1989), dessen Kunst, zu fliegen und gleichzeitig auf dem Teppich zu bleiben, schwer vermißt wird. Ich danke allen Wissenschaftlern, die mir ihre Zeit für Gespräche und Interviews schenkten, besonders Albert Hofmann, Timothy Leary und Terrence McKenna. Ich danke allen Autorinnen und Autoren, deren Bücher ich für diese Arbeit verwendet habe – für Fehlpässe, Ballverluste und Versagen vor dem Tor bin ich allein verantwortlich.

Web-Adressen

Weiterführende Informationen zu den Themen dieses Buchs finden sich außer in den Literaturangaben auch im Internet. Im folgenden einige interessante Web-Seiten zu den einzelnen Kapiteln, die meisten in englischer Sprache. Deutsches Material erhält man am besten über eine der darauf spezialisierten Suchmaschinen (z.B. fireball.de) durch Eingabe eines Stichworts oder Autorennamens.

1 Die Intelligenz der Erde

Gaia ist im Internet auf unzähligen Seiten vertreten, was vielleicht auch damit zu tun haben könnte, daß das WorldWideWeb, das sich ungeplant und selbstorganisiert zum globalen Informationsnetz ausgewachsen hat, fast schon wie ein von Gaia geschaffenes Organ anmutet. Wer sich zuallererst ein Bild machen möchte, wird mit den aktuellen Satelliten-Aufnahmen unter *http://www.fourmilab.ch/cgi-bin/uncgi/ Earth* oder *http://livingearth.com/* bestens bedient

Gute Einführungen in die Gaia-Theorie und viele weiterführende Links finden sich unter

http://ion.com.au/ourplanet/gaia.html ,
http://magna.com.au/~prfbrown/gaia_jim.html,
http://www.envirolink.org/mkzdk/

Zum Thema »Ganze Systeme« und Selbstorganisation:
http://newciv.org/worldtrans/whole.html
Die Homepage von Lynn Margulis:
http://marlin.bio.umass.edu/faculty/biog/margulis.html
Das Buch von Elisabet Sahtouris »Gaia – Vergangenheit und Zukunft der Erde (1993)« ist in englischer Sprache komplett abrufbar unter:
http://www.ratical.com/LifeWeb/Erthdnce/erthdnce.html

2 Das Gedächtnis der Natur

Auf der Homepage von Rupert Sheldrake, können nicht nur Besitzer telepathischer Terrier und anderer »psychic pets« ihre Erlebnisse melden, die Seite führt auch in sämtliche Aspekte und Bücher der Forschungen Sheldrakes ein, mit vielen aktuellen Texten, Rezensionen und Interviews: *http://www.sheldrake.org*

3 Jenseits von H$_2$0
Die Homepage der Familie Schauberger: *http://www.pks.or.at/*
Umfangreiche Literaturliste und Links zum Thema Wasser im allgemeinen und Schauberger im besonderen unter:
http://www.datadiwan.de/moch/moch_2.htm und
http://das.labyrinth.at/labyrinth/themen/freie_energie_links.htm

4 Der Mond ist nicht da, wenn niemand hinsieht
Zahlreiche Links zu allen Aspekten und Paradoxa der Quantenphysik unter:
http://didaktik.physik.uni-wuerzburg.de/~pkrahmer/home/quanten.html
Ein aufschlußreiches Interview mit dem Quantenphysiker Nick Herbert:
http://www.levity.com/mavericks/her-int.htm
Nick Herberts Homepage glänzt ebenfalls mit zahlreichen weiterführenden Links:
http://www2.cruzio.com/~quanta/

5 Der Kosmos im Kopf
Eine eigene Suchmaschine zu allen Themen und Aspekten der Neurowissenschaft öffnet sich unter: *http://www.neuroguide.com/*
Vorbildlich und ein hervorragender Ausgangspunkt für Recherchen zum Thema Gehirn und Bewußtsein ist die Homepage des Gehirnforschers und Sachbuchautors William Calvin: *http://www.williamcalvin.com/*
Der Atlas des Gehirns stellt Bilder aller Regionen per Mausklick zur Verfügung:
http://www.med.harvard.edu/AANLIB/home.html
Die holographische Gehirntheorie von Carl Pribram im Vergleich:
http://www.acsa2000.net/bcngroup/jponkp/
Das Gehirn als dissipative Struktur:
http://www.nanocomputer.org/computer/teams/red/brained.htm
Zu den Techniken des Klartraums die Homepage des Forschers Stephen La Berge:
http://www.lucidity.com/
Zu Tholeys Klartraumforschung an der Universität Frankfurt siehe u. a.:
http://www.sawka.com/spiritwatch/overview.htm

6 Wundersam erleuchtete Amphitheater
Hunderte von Artikeln zum Thema Ufos zum Download
http://cc636243-a.twsn1.md.home.com/mufo0101.htm
Als Ausgangspunkt für Recherchen: *http://www.ufomind.com/*

7 Der Weg nach Eleusis

Die wichtigsten Kapitel der englischen Ausgabe von Hofmann/Wasson/Ruck »Der Weg nach Eleusis« zum Download:
http://www.drugtext.nl/library/psychedelics/eleucont.htm
Über aktuelle Ausgrabungen in Eleusis informiert die Seite:
http://www.umanitoba.ca/faculties/arts/classics/eleusis/contents.html
Detaillierte Beschreibung des Demeter-Mythos und der eleusischen Rituale:
http://www.west.net/~beck/Eleusis-Intro.html
Über Kultur und Ausgrabungen von Catal Hüyük informiert der Server der Universität Cambridge: *http://catal.arch.cam.ac.uk/catal/catal.html*, Bilder und Skizzen unter: *http://sol.la.psu.edu/~ajoffe/catal.html*, über die Arbeiten der Archäologin und Mythenforscherin Maria Gimbutas:
http://www.uni-sb.de/~su13mwfs/fem/i-femgim.html.
Umfangreiches Material und viele Texte aus der Geschichte der psychedelischen Forschung, darunter auch Rick Doblins Untersuchung des Karfreitagsexperiments:
http://www.drugtext.nl/library/psychedelics/doblin.htm.
Aktuelle Debatten und Papiere der psychedelischen Wissenschaft unter:
http://www.maps.org/
Auf Peter Meyers hervorragender Homepage findet sich unter vielem anderen auch die im Text zitierte Arbeit über DMT:
http://www.magnet.ch/serendipity/dmt/
Ein Überblick über die Arbeiten von Terrence McKenna bietet:
http://www.levity.com/eschaton/tm.html
Tim Learys Homepage wird auch nach seinem Tod weiter gepflegt:
http://leary.com/home/Enter.html

8 Kinder der Katastrophe

Die hervorragende Homepage von Philip Burns (pib)
http://pibweb.it.nwu.edu/~pib/catastro.htm stellt mit ihren unzähligen Links und ausführlichen Textsammlungen den besten Ausgangspunkt für jede Netzrecherche zum Thema Katastrophen, Kometen und »Near Earth Objects« dar.

Vom Glauben...

Charles Panati
**Populäres Lexikon
der religiösen Gegenstände und Gebräuche
in 35 Kapiteln**
Deutsche Fassung von Reinhard Kaiser
Geb. m. SU · 546 S.
DM 49,80 · ISBN 3-8218-0488-2

Die Religion ist so alt wie unsere Gattung, und ihre Ursprünge liegen ohne Zweifel im menschlichen Nachdenken: Wer bin ich? Woher komme ich? Warum bin ich hier? Wo werde ich enden?
Charles Panati verfolgt in seinem unterhaltsamen, kenntnisreichen Lexikon, wie sich von diesen fundamentalen Fragen ausgehend die fünf großen Weltreligionen – Judentum, Christentum, Islam, Buddhismus und Hinduismus – entwickelten, und präsentiert so das gesamte Spektrum religiöser Themen und Ideen. Er erläutert den Ursprung religiöser Rituale und Bräuche, untersucht die Gründe von Feiertagen und Symbolen, die Bedeutung von Kleidern, Sakramenten, Devotionalien, Gebeten und anderem mehr.
Eine unerschöpfliche Quelle für alle, die an der Geschichte der Religionen interessiert sind, und ein inspirierender Führer für die, die ihren Glauben verstehen wollen.

Eichborn.Lexikon
Kaiserstraße 66
60329 Frankfurt
Telefon: 069 / 25 60 03-0
Fax: 069 / 25 60 03-30
http://www.eichborn.de

Wir schicken Ihnen gern ein Verlagsverzeichnis.

... und Aberglauben

Walter Gerlach
Das neue Lexikon des Aberglaubens
Geb. m. SU · 252 S.
DM 39,80 · ISBN 3-8218-0469-6

Warum haben Hochhäuser kein 13. Stockwerk? Wieso geht man schwarzen Katzen aus dem Weg? Weshalb bringt es Glück, einem Schornsteinfeger die Hand zu geben? Und aus welchem Grund lesen wir so gern Horoskope?

Im Alltag unserer technisierten, naturwissenschaftlich geprägten Welt spielt der Aberglaube – der Glaube an das Wirken undurchschaubarer Mächte – noch immer eine überraschend große Rolle.

Walter Gerlachs *Neues Lexikon des Aberglaubens* beleuchtet profund alle Facetten dieses bewegenden Themas – auch die modernen. Hier geht es nicht nur um so wunderbare Themen wie Hexen, Liebeszauber, Hufeisen und die Zahl Dreizehn, sondern auch um UFOs, Exorzismus, Channeling bis hin zur Magie des Autos und des Computers.

Kaiserstraße 66
60329 Frankfurt
Telefon: 069 / 25 60 03-0
Fax: 069 / 25 60 03-30
http://www.eichborn.de

Wir schicken Ihnen gern ein Verlagsverzeichnis.